JN017432

入門 情報幾何

統計的モデルをひもとく微分幾何学

藤岡 敦 〔著〕

共立出版

はじめに

　確率関数あるいは確率密度関数の集まりからなる統計的モデルは，期待値や分散といった統計学的量によってパラメータ付けられており，数学的立場からは多様体とよばれる幾何学的対象とみなすことができる．そればかりでなく，統計的モデルはマルコフはめ込みに関する不変性という統計学的に自然な要請から，フィッシャー計量とよばれるリーマン計量，α-接続とよばれるアファイン接続をもつ微分幾何学的対象にもなる．このような観点から研究が推し進められたのが情報幾何学であり，その発展には甘利俊一氏をはじめとする日本人研究者達の貢献がとても大きい．

　筆者の専門は微分幾何学であり，情報幾何学が専門というわけではないが，数年前より所属大学の大学院生を対象とした微分幾何学や情報幾何学に関する講義を行っている．情報幾何学の講義の準備に関しては，巻末に挙げた甘利・長岡両氏による著書や最近出版された藤原氏による著書を大いに参考にさせて頂いている．入門的な知識を手に入れるのが目的であれば，これらの文献で十分であろうかと思われるが，本書が初学者にとって情報幾何学を学ぶための新たな一つの助けとなれば幸いである．

　情報幾何学を学ぶ上では使い方に程度の差こそあれ，数学的予備知識として，微分積分，線形代数はもちろんのこと，測度論や多様体論，接続の微分幾何学といったものが必要となる．これらの必要事項をはじめにすべて述べてしまうのも手ではあるが，本書では必要になったときに，その都度述べることにして，全体の構成を以下の通りとした．

　第1章から第3章までに必要とする数学は微分積分と線形代数のみである．第1章では確率関数からなる統計的モデルを扱う．微分積分や線形代数にも現れるユークリッド空間について述べることから始め，期待値や分散，十分統計

量といった，統計学に関する基本的事項を準備する．第2章ではフィッシャー計量について述べる．フィッシャー計量は多様体論におけるリーマン計量の例であるが，第4章までに現れる多様体はユークリッド空間の開集合に過ぎないため，多様体論的な考え方は用いるものの，多様体論そのものは必要としない．必要な予備知識としては微分積分と線形代数のみで十分である．また，フィッシャー計量および α-接続を定めるための $(0,3)$ 型テンソル場を，マルコフはめ込みに関する不変性を用いて特徴付けるチェンツォフの定理を示す．続いて，第3章では α-接続について述べる．また，接続の平坦性と関連して，e-接続やm-接続について述べる．第4章では測度論に関する準備をした後，確率密度関数からなる統計的モデルを扱い，フィッシャー計量や α-接続を定義する．第5章では多様体論や接続の微分幾何学に関する準備を行い，さらに，統計的モデルの一般化である統計多様体を扱う．第6章では接続の微分幾何学に関連して，自己平行部分多様体について述べ，平坦アファイン接続に関する準備をした後，これらを指数型分布族あるいは混合型分布族とよばれる典型的な統計的モデルに対して応用する．第7章では双対平坦空間を定義し，ダイバージェンスについて述べた後，統計学の基本定理であるクラメル-ラオの不等式を示す．

　執筆に当たり，貴重な意見を寄せてくれた関西大学数学教室の同僚諸氏および関西大学大学院理工学研究科の大学院生諸君に深く感謝する．また，共立出版編集部の吉村修司氏，菅沼正裕氏には終始大変お世話になった．この場を借りて心より御礼申し上げたい．

2021 年 3 月

藤岡　敦

目　次

確率関数からなる統計的モデル

第1章

1.1 ユークリッド空間

微分積分や線形代数にも現れるユークリッド空間は本書においても基本的な集合である．自然数全体の集合を $\mathbf{N}$，実数全体の集合を $\mathbf{R}$ と表す．$n \in \mathbf{N}$ を固定しておき，$\mathbf{R}$ の n 個の直積を $\mathbf{R}^n$ と表す．すなわち，

$$\mathbf{R}^n = \{(x_1, x_2, \ldots, x_n) \mid x_1, x_2, \ldots, x_n \in \mathbf{R}\} \tag{1.1}$$

である[*1]．とくに，$\mathbf{R}^1$ とは $\mathbf{R}$ のことに他ならない．また，$\mathbf{R}$，$\mathbf{R}^2$，$\mathbf{R}^3$ はそれぞれ直線，平面，空間と同一視することが多い．さらに，$\mathbf{R}^n$ の元を点 (point) ともいう．

$x, y \in \mathbf{R}^n$ とし，

$$x = (x_1, x_2, \ldots, x_n), \quad y = (y_1, y_2, \ldots, y_n) \tag{1.2}$$

と表しておく．また，$c \in \mathbf{R}$ とする．$\mathbf{R}$ における和および積を用いることにより，$\mathbf{R}^n$ は $\mathbf{R}$ 上のベクトル空間となる．実際，和 $x + y \in \mathbf{R}^n$ およびスカラー倍 $cx \in \mathbf{R}^n$ はそれぞれ

$$x + y = (x_1 + y_1, x_2 + y_2, \ldots, x_n + y_n), \quad cx = (cx_1, cx_2, \ldots, cx_n) \tag{1.3}$$

[*1] 線形代数でよく用いられるが，$\mathbf{R}^n$ の元は列ベクトルで表すこともある．

により定めればよい. また, ベクトル空間 $\mathbf{R}^n$ の零ベクトル $\mathbf{0}$ は $(0, 0, \ldots, 0)$ と表される元である.

次に, 関数 $\langle\,,\,\rangle : \mathbf{R}^n \times \mathbf{R}^n \to \mathbf{R}$ を

$$\langle \boldsymbol{x}, \boldsymbol{y} \rangle = \sum_{i=1}^{n} x_i y_i \tag{1.4}$$

により定める. $\langle\,,\,\rangle$ を $\mathbf{R}^n$ の標準内積 (standard inner product), $\langle \boldsymbol{x}, \boldsymbol{y} \rangle$ を $\boldsymbol{x}$ と $\boldsymbol{y}$ の内積 (inner product) という. また, ベクトル空間 $\mathbf{R}^n$ に標準内積 $\langle\,,\,\rangle$ を考えたものを **n 次元実ユークリッド空間** (n-dimensional real Euclidean space) または **n 次元ユークリッド空間** (n-dimensional Euclidean space) という.

さらに, 関数 $\|\ \| : \mathbf{R}^n \to \mathbf{R}$ を

$$\|\boldsymbol{x}\| = \sqrt{\langle \boldsymbol{x}, \boldsymbol{x} \rangle} = \sqrt{\sum_{i=1}^{n} x_i^2} \tag{1.5}$$

により定める. とくに, $n = 1$ のとき, $x \in \mathbf{R}$ に対して, $\|x\|$ は x の絶対値 $|x|$ に他ならない. $\|\ \|$ を $\mathbf{R}^n$ のノルム, $\|\boldsymbol{x}\|$ を $\boldsymbol{x}$ のノルム (norm), 長さ (length) または大きさ (magnitude) という.

線形代数で学ぶように, $\mathbf{R}^n$ の標準内積およびノルムに関して, 次がなりたつ.

定理 1.1　$\boldsymbol{x}, \boldsymbol{y}, \boldsymbol{z} \in \mathbf{R}^n$, $c \in \mathbf{R}$ とすると, 次の (1)〜(3) がなりたつ.

(1) $\langle \boldsymbol{x}, \boldsymbol{y} \rangle = \langle \boldsymbol{y}, \boldsymbol{x} \rangle$. (**対称性**：symmetricity)

(2) $\langle \boldsymbol{x} + \boldsymbol{y}, \boldsymbol{z} \rangle = \langle \boldsymbol{x}, \boldsymbol{z} \rangle + \langle \boldsymbol{y}, \boldsymbol{z} \rangle$, $\langle c\boldsymbol{x}, \boldsymbol{y} \rangle = c\langle \boldsymbol{x}, \boldsymbol{y} \rangle$. (**線形性**：linearity)

(3) $\langle \boldsymbol{x}, \boldsymbol{x} \rangle \geq 0$ であり, $\langle \boldsymbol{x}, \boldsymbol{x} \rangle = 0$ となるのは $\boldsymbol{x} = \boldsymbol{0}$ のときに限る.
　　 (**正値性**：positivity)　　　　　　　　　　　　　　　　　　　　□

定理 1.2　$\boldsymbol{x}, \boldsymbol{y} \in \mathbf{R}^n$, $c \in \mathbf{R}$ とすると, 次の (1)〜(4) がなりたつ.

(1) $\|\boldsymbol{x}\| \geq 0$ であり, $\|\boldsymbol{x}\| = 0$ となるのは $\boldsymbol{x} = \boldsymbol{0}$ のときに限る. (**正値性**)

(2) $\|c\boldsymbol{x}\| = |c|\|\boldsymbol{x}\|$.

(3) $|\langle \boldsymbol{x}, \boldsymbol{y} \rangle| \leq \|\boldsymbol{x}\|\|\boldsymbol{y}\|$. ただし, 等号がなりたつのは $\boldsymbol{x}$ が $\boldsymbol{y}$ の定数倍となるときか, または, $\boldsymbol{y}$ が $\boldsymbol{x}$ の定数倍となるときに限る. (**コーシー-シュワルツの不等式**：Cauchy-Schwarz inequality)

(4) $\|\boldsymbol{x} + \boldsymbol{y}\| \leq \|\boldsymbol{x}\| + \|\boldsymbol{y}\|$. (**三角不等式**：trigonometric inequality)　□

続いて，関数 $d : \mathbf{R}^n \times \mathbf{R}^n \to \mathbf{R}$ を

$$d(\boldsymbol{x}, \boldsymbol{y}) = \|\boldsymbol{x} - \boldsymbol{y}\| = \sqrt{\sum_{i=1}^{n} (x_i - y_i)^2} \tag{1.6}$$

により定める．d を $\mathbf{R}^n$ の**ユークリッド距離** (Euclidean distance)，$d(\boldsymbol{x}, \boldsymbol{y})$ を $\boldsymbol{x}$ と $\boldsymbol{y}$ の**ユークリッド距離**という．

$\mathbf{R}^n$ のユークリッド距離に関して，次がなりたつ．

定理 1.3 $\boldsymbol{x}, \boldsymbol{y}, \boldsymbol{z} \in \mathbf{R}^n$ とすると，次の (1)〜(3) がなりたつ．

(1) $d(\boldsymbol{x}, \boldsymbol{y}) \geq 0$ であり，$d(\boldsymbol{x}, \boldsymbol{y}) = 0$ となるのは $\boldsymbol{x} = \boldsymbol{y}$ のときに限る．（**正値性**）

(2) $d(\boldsymbol{x}, \boldsymbol{y}) = d(\boldsymbol{y}, \boldsymbol{x})$．（**対称性**）

(3) $d(\boldsymbol{x}, \boldsymbol{z}) \leq d(\boldsymbol{x}, \boldsymbol{y}) + d(\boldsymbol{y}, \boldsymbol{z})$．（**三角不等式**）

$\square$

【証明】　(1), (2)：ユークリッド距離の定義 (1.6) より，ほとんど明らかである．(3)：ノルムに関する三角不等式（定理 1.2(4)）より，

$$d(\boldsymbol{x}, \boldsymbol{z}) = \|\boldsymbol{x} - \boldsymbol{z}\| = \|(\boldsymbol{x} - \boldsymbol{y}) + (\boldsymbol{y} - \boldsymbol{z})\|$$
$$\leq \|\boldsymbol{x} - \boldsymbol{y}\| + \|\boldsymbol{y} - \boldsymbol{z}\| = d(\boldsymbol{x}, \boldsymbol{y}) + d(\boldsymbol{y}, \boldsymbol{z}) \tag{1.7}$$

である．よって，(3) がなりたつ．

$\square$

ユークリッド距離を用いることにより，$\mathbf{R}^n$ の点列の収束について定めることができる．

定義 1.1 $\{\boldsymbol{a}_k\}_{k=1}^{\infty}$ を $\mathbf{R}^n$ の点列 [*2] とし，$\boldsymbol{a} \in \mathbf{R}^n$ とする．任意の $\varepsilon > 0$ に対して，ある $K \in \mathbf{N}$ が存在し，$k \in \mathbf{N}$, $k \geq K$ ならば，$d(\boldsymbol{a}_k, \boldsymbol{a}) < \varepsilon$ となるとき，$\{\boldsymbol{a}_k\}_{k=1}^{\infty}$ は $\boldsymbol{a}$ に**収束する** (converge) という．このとき，$\lim_{k \to \infty} \boldsymbol{a}_k = \boldsymbol{a}$ または $\boldsymbol{a}_k \to \boldsymbol{a}$ $(k \to \infty)$ と表し，$\boldsymbol{a}$ を $\{\boldsymbol{a}_k\}_{k=1}^{\infty}$ の**極限** (limit) という． $\square$

[*2] $\{\boldsymbol{a}_k\}_{k=1}^{\infty}$ が $\mathbf{R}^n$ の点列であるとは，各 $k \in \mathbf{N}$ に対して，$\boldsymbol{a}_k \in \mathbf{R}^n$ が対応していることである．とくに，$n = 1$ のとき，$\mathbf{R}$ の点列とは実数列のことに他ならない．

▶ **例 1.1** $\{\boldsymbol{a}_k\}_{k=1}^{\infty}$, $\{\boldsymbol{b}_k\}_{k=1}^{\infty}$ をそれぞれ $\boldsymbol{a}, \boldsymbol{b} \in \mathbf{R}^n$ に収束する $\mathbf{R}^n$ の点列とする. このとき,

$$\lim_{k \to \infty} (\boldsymbol{a}_k + \boldsymbol{b}_k) = \boldsymbol{a} + \boldsymbol{b} \tag{1.8}$$

であることを示そう.

点列の収束の定義 (定義 1.1) より, $\varepsilon > 0$ とすると, ある $K_1 \in \mathbf{N}$ が存在し, $k \in \mathbf{N}$, $k \geq K_1$ ならば,

$$d(\boldsymbol{a}_k, \boldsymbol{a}) < \frac{\varepsilon}{2} \tag{1.9}$$

となる. また, ある $K_2 \in \mathbf{N}$ が存在し, $k \in \mathbf{N}$, $k \geq K_2$ ならば,

$$d(\boldsymbol{b}_k, \boldsymbol{b}) < \frac{\varepsilon}{2} \tag{1.10}$$

となる. ここで, $K \in \mathbf{N}$ を $K = \max\{K_1, K_2\}$ により定める. すなわち, K は K_1, K_2 のうちの小さくない方である. このとき, ユークリッド距離の定義 (1.6), ノルムに関する三角不等式 (定理 1.2(4)) および (1.9), (1.10) より, $k \in \mathbf{N}$, $k \geq K$ ならば,

$$
\begin{aligned}
d(\boldsymbol{a}_k + \boldsymbol{b}_k, \boldsymbol{a} + \boldsymbol{b}) &= \|(\boldsymbol{a}_k + \boldsymbol{b}_k) - (\boldsymbol{a} + \boldsymbol{b})\| \\
&= \|(\boldsymbol{a}_k - \boldsymbol{a}) + (\boldsymbol{b}_k - \boldsymbol{b})\| \\
&\leq \|\boldsymbol{a}_k - \boldsymbol{a}\| + \|\boldsymbol{b}_k - \boldsymbol{b}\| \\
&= d(\boldsymbol{a}_k, \boldsymbol{a}) + d(\boldsymbol{b}_k, \boldsymbol{b}) < \frac{\varepsilon}{2} + \frac{\varepsilon}{2} = \varepsilon,
\end{aligned} \tag{1.11}
$$

すなわち,

$$d(\boldsymbol{a}_k + \boldsymbol{b}_k, \boldsymbol{a} + \boldsymbol{b}) < \varepsilon \tag{1.12}$$

である. よって, 点列の収束の定義より, (1.8) がなりたつ. ◀

$\mathbf{R}^n$ の部分集合で定義された関数の極限や微分などについて考える場合, 定義域が開集合とよばれる集合であれば, 一般の定義域で考えるときよりも議論がやさしくなる. 以下では, $\mathbf{R}^n$ の開集合について述べよう.

まず, $\boldsymbol{a} \in \mathbf{R}^n$, $\varepsilon > 0$ とする. このとき, ユークリッド距離を用いて, $B(\boldsymbol{a}; \varepsilon) \subset \mathbf{R}^n$, すなわち, $\mathbf{R}^n$ の部分集合 $B(\boldsymbol{a}; \varepsilon)$ を

$$B(\boldsymbol{a};\varepsilon) = \{\boldsymbol{x} \in \mathbf{R}^n \mid d(\boldsymbol{x},\boldsymbol{a}) < \varepsilon\} \tag{1.13}$$

により定める．$B(\boldsymbol{a};\varepsilon)$ を $\boldsymbol{a}$ の **ε-近傍** (ε-neighbourhood)，または，$\boldsymbol{a}$ を**中心** (center)，ε を**半径** (radius) とする**開球体** (open ball) という．

▶ **例 1.2**（有界開区間）　$n=1$ の場合を考える．$a \in \mathbf{R}$，$\varepsilon > 0$ とすると，

$$B(a;\varepsilon) = \{x \in \mathbf{R} \mid a - \varepsilon < x < a + \varepsilon\} \tag{1.14}$$

である．

　一般に，$a,b \in \mathbf{R}$，$a < b$ のとき，$(a,b) \subset \mathbf{R}$ を

$$(a,b) = \{x \in \mathbf{R} \mid a < x < b\} \tag{1.15}$$

により定め，これを**有界開区間** (bounded open interval) または**開区間** (open interval) という．このとき，

$$B(a;\varepsilon) = (a-\varepsilon, a+\varepsilon), \quad (a,b) = B\left(\frac{a+b}{2}; \frac{b-a}{2}\right) \tag{1.16}$$

である． ◀

▶ **例 1.3**（開円板）　$n=2$ の場合を考える．$\boldsymbol{a} = (x_0, y_0) \in \mathbf{R}^2$，$\varepsilon > 0$ とすると，

$$B(\boldsymbol{a};\varepsilon) = \{(x,y) \in \mathbf{R}^2 \mid (x-x_0)^2 + (y-y_0)^2 < \varepsilon^2\} \tag{1.17}$$

である．このとき，$B(\boldsymbol{a};\varepsilon)$ を**開円板** (open disk) ともいう． ◀

　開球体を用いて，$\mathbf{R}^n$ の開集合を次のように定める．

定義 1.2　$O \subset \mathbf{R}^n$ とする．任意の $\boldsymbol{a} \in O$ に対して，ある $\varepsilon > 0$ が存在し，$B(\boldsymbol{a};\varepsilon) \subset O$ となるとき，O を $\mathbf{R}^n$ の**開集合** (open set) という． □

✎ **注意 1.1**　空集合 $\emptyset$，すなわち，1 つも元を含まない集合は $\mathbf{R}^n$ の開集合であると約束する． ∎

▶ **例 1.4**　$\mathbf{R}^n$ は $\mathbf{R}^n$ の開集合である．実際，任意の $\boldsymbol{a} \in \mathbf{R}^n$ に対して，例えば，$B(\boldsymbol{a}; 1) \subset \mathbf{R}^n$ である．　　　　　　　　　　　　　　　　　◀

その他の開集合の例について述べていこう．

定理 1.4 　$\mathbf{R}^n$ の開球体は $\mathbf{R}^n$ の開集合である．　　　　　　　□

【証明】　$\boldsymbol{a} \in \mathbf{R}^n$，$\varepsilon > 0$ とし，$B(\boldsymbol{a}; \varepsilon)$ が $\mathbf{R}^n$ の開集合であることを示す．

$\boldsymbol{b} \in B(\boldsymbol{a}; \varepsilon)$ とする．このとき，開球体の定義 (1.13) より，$d(\boldsymbol{b}, \boldsymbol{a}) < \varepsilon$ である．よって，$\delta > 0$ を

$$\delta = \varepsilon - d(\boldsymbol{b}, \boldsymbol{a}) \tag{1.18}$$

により定めることができる．ここで，$\boldsymbol{x} \in B(\boldsymbol{b}; \delta)$ とすると，$d(\boldsymbol{x}, \boldsymbol{b}) < \delta$ である．よって，ユークリッド距離に関する三角不等式（定理 1.3(3)）より，

$$d(\boldsymbol{x}, \boldsymbol{a}) \leq d(\boldsymbol{x}, \boldsymbol{b}) + d(\boldsymbol{b}, \boldsymbol{a}) < \delta + d(\boldsymbol{b}, \boldsymbol{a}) = \varepsilon, \tag{1.19}$$

すなわち，$d(\boldsymbol{x}, \boldsymbol{a}) < \varepsilon$ となり，$\boldsymbol{x} \in B(\boldsymbol{a}; \varepsilon)$ である．したがって，$B(\boldsymbol{b}; \delta) \subset B(\boldsymbol{a}; \varepsilon)$ となるので，開集合の定義（定義 1.2）より，$B(\boldsymbol{a}; \varepsilon)$ は $\mathbf{R}^n$ の開集合である．　　　　　　　　　　　　　　　　　　　　　　□

▶ **例 1.5**　例 1.2 と定理 1.4 より，有界開区間は $\mathbf{R}$ の開集合である．　◀

▶ **例 1.6**（無限開区間）　$a \in \mathbf{R}$ とし，$(a, +\infty), (-\infty, a) \subset \mathbf{R}$ を

$$(a, +\infty) = \{x \in \mathbf{R} \mid a < x\}, \quad (-\infty, a) = \{x \in \mathbf{R} \mid x < a\} \tag{1.20}$$

により定める．$(a, +\infty)$，$(-\infty, a)$ を**無限開区間** (infinite open interval) という．

無限開区間は $\mathbf{R}$ の開集合であることを示そう．まず，$b \in (a, +\infty)$ とする．このとき，$a < b$ なので，$b - a > 0$ であり，$B(b; b - a) \subset (a, +\infty)$ である．よって，開集合の定義（定義 1.2）より，$(a, +\infty)$ は $\mathbf{R}$ の開集合である．同様に，$(-\infty, a)$ は $\mathbf{R}$ の開集合である．したがって，無限開区間は $\mathbf{R}$ の開集合である．　　　　　　　　　　　　　　　　　　　　　　　　　　　　◀

▶ **例 1.7** $\Delta_n \subset \mathbf{R}^n$ を

$$\Delta_n = \left\{ (x_1, x_2, \ldots, x_n) \,\middle|\, x_1, x_2, \ldots, x_n > 0, \ \sum_{i=1}^n x_i < 1 \right\} \tag{1.21}$$

により定める（図 1.1〜1.3）. Δ_n が $\mathbf{R}^n$ の開集合であることを示そう.

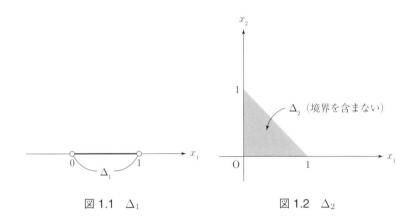

図 1.1　Δ_1　　　　　　　　　　図 1.2　Δ_2

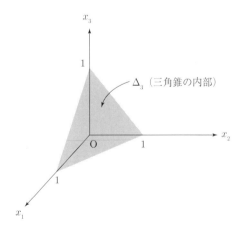

図 1.3　Δ_3

$\boldsymbol{a} = (a_1, a_2, \ldots, a_n) \in \Delta_n$ とする．このとき，$a_1, a_2, \ldots, a_n, 1 - \sum_{i=1}^{n} a_i > 0$ なので，$\varepsilon > 0$ を

$$\varepsilon = \min \left\{ a_1, a_2, \ldots, a_n, \frac{1}{\sqrt{n}} \left(1 - \sum_{i=1}^{n} a_i \right) \right\} \tag{1.22}$$

により定めることができる．すなわち，ε は a_1, a_2, $\ldots$, a_n, $\frac{1}{\sqrt{n}} \left(1 - \sum_{i=1}^{n} a_i \right)$ のうちの最も小さいものである．ここで，$\boldsymbol{x} = (x_1, x_2, \ldots, x_n) \in B(\boldsymbol{a}, \varepsilon)$ とする．まず，$j = 1, 2, \ldots, n$ とし，$x_j \leq 0$ であると仮定すると，

$$d(\boldsymbol{x}, \boldsymbol{a}) = \sqrt{\sum_{i=1}^{n} (x_i - a_i)^2} \geq a_j \geq \varepsilon, \tag{1.23}$$

すなわち，$d(\boldsymbol{x}, \boldsymbol{a}) \geq \varepsilon$ となり，これは矛盾である．よって，$x_1, x_2, \ldots, x_n > 0$ である．次に，コーシー-シュワルツの不等式（定理 1.2(3)）より，

$$\begin{aligned} \sum_{i=1}^{n} x_i &= \sum_{i=1}^{n} (x_i - a_i) + \sum_{i=1}^{n} a_i = \langle \boldsymbol{x} - \boldsymbol{a}, (1, 1, \ldots, 1) \rangle + \sum_{i=1}^{n} a_i \\ &\leq \|\boldsymbol{x} - \boldsymbol{a}\| \sqrt{n} + \sum_{i=1}^{n} a_i \\ &< \frac{1}{\sqrt{n}} \left(1 - \sum_{i=1}^{n} a_i \right) \cdot \sqrt{n} + \sum_{i=1}^{n} a_i = 1, \end{aligned} \tag{1.24}$$

すなわち，$\sum_{i=1}^{n} x_i < 1$ である．したがって，$B(\boldsymbol{x}; \varepsilon) \subset \Delta_n$ となるので，開集合の定義（定義 1.2）より，Δ_n は $\mathbf{R}^n$ の開集合である． ◀

1.2　統計的モデル（その 1）

§1.2 では，離散型確率空間上の実数値確率変数から定まる確率関数を考え，それらの族からなる統計的モデルについて述べよう．

有限個の元からなる集合は**有限** (finite) であるという．なお，空集合 $\emptyset$ も有

限集合とみなす．また，自然数全体の集合 $\mathbf{N}$ と 1 対 1 に対応する集合は**可算**
(countable) であるという．可算集合は自然数によって番号付けられた可算個
の元 x_1, x_2, ..., x_n, ... を用いて，

$$\{x_1, x_2, \ldots, x_n, \ldots\} \tag{1.25}$$

と表すことができる．例えば，整数全体の集合や有理数全体の集合は可算である
ことがわかる *3. 有限集合と可算集合は合わせて，**高々可算** (at most countable)
であるという．

　Ω を空でない高々可算な集合とする．このとき，Ω を標本空間とし，Ω 上の
確率 $\mathbf{P}$ を考える．また，事象 A が起こる確率を $\mathbf{P}(A)$ と表す．$(\Omega, \mathbf{P})$ を**離散
型確率空間** (discrete probability space) という．

　まず，Ω が有限の場合を考える．このとき，事象 A が起こる確率 $\mathbf{P}(A)$ を考
えるということは，次の公理 1.1 の (1)〜(4) がなりたつように，各 $A \subset \Omega$ に
対して，実数 $\mathbf{P}(A) \in \mathbf{R}$ を対応させることである．

公理 1.1（確率の公理（その1））　Ω を空でない有限集合とする．標本空間
Ω の各事象 A から $\mathbf{P}(A) \in \mathbf{R}$ への対応について，次の (1)〜(4) がなりたつ．

(1) A が起こる確率は 0 以上 1 以下である．すなわち，$0 \leq \mathbf{P}(A) \leq 1$ で
　　ある．

(2) 全事象 Ω が起こる確率は 1 である．すなわち，$\mathbf{P}(\Omega) = 1$ である．

(3) 空事象 $\emptyset$ が起こる確率は 0 である．すなわち，$\mathbf{P}(\emptyset) = 0$ である．

(4) A_1, A_2, ..., A_m が互いに排反な事象ならば，

$$\mathbf{P}\left(\bigcup_{i=1}^{m} A_i\right) = \sum_{i=1}^{m} \mathbf{P}(A_i) \tag{1.26}$$

である．すなわち，$A_1, A_2, \ldots, A_m \subset \Omega$ が

$$A_i \cap A_j = \emptyset \quad (i, j = 1, 2, \ldots, m,\ i \neq j) \tag{1.27}$$

をみたすならば，(1.26) がなりたつ． $\square$

---

*3 整数全体の集合は $\mathbf{Z}$，有理数全体の集合は $\mathbf{Q}$ と表す．

さらに，$(\Omega, \mathbf{P})$ 上の実数値確率変数 X を考える．すなわち，X は Ω で定義された関数 $X : \Omega \to \mathbf{R}$ である．Ω は有限であるとしているので，

$$X(\Omega) = \{X(\omega) \,|\, \omega \in \Omega\} \tag{1.28}$$

とおくと [*4]，$X(\Omega)$ は $(n+1)$ 個の実数 $x_0,\ x_1,\ x_2,\ \dots,\ x_n$ を用いて，

$$X(\Omega) = \{x_0, x_1, \dots, x_n\} \tag{1.29}$$

と表すことができる．ただし，n は 0 以上の整数である．ここで，$i = 0, 1, 2, \dots,$ n に対して，

$$\mu_X(\{x_i\}) = \mathbf{P}(X^{-1}(\{x_i\})) = \mathbf{P}(\{\omega \in \Omega \,|\, X(\omega) = x_i\}) \tag{1.30}$$

とおくと [*5][*6]，公理 1.1 より，μ_X は標本空間を $X(\Omega)$ とする確率を定める．とくに，$\mu_X(\{x_i\}) \geq 0$ であり，

$$\sum_{i=0}^{n} \mu_X(\{x_i\}) = 1 \tag{1.31}$$

がなりたつ．μ_X を X の**確率分布** (probability distribution) または**分布** (distribution) という．また，関数 $p : X(\Omega) \to \mathbf{R}$ を

$$p(x_i) = \mu_X(\{x_i\}) \quad (i = 0, 1, 2, \dots, n) \tag{1.32}$$

により定める．p を X に対する**確率関数** (probability function) という．このとき，事象 $B \subset X(\Omega)$ の起こる確率 $\mu_X(B)$ について，

$$\mu_X(B) = \sum_{x \in B} p(x) \tag{1.33}$$

がなりたつ．ただし，$\displaystyle\sum_{x \in B}$ は B の元 x すべてについての和を表す．

[*4] 一般に，集合 X から集合 Y への写像 $f : X \to Y$ および $A \subset X$ に対して，$f(A)$ $= \{f(x) \,|\, x \in A\}$ により定められる $f(A) \subset Y$ を f による A の像という．

[*5] 「μ」は「ミュー」と読むギリシャ文字の小文字である．

[*6] 一般に，集合 X から集合 Y への写像 $f : X \to Y$ および $B \subset Y$ に対して，$f^{-1}(B)$ $= \{x \,|\, f(x) \in B\}$ により定められる $f^{-1}(B) \subset X$ を f による B の逆像という．

▶ **例 1.8**（ベルヌーイ試行）　結果が 2 種類のみの試行を**ベルヌーイ試行**
(Bernoulli trial) という．例えば，$0 \leq \xi \leq 1$ とし [*7]，表が出る確率が ξ，
裏が出る確率が $1 - \xi$ のコインを 1 回投げるという試行はベルヌーイ試行であ
る．今，この試行に対して，表が出たときは 100 点を手に入れ，裏が出たとき
は何も点を手に入れないということを考えよう．これは上に述べた言葉を用い
て，次のように表すことができる．

　まず，標本空間 Ω を

$$\Omega = \{ \, 表, 裏 \, \} \tag{1.34}$$

により定める．このとき，

$$\mathbf{P}(\{ \, 表 \, \}) = \xi, \quad \mathbf{P}(\{ \, 裏 \, \}) = 1 - \xi \tag{1.35}$$

とおくと，$\mathbf{P}$ は Ω 上の確率を定める．そして，確率変数 $X : \Omega \to \mathbf{R}$ を

$$X(表) = 100, \quad X(裏) = 0 \tag{1.36}$$

により定める．

　さらに，X の分布 μ_X を求めよう．まず，

$$X(\Omega) = \{0, 100\} \tag{1.37}$$

である．よって，μ_X は

$$\mu_X(\{0\}) = \mathbf{P}(X^{-1}(\{0\})) = \mathbf{P}(\{ \, 裏 \, \}) = 1 - \xi, \tag{1.38}$$

$$\mu_X(\{100\}) = \mathbf{P}(X^{-1}(\{100\})) = \mathbf{P}(\{ \, 表 \, \}) = \xi \tag{1.39}$$

により定められる．また，X に対する確率関数 p は

$$p(0) = 1 - \xi, \quad p(100) = \xi \tag{1.40}$$

により定められる．　　　　　　　　　　　　　　　　　　　　　　　　◀

▶ **例 1.9**　公正なサイコロを 1 回投げるという試行に対して，素数の目が出た

[*7]「ξ」は「グザイ」または「クシー」と読むギリシャ文字の小文字である．

ときは 100 点を手に入れ，素数以外の目が出たときは何も点を手に入れないということを考えよう．これは上に述べた言葉を用いて，次のように表すことができる．

まず，標本空間 Ω を

$$\Omega = \{1, 2, 3, 4, 5, 6\} \tag{1.41}$$

により定める．このとき，

$$\mathbf{P}(\{1\}) = \mathbf{P}(\{2\}) = \cdots = \mathbf{P}(\{6\}) = \frac{1}{6} \tag{1.42}$$

とおくと，$\mathbf{P}$ は Ω 上の確率を定める．そして，確率変数 $X : \Omega \to \mathbf{R}$ を

$$X(2) = X(3) = X(5) = 100, \quad X(1) = X(4) = X(6) = 0 \tag{1.43}$$

により定める．

さらに，X の分布 μ_X を求めよう．まず，

$$X(\Omega) = \{0, 100\} \tag{1.44}$$

である．よって，μ_X は

$$
\begin{aligned}
\mu_X(\{0\}) &= \mathbf{P}(X^{-1}(\{0\})) \\
&= \mathbf{P}(\{1, 4, 6\}) = \mathbf{P}(\{1\}) + \mathbf{P}(\{4\}) + \mathbf{P}(\{6\}) \\
&= \frac{1}{6} + \frac{1}{6} + \frac{1}{6} = \frac{1}{2},
\end{aligned} \tag{1.45}
$$

$$
\begin{aligned}
\mu_X(\{100\}) &= \mathbf{P}(X^{-1}(\{100\})) \\
&= \mathbf{P}(\{2, 3, 5\}) = \mathbf{P}(\{2\}) + \mathbf{P}(\{3\}) + \mathbf{P}(\{5\}) \\
&= \frac{1}{6} + \frac{1}{6} + \frac{1}{6} = \frac{1}{2}
\end{aligned} \tag{1.46}
$$

により定められる．とくに，例 1.8 において $\xi = \frac{1}{2}$ としたときの μ_X は，上の μ_X と一致する．確率関数についても同様である． ◀

標本空間が可算集合の場合も，上と同様に考えることができる．Ω を可算集合とする．このとき，Ω を標本空間とし，Ω 上の確率 $\mathbf{P}$ を考えると，事象 A が

起こる確率 $\mathbf{P}(A)$ について，次の公理 1.2 の (1)〜(4) がなりたつ.

公理 1.2（確率の公理（その 2））　Ω を可算集合とする. 標本空間 Ω の各事象 A から $\mathbf{P}(A) \in \mathbf{R}$ への対応について，次の (1)〜(4) がなりたつ.

(1) A が起こる確率は 0 以上 1 以下である. すなわち，$0 \leq \mathbf{P}(A) \leq 1$ である.

(2) 全事象 Ω が起こる確率は 1 である. すなわち，$\mathbf{P}(\Omega) = 1$ である.

(3) 空事象 $\emptyset$ が起こる確率は 0 である. すなわち，$\mathbf{P}(\emptyset) = 0$ である.

(4) A_1, A_2, ..., A_n, ... が互いに排反な事象ならば，

$$\mathbf{P}\left(\bigcup_{n=1}^{\infty} A_n\right) = \sum_{n=1}^{\infty} \mathbf{P}(A_n) \tag{1.47}$$

である [*8]. すなわち，$A_1, A_2, \ldots, A_n, \ldots \subset \Omega$ が

$$A_m \cap A_n = \emptyset \quad (m, n \in \mathbf{N}, \ m \neq n) \tag{1.48}$$

をみたすならば，(1.47) がなりたつ. □

さらに，実数値確率変数 $X : \Omega \to \mathbf{R}$ を考え，分布や確率関数を定めよう. まず，Ω は可算であるとしているので，$X(\Omega)$ は高々可算である. $X(\Omega)$ が有限のときは，すでに述べた Ω が有限の場合と議論は同じになる. そこで，$X(\Omega)$ が可算であるとしよう. このとき，$X(\Omega)$ は可算個の実数 x_1, x_2, ..., x_n, ... を用いて，

$$X(\Omega) = \{x_1, x_2, \ldots, x_n, \ldots\} \tag{1.49}$$

と表すことができる. ここで，$n \in \mathbf{N}$ に対して，

$$\mu_X(\{x_n\}) = \mathbf{P}(X^{-1}(\{x_n\})) = \mathbf{P}(\{\omega \in \Omega \mid X(\omega) = x_n\}) \tag{1.50}$$

とおくと，公理 1.2 より，μ_X は標本空間を $X(\Omega)$ とする確率を定める. とくに，

[*8] $\bigcup_{n=1}^{\infty} A_n = \{x \mid$ ある $n \in \mathbf{N}$ に対して，$x \in A_n\}$ である. また，$\bigcap_{n=1}^{\infty} A_n = \{x \mid$ 任意の $n \in \mathbf{N}$ に対して，$x \in A_n\}$ である.

$\mu_X(\{x_n\}) \geq 0$ であり,

$$\sum_{n=1}^{\infty} \mu_X(\{x_n\}) = 1 \tag{1.51}$$

がなりたつ. μ_X を X の**確率分布**または**分布**という. また, 関数 $p : X(\Omega) \to \mathbf{R}$ を

$$p(x_n) = \mu_X(\{x_n\}) \quad (n \in \mathbf{N}) \tag{1.52}$$

により定める. p を X に対する**確率関数**という. このとき, 事象 $B \subset X(\Omega)$ の起こる確率 $\mu_X(B)$ について, (1.33) がなりたつ.

そこで, 確率関数の族を考え, $\mathbf{R}$ の高々可算な部分集合上の統計的モデルを次のように定める. なお, 簡単のため, とくに断らない限り, 確率関数のとりうる値は常に正であるとする.

定義 1.3　Ω を $\mathbf{R}$ の空でない高々可算な部分集合とする[*9]. 開集合 $\Xi \subset \mathbf{R}^n$ を用いて,

$$S = \left\{ p(\,\cdot\,; \boldsymbol{\xi}) \,\middle|\, \begin{array}{l} \text{任意の } x \in \Omega \text{ および任意の } \boldsymbol{\xi} \in \Xi \text{ に対して,} \\ p(x; \boldsymbol{\xi}) > 0 \text{ であり, } \sum_{x \in \Omega} p(x; \boldsymbol{\xi}) = 1 \end{array} \right\} \tag{1.53}$$

と表される[*10] 確率関数の族 S を Ω 上の n 次元**統計的モデル** (statistical model) という.　　　　　　　　　　　　　　　　　　　　　　　　　　　　□

定義 1.3 で定めた Ω 上の統計的モデルの例を, Ω が有限, 可算である場合のそれぞれについて挙げておこう.

▶ **例 1.10**　$n \in \mathbf{N}$ とする. $(n+1)$ 個の元からなる有限集合 $\Omega_n \subset \mathbf{R}$ を

$$\Omega_n = \{0, 1, 2, \ldots, n\} \tag{1.54}$$

により定め,

$$\Xi_n = \left\{ (\xi_1, \xi_2, \ldots, \xi_n) \,\middle|\, \xi_1, \xi_2, \ldots, \xi_n > 0, \sum_{i=1}^{n} \xi_i < 1 \right\} \tag{1.55}$$

[*9] 上の議論では $X(\Omega)$ と書いたものを, 改めて Ω と置き換えている.
[*10] 「Ξ」は「ξ」の大文字である.

とおく．例1.7より，Ξ_n は $\mathbf{R}^n$ の開集合である．このとき，$\boldsymbol{\xi} = (\xi_1, \xi_2, \ldots, \xi_n) \in \Xi_n$ に対して，

$$p(0; \boldsymbol{\xi}) = 1 - \sum_{j=1}^{n} \xi_j, \quad p(i; \boldsymbol{\xi}) = \xi_i \quad (i = 1, 2, \ldots, n) \tag{1.56}$$

とおくと，$p(\,\cdot\,; \boldsymbol{\xi})$ は確率関数を定める．よって，

$$S_n = \{p(\,\cdot\,; \boldsymbol{\xi}) \,|\, \boldsymbol{\xi} \in \Xi_n\} \tag{1.57}$$

とおくと，S_n は Ω_n 上の n 次元統計的モデルである． ◀

▶ **例 1.11**（ポアソン分布） 可算集合 $\Omega \subset \mathbf{R}$ を

$$\Omega = \{0, 1, 2, \ldots\} \tag{1.58}$$

により定め，

$$\Xi = \{\xi \,|\, \xi > 0\} \tag{1.59}$$

とおく．例1.6より，Ξ は $\mathbf{R}$ の開集合である．$\xi \in \Xi$ に対して，

$$p(k; \xi) = e^{-\xi} \frac{\xi^k}{k!} \quad (k \in \Omega) \tag{1.60}$$

とおくと，$p(\,\cdot\,; \xi)$ は確率関数を定める（図1.4）．実際，$p(\,\cdot\,; \xi) > 0$ であり，

$$\sum_{k=0}^{\infty} p(k; \xi) = \sum_{k=0}^{\infty} e^{-\xi} \frac{\xi^k}{k!} = e^{-\xi} \sum_{k=0}^{\infty} \frac{\xi^k}{k!} = e^{-\xi} e^{\xi} = 1 \tag{1.61}$$

である．

よって，

$$S = \{p(\,\cdot\,; \xi) \,|\, \xi \in \Xi\} \tag{1.62}$$

とおくと，S は Ω 上の1次元統計的モデルである．なお，S の各元 $p(\,\cdot\,; \xi)$ に対応する分布を**ポアソン分布** (Poisson distribution) という．ポアソン分布は起こる確率が小さい事象を多数回試行したときに，その事象が起こる回数を近似する分布として知られている． ◀

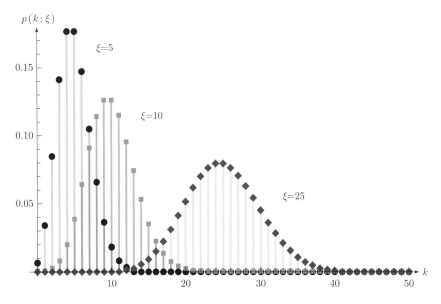

図 1.4   ポアソン分布に対する確率関数 $p(\,\cdot\,;\xi)$ のグラフ

1.3   期待値と分散

離散型確率空間上の実数値確率変数に対して，期待値や分散という量を考えることにより，その分布の特徴を捉えることができる．

まず，$(\Omega, \mathbf{P})$ を離散型確率空間，$X : \Omega \to \mathbf{R}$ を $(\Omega, \mathbf{P})$ 上の実数値確率変数とする．このとき，条件

$$\sum_{\omega \in \Omega} |X(\omega)| \mathbf{P}(\{\omega\}) < +\infty \tag{1.63}$$

を考える．Ω が有限集合の場合は (1.63) は常になりたつが，Ω が可算集合の場合は (1.63) がなりたつとは限らない．条件 (1.63) がなりたつとき，X は **P-可積分** (**P**-integrable) または**可積分** (integrable) であるという [*11]．そこで，実数値確率変数に対する期待値や分散を次のように定める．

[*11] 測度論の立場からは (1.63) の和は積分とみなすことができる．

定義 1.4 $(\Omega, \mathbf{P})$ を離散型確率空間，$X : \Omega \to \mathbf{R}$ を $(\Omega, \mathbf{P})$ 上の実数値確率変数とする．

X が $\mathbf{P}$-可積分のとき，$\mathbf{E}[X] \in \mathbf{R}$ を

$$\mathbf{E}[X] = \sum_{\omega \in \Omega} X(\omega)\mathbf{P}(\{\omega\}) \tag{1.64}$$

により定め [*12]，これを X の**期待値** (expected value) または**平均値** (mean value) という．

X および X^2 が $\mathbf{P}$-可積分のとき [*13]，$\mathbf{V}[X] \geq 0$ を

$$\mathbf{V}[X] = \sum_{\omega \in \Omega} (X(\omega) - \mathbf{E}[X])^2 \mathbf{P}(\{\omega\}) \tag{1.65}$$

により定め，これを X の**分散** (variance) という．   □

命題 1.1   定義 1.4 において，等式

$$\mathbf{V}[X] = \mathbf{E}[X^2] - (\mathbf{E}[X])^2 \tag{1.66}$$

がなりたつ．   □

【証明】   まず，公理 1.1 または公理 1.2 の (2)，(4) より，

$$\sum_{\omega \in \Omega} \mathbf{P}(\{\omega\}) = \mathbf{P}\left(\bigcup_{\omega \in \Omega} \{\omega\}\right) = \mathbf{P}(\Omega) = 1 \tag{1.67}$$

である．よって，定義 (1.65) より，

$$\mathbf{V}[X] = \sum_{\omega \in \Omega} \left\{ (X(\omega))^2 - 2\mathbf{E}[X]X(\omega) + (\mathbf{E}[X])^2 \right\} \mathbf{P}(\{\omega\})$$

$$= \sum_{\omega \in \Omega} (X(\omega))^2 \mathbf{P}(\{\omega\}) - 2\mathbf{E}[X] \sum_{\omega \in \Omega} X(\omega)\mathbf{P}(\{\omega\}) + (\mathbf{E}[X])^2 \sum_{\omega \in \Omega} \mathbf{P}(\{\omega\})$$

$$= \mathbf{E}[X^2] - 2\mathbf{E}[X] \cdot \mathbf{E}[X] + (\mathbf{E}[X])^2 \cdot 1 = \mathbf{E}[X^2] - (\mathbf{E}[X])^2, \tag{1.68}$$

[*12] X が $\mathbf{P}$-可積分であることより，(1.64) の和が発散することはない．
[*13] X^2 は各 $\omega \in \Omega$ に対して，$(X(\omega))^2$ を対応させることにより得られる確率変数である．

すなわち，(1.66) がなりたつ. □

　確率変数と実数を変数とする実数値関数の合成は確率変数となることに注意すると，次がなりたつ.

定理 1.5　$(\Omega, \mathbf{P})$ を離散型確率空間，$X : \Omega \to \mathbf{R}$ を $(\Omega, \mathbf{P})$ 上の実数値確率変数，μ_X を X の分布，p を X に対する確率関数，$f : \mathbf{R} \to \mathbf{R}$ を関数とする. $f(X)$ が $\mathbf{P}$-可積分のとき [*14],

$$\mathbf{E}[f(X)] = \sum_{x \in X(\Omega)} f(x)\mu_X(\{x\}) = \sum_{x \in X(\Omega)} f(x)p(x) \qquad (1.69)$$

がなりたつ. □

【証明】　まず，(1.69) の右側の等式は分布および確率関数の定義から明らかになりたつ.

　次に，期待値の定義，確率の公理および分布の定義を用いて計算すると，

$$\mathbf{E}[f(X)] = \sum_{\omega \in \Omega} f(X(\omega))\mathbf{P}(\{\omega\}) = \sum_{x \in X(\Omega)} f(x) \sum_{\omega \in X^{-1}(\{x\})} \mathbf{P}(\{\omega\})$$

$$= \sum_{x \in X(\Omega)} f(x)\mathbf{P}\left(\bigcup_{\omega \in X^{-1}(\{x\})} \{\omega\} \right)$$

$$= \sum_{x \in X(\Omega)} f(x)\mathbf{P}(X^{-1}(\{x\}))$$

$$= \sum_{x \in X(\Omega)} f(x)\mu_X(\{x\}) \qquad (1.70)$$

である. よって，(1.69) の左側の等式がなりたつ. □

　とくに，確率変数の期待値や分散は分布や確率関数を用いて表すことができる.

系 1.1　$(\Omega, \mathbf{P})$ を離散型確率空間，$X : \Omega \to \mathbf{R}$ を $(\Omega, \mathbf{P})$ 上の実数値確率変数，μ_X を X の分布，p を X に対する確率関数とする. このとき，次の (1)，(2) がなりたつ.

[*14] $f(X)$ は各 $\omega \in \Omega$ に対して，$f(X(\omega))$ を対応させることにより得られる確率変数である.

(1) X が $\mathbf{P}$-可積分のとき,

$$\mathbf{E}[X] = \sum_{x \in X(\Omega)} x\mu_X(\{x\}) = \sum_{x \in X(\Omega)} xp(x) \tag{1.71}$$

である.

(2) X および X^2 が $\mathbf{P}$-可積分のとき,

$$\mathbf{V}[X] = \sum_{x \in X(\Omega)} (x - \mathbf{E}[X])^2 \mu_X(\{x\})$$
$$= \sum_{x \in X(\Omega)} (x - \mathbf{E}[X])^2 p(x) \tag{1.72}$$

である.   □

【証明】　(1)：定理 1.5 において,

$$f(x) = x \quad (x \in \mathbf{R}) \tag{1.73}$$

とおけばよい.

(2)：定理 1.5 において,

$$f(x) = (x - \mathbf{E}[X])^2 \quad (x \in \mathbf{R}) \tag{1.74}$$

とおけばよい.   □

▶ **例 1.12**（ベルヌーイ分布）　例 1.8 で述べたベルヌーイ試行に対応する離散型確率空間 $(\Omega, \mathbf{P})$ を考える. すなわち；$0 \leq \xi \leq 1$ とし,

$$\Omega = \{\,\text{表}, \text{裏}\,\}, \tag{1.75}$$

$$\mathbf{P}(\{\,\text{表}\,\}) = \xi, \quad \mathbf{P}(\{\,\text{裏}\,\}) = 1 - \xi \tag{1.76}$$

である. さらに, $(\Omega, \mathbf{P})$ 上の実数値確率変数 $X : \Omega \to \mathbf{R}$ を

$$X(\text{裏}) = 0, \quad X(\text{表}) = 1 \tag{1.77}$$

により定める. すなわち, X は表が出た回数を表す. このとき, X の分布 μ_X は

$$\mu_X(\{0\}) = 1 - \xi, \quad \mu_X(\{1\}) = \xi \tag{1.78}$$

によりあたえられる．この分布を**ベルヌーイ分布** (Bernoulli distribution) とい
う．とくに，例 1.10 において $n = 1$ としたときの統計的モデル S_1 は $0 < \xi < 1$
のときのベルヌーイ分布に対応する確率関数からなる．

　μ_X の期待値 $\mathbf{E}[X]$ と分散 $\mathbf{V}[X]$ を求めよう．まず，(1.71) より，

$$\mathbf{E}[X] = 0 \cdot \mu_X(\{0\}) + 1 \cdot \mu_X(\{1\}) = 0 \cdot (1 - \xi) + 1 \cdot \xi = \xi \tag{1.79}$$

である．また，

$$\mathbf{E}[X^2] = 0^2 \cdot \mu_X(\{0\}) + 1^2 \cdot \mu_X(\{1\}) = 0 \cdot (1 - \xi) + 1 \cdot \xi = \xi \tag{1.80}$$

である．さらに，(1.66), (1.79), (1.80) より，

$$\mathbf{V}[X] = \xi - \xi^2 = \xi(1 - \xi) \tag{1.81}$$

である [15]．　　　　　　　　　　　　　　　　　　　　　　　　　　◀

▶ **例 1.13**（二項分布）　例 1.12 を一般化し，$n \in \mathbf{N}$ に対して，ベルヌーイ試
行を n 回繰り返す試行を考えよう．例えば，$0 \leq \xi \leq 1$ とし，表が出る確率が
ξ，裏が出る確率が $1 - \xi$ のコインを n 回投げるという試行を考え，これを次の
ように表そう．

　まず，標本空間 Ω を

$$\Omega = \{\, \text{表}, \text{裏} \,\}^n \tag{1.82}$$

により定める [16]．ここでは，表が 1 回も出ない事象を ω_0 と表し，$k = 1, 2, \ldots, n$
に対して，$i_1, i_2, \ldots, i_k \in \mathbf{N}$，$1 \leq i_1 < i_2 < \cdots < i_k \leq n$ のとき，コインを
i_1 回目，i_2 回目，…，i_k 回目に投げたときのみ表が出る事象を $\omega_{i_1 i_2 \ldots i_k}$ と表
すことにする [17]．このとき，

$$\mathbf{P}(\{\omega_0\}) = (1 - \xi)^n, \quad \mathbf{P}(\{\omega_{i_1 i_2 \ldots i_k}\}) = \xi^k (1 - \xi)^{n-k} \tag{1.83}$$

[15] もちろん，(1.72) を用いて計算してもよい．
[16] 例えば，$n = 3$ のとき，順に「表，表，表」が出る事象は (表,表,表) $\in \Omega$．「表，表，裏」
　　が出る事象は (表,表,裏) $\in \Omega$．「表，裏，表」が出る事象は (表,裏,表) $\in \Omega$ と表される．
[17] 例えば，$n = 3$ のとき，(表,表,表) $= \omega_{123}$，(表,表,裏) $= \omega_{12}$，(表,裏,表) $= \omega_{13}$ であ
　　る．

とおくと，$\mathbf{P}$ は Ω 上の確率を定める．さらに，$(\Omega, \mathbf{P})$ 上の実数値確率変数 $X : \Omega \to \mathbf{R}$ を

$$X(\omega_0) = 0, \quad X(\omega_{i_1 i_2 \ldots i_k}) = k \tag{1.84}$$

により定める．すなわち，X は表が出た回数を表す．このとき，X の分布 μ_X は

$$\mu_X(\{k\}) = {}_n\mathrm{C}_k \xi^k (1-\xi)^{n-k} \quad (k = 0, 1, 2, \ldots, n) \tag{1.85}$$

によりあたえられる．ただし，${}_n\mathrm{C}_k$ は二項係数，すなわち，

$${}_n\mathrm{C}_k = \frac{n!}{k!(n-k)!} \tag{1.86}$$

である．この分布を**二項分布** (binomial distribution) という．

μ_X の期待値 $\mathbf{E}[X]$ と分散 $\mathbf{V}[X]$ を求めよう．まず，(1.71) および二項定理より，

$$
\begin{aligned}
\mathbf{E}[X] &= \sum_{k=0}^{n} k \mu_X(\{k\}) = \sum_{k=0}^{n} k \,{}_n\mathrm{C}_k \xi^k (1-\xi)^{n-k} \\
&= \sum_{k=1}^{n} \frac{n!}{(k-1)!(n-k)!} \xi^k (1-\xi)^{n-k} \\
&= \sum_{k=1}^{n} \frac{n\xi(n-1)!}{(k-1)!\{(n-1)-(k-1)\}!} \xi^{k-1} (1-\xi)^{(n-1)-(k-1)} \\
&= n\xi \sum_{l=0}^{n-1} \frac{(n-1)!}{l!\{(n-1)-l\}!} \xi^l (1-\xi)^{(n-1)-l} \\
&= n\xi \sum_{l=0}^{n-1} {}_{n-1}\mathrm{C}_l \xi^l (1-\xi)^{(n-1)-l} \\
&= n\xi\{\xi + (1-\xi)\}^{n-1} = n\xi \cdot 1^{n-1} = n\xi \tag{1.87}
\end{aligned}
$$

である．また，(1.87) および二項定理より，

$$
\begin{aligned}
\mathbf{E}[X^2] &= \sum_{k=0}^{n} k^2 \mu_X(\{k\}) = \sum_{k=0}^{n} k^2 \,{}_n\mathrm{C}_k \xi^k (1-\xi)^{n-k} \\
&= \sum_{k=2}^{n} k(k-1) \frac{n!}{k!(n-k)!} \xi^k (1-\xi)^{n-k} + \sum_{k=1}^{n} k \frac{n!}{k!(n-k)!} \xi^k (1-\xi)^{n-k}
\end{aligned}
$$

$$= \sum_{k=2}^{n} \frac{n(n-1)\xi^2(n-2)!}{(k-2)!\{(n-2)-(k-2)\}!}\xi^{k-2}(1-\xi)^{(n-2)-(k-2)} + n\xi$$

$$= n(n-1)\xi^2\{\xi + (1-\xi)\}^{n-2} + n\xi = n(n-1)\xi^2 + n\xi \tag{1.88}$$

である．さらに，(1.66), (1.87), (1.88) より，

$$\mathbf{V}[X] = n(n-1)\xi^2 + n\xi - (n\xi)^2 = n\xi(1-\xi) \tag{1.89}$$

である． ◀

▶ **例 1.14**　例 1.13 と同じ離散型確率空間 $(\Omega, \mathbf{P})$ を考え，$(\Omega, \mathbf{P})$ 上の実数値確率変数 $X : \Omega \to \mathbf{R}$ を

$$X(\omega_0) = 0, \quad X(\omega_{i_1 i_2 \ldots i_k}) = \sum_{\alpha=1}^{k} 2^{i_\alpha - 1} \tag{1.90}$$

により定める．ここで，$m = 1, 2, \ldots, 2^n - 1$ とすると，m は

$$m = \sum_{\beta=1}^{k} 2^{j_\beta} \tag{1.91}$$

と一意的に表されることに注意しよう．ただし，$k = 1, 2, \ldots, n$, $j_1, j_2, \ldots, j_k \in \mathbf{Z}$, $0 \le j_1 < j_2 < \cdots < j_k \le n-1$ である（図 1.5）．よって，X はコインを

$$
\begin{aligned}
1 &= 2^0 \\
2 &= 2^1 \\
3 &= 1 + 2 = 2^0 + 2^1 \\
4 &= 2^2 \\
5 &= 1 + 4 = 2^0 + 2^2 \\
6 &= 2 + 4 = 2^1 + 2^2 \\
7 &= 1 + 2 + 4 = 2^0 + 2^1 + 2^2
\end{aligned}
$$

図 1.5　$n = 3$ の場合

n 回投げたときに，いつ表が出たのかを表す．このとき，X の分布 μ_X は

$$\mu_X(\{0\}) = (1-\xi)^n, \quad \mu_X\left(\left\{\sum_{\alpha=1}^{k} 2^{i_\alpha-1}\right\}\right) = \xi^k(1-\xi)^{n-k} \tag{1.92}$$

によりあたえられる．

μ_X の期待値 $\mathbf{E}[X]$ と分散 $\mathbf{V}[X]$ を求めよう．まず，(1.71)，(1.87) より，

$$\begin{aligned}
\mathbf{E}[X] &= \sum_{m=0}^{2^n-1} m\mu_X(\{m\}) = \sum_{\omega_{i_1 i_2 \ldots i_k} \in \Omega} \sum_{\alpha=1}^{k} 2^{i_\alpha-1}\xi^k(1-\xi)^{n-k} \\
&= \sum_{k=1}^{n} \sum_{r=1}^{n} 2^{r-1} {}_{n-1}\mathrm{C}_{k-1}\xi^k(1-\xi)^{n-k} \\
&= \sum_{k=1}^{n} (2^n-1)\frac{k}{n}{}_n\mathrm{C}_k\xi^k(1-\xi)^{n-k} \\
&= \frac{2^n-1}{n} \cdot n\xi = (2^n-1)\xi
\end{aligned} \tag{1.93}$$

である．また，

$$\begin{aligned}
\mathbf{E}[X^2] &= \sum_{m=0}^{2^n-1} m^2\mu_X(\{m\}) = \sum_{\omega_{i_1 i_2 \ldots i_k} \in \Omega} \left(\sum_{\alpha=1}^{k} 2^{i_\alpha-1}\right)^2 \xi^k(1-\xi)^{n-k} \\
&= \sum_{\omega_{i_1 i_2 \ldots i_k} \in \Omega} \left(\sum_{\alpha=1}^{k} 4^{i_\alpha-1} + 2\sum_{i_\alpha \neq i_\beta} 2^{i_\alpha+i_\beta-2}\right) \xi^k(1-\xi)^{n-k} \\
&= \sum_{k=1}^{n} \sum_{r=1}^{n} 4^{r-1} {}_{n-1}\mathrm{C}_{k-1}\xi^k(1-\xi)^{n-k} \\
&\quad + 2\sum_{k=2}^{n} \sum_{\substack{r,s=1 \\ r\neq s}}^{n} 2^{r+s-2} {}_{n-2}\mathrm{C}_{k-2}\xi^k(1-\xi)^{n-k}
\end{aligned} \tag{1.94}$$

である．ここで，等式

$$\left(\sum_{r=1}^{n} 2^{r-1}\right)^2 = \sum_{r=1}^{n} 4^{r-1} + 2\sum_{\substack{r,s=1 \\ r\neq s}}^{n} 2^{r+s-2} \tag{1.95}$$

より,

$$(2^n - 1)^2 = \frac{4^n - 1}{3} + 2 \sum_{\substack{r,s=1 \\ r \neq s}}^{n} 2^{r+s-2}, \tag{1.96}$$

すなわち,

$$\sum_{\substack{r,s=1 \\ r \neq s}}^{n} 2^{r+s-2} = \frac{4^n - 3 \cdot 2^n + 2}{3} \tag{1.97}$$

である. さらに, (1.87), (1.88), (1.94), (1.97) より,

$$
\begin{aligned}
\mathbf{E}[X^2] &= \sum_{k=1}^{n} \frac{4^n - 1}{3} \cdot \frac{k}{n} {}_n\mathrm{C}_k \xi^k (1 - \xi)^{n-k} \\
&\quad + 2 \sum_{k=2}^{n} \frac{4^n - 3 \cdot 2^n + 2}{3} \cdot \frac{k(k-1)}{n(n-1)} {}_n\mathrm{C}_k \xi^k (1 - \xi)^{n-k} \\
&= \frac{4^n - 1}{3n} \cdot n\xi + 2 \cdot \frac{4^n - 3 \cdot 2^n + 2}{3n(n-1)} \cdot n(n-1)\xi^2 \\
&= \frac{2}{3}(4^n - 3 \cdot 2^n + 2)\xi^2 + \frac{4^n - 1}{3}\xi \tag{1.98}
\end{aligned}
$$

である. (1.66), (1.93), (1.98) より,

$$
\begin{aligned}
\mathbf{V}[X] &= \frac{2}{3}(4^n - 3 \cdot 2^n + 2)\xi^2 + \frac{4^n - 1}{3}\xi - (2^n - 1)^2\xi^2 \\
&= \frac{4^n - 1}{3}\xi(1 - \xi) \tag{1.99}
\end{aligned}
$$

である. ◀

1.4 十分統計量

§1.4 では, $\mathbf{R}$ の有限部分集合上の統計的モデルに関する十分統計量について述べよう. なお, 以下と同様の議論を行うことにより, $\mathbf{R}$ の可算部分集合上の統計的モデルに関する十分統計量についても定めることができる.

まず, 全射や単射といった写像に関する概念について, 簡単に述べておこう.

定義 1.5　　$f : X \to Y$ を集合 X から集合 Y への写像とする.

(1) 任意の $y \in Y$ に対して, ある $x \in X$ が存在し, $y = f(x)$, すなわち, $f(X) = Y$ となるとき, f を **全射** (surjection) という (図 1.6).

(2) $x_1, x_2 \in X$, $x_1 \neq x_2$ ならば, $f(x_1) \neq f(x_2)$, すなわち, $x_1, x_2 \in X$, $f(x_1) = f(x_2)$ ならば, $x_1 = x_2$ となるとき, f を **単射** (injection) という (図 1.7).

(3) f が全射かつ単射であるとき, f を **全単射** (bijection) という.　　□

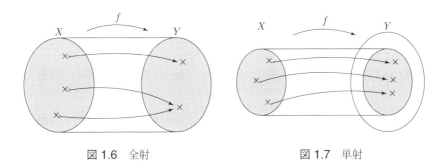

図 1.6　全射　　　　　　　　　　図 1.7　単射

▶ **例 1.15**　X を集合とする. X が可算であるとは, 全単射 $f : \mathbf{N} \to X$ が存在することに他ならない.　　　　　　　　　　　　　　　　　　　◀

$f : X \to Y$ を全単射とする. このとき, 任意の $y \in Y$ に対して, ある $x \in X$ が一意的に存在し, $y = f(x)$ となる. y から x への対応により定められる Y から X への写像を $f^{-1} : Y \to X$ と表し, f の **逆写像** (inverse mapping) という [*18].

さて, Ω を $\mathbf{R}$ の空でない有限部分集合とし, Ω 上の n 次元統計的モデル

$$S = \{ p(\,\cdot\,; \boldsymbol{\xi}) \mid \boldsymbol{\xi} \in \Xi \} \tag{1.100}$$

を考える. さらに, Ω' を $\mathbf{R}$ の空でない有限部分集合, $F : \Omega \to \Omega'$ を全射とす

[*18] 写像による部分集合の逆像のときと同じ記号を用いるので紛らわしいが, 文脈から判断しよう.

る．なお，全射の定義（定義 1.5(1)）より，Ω の元の個数は Ω' の元の個数以上である．このとき，

$$q(y; \boldsymbol{\xi}) = \sum_{x \in F^{-1}(\{y\})} p(x; \boldsymbol{\xi}) \quad (y \in \Omega') \tag{1.101}$$

とおくと，次がなりたつ．

| 命題 1.2 | $q(\,\cdot\,; \boldsymbol{\xi})$ は $q(\,\cdot\,; \boldsymbol{\xi}) > 0$ となる確率関数を定める． ☐

【証明】　まず，$y \in \Omega'$ とすると，F は全射なので，$F^{-1}(\{y\}) \neq \emptyset$ である．また，統計的モデルの定義（定義 1.3）より，$p(\,\cdot\,; \boldsymbol{\xi}) > 0$ である．よって，(1.101) より，$q(\,\cdot\,; \boldsymbol{\xi}) > 0$ である．さらに，

$$\begin{aligned}
\sum_{y \in \Omega'} q(y; \boldsymbol{\xi}) &= \sum_{y \in \Omega'} \sum_{x \in F^{-1}(\{y\})} p(x; \boldsymbol{\xi}) \\
&= \sum_{x \in F^{-1}(\Omega')} p(x; \boldsymbol{\xi}) = \sum_{x \in \Omega} p(x; \boldsymbol{\xi}) = 1
\end{aligned} \tag{1.102}$$

である．したがって，$q(\,\cdot\,; \boldsymbol{\xi})$ は $q(\,\cdot\,; \boldsymbol{\xi}) > 0$ となる確率関数を定める．　☐

　命題 1.2 より，Ω' 上の n 次元統計的モデル S_F を

$$S_F = \{q(\,\cdot\,; \boldsymbol{\xi}) \,|\, \boldsymbol{\xi} \in \Xi\} \tag{1.103}$$

により定めることができる．そこで，

$$r(x; \boldsymbol{\xi}) = \frac{p(x; \boldsymbol{\xi})}{q(F(x); \boldsymbol{\xi})} \quad (x \in \Omega, \ \boldsymbol{\xi} \in \Xi) \tag{1.104}$$

とおく．任意の $\boldsymbol{\xi} \in \Xi$ に対して，$r(\,\cdot\,; \boldsymbol{\xi})$ が $\boldsymbol{\xi}$ に依存しない関数となるとき，F を S に関する**十分統計量** (sufficient statistic) という．あたえられた統計的モデル S の元であることがわかっている確率関数のパラメータ $\boldsymbol{\xi}$ がどのような値であるかを推定するには，十分統計量 F を用いて，対応する S_F の元となる確率関数のパラメータ $\boldsymbol{\xi}$ の値を推定すれば十分である．これが十分統計量という言葉の意味である．

▶ **例 1.16**　あるコインの表が出る確率 ξ を知りたいとしよう. ただし, $0 < \xi < 1$ とする [*19]. ξ の値を推定するには, コインを何回か投げたときに, いつ表が出たのかまでを調べずとも, 何回表が出たのかを調べればよさそうである. このことを十分統計量の言葉を用いて説明しよう.

　まず, 例 1.14 で述べた離散型確率空間上の確率変数に対応する Ω 上の統計的モデル S を考えることができる. すなわち, $n \in \mathbf{N}$ に対して,

$$\Omega = \{0, 1, 2, \ldots, 2^n - 1\} \tag{1.105}$$

であり, $0 < \xi < 1$ に対して,

$$p(0; \xi) = (1 - \xi)^n, \tag{1.106}$$

また, $k = 1, 2, \ldots, n, \ i_1, i_2, \ldots, i_k \in \mathbf{N}, \ 1 \le i_1 < i_2 < \cdots < i_k \le n$ のとき,

$$p\left(\sum_{\alpha=1}^{k} 2^{i_\alpha - 1}; \xi\right) = \xi^k (1 - \xi)^{n-k} \tag{1.107}$$

とおくと,

$$S = \{p(\,\cdot\,; \xi) \mid 0 < \xi < 1\} \tag{1.108}$$

である.

　次に,

$$\Omega' = \{0, 1, 2, \ldots, n\} \tag{1.109}$$

とおき, 写像 $F : \Omega \to \Omega'$ を

$$F(0) = 0, \quad F\left(\sum_{\alpha=1}^{k} 2^{i_\alpha - 1}\right) = k \tag{1.110}$$

により定める. このとき, F は全射である. さらに, (1.101) より,

$$q(0; \xi) = \sum_{m \in F^{-1}(\{0\})} p(m; \xi) = p(0; \xi) = (1 - \xi)^n, \tag{1.111}$$

[*19] 対応する確率関数のとりうる値が常に正となる. また, 有界開区間 $(0, 1)$ は $\mathbf{R}$ の開集合である.

また，(1.107) より，$k = 1, 2, \ldots, n$ のとき，

$$
\begin{aligned}
q(k; \xi) &= \sum_{m \in F^{-1}(\{k\})} p(m; \xi) = \sum_{\substack{i_1, i_2, \ldots, i_k \in \mathbf{N} \\ 1 \le i_1 < i_2 < \cdots < i_k \le n}} p\left(\sum_{\alpha=1}^{k} 2^{i_\alpha - 1}; \xi \right) \\
&= {}_n\mathrm{C}_k \xi^k (1 - \xi)^{n-k}
\end{aligned} \tag{1.112}
$$

である．よって，$q(\,\cdot\,; \xi)$ は例 1.13 で述べた二項分布に対応する確率関数であり，

$$
S_F = \{ q(\,\cdot\,; \xi) \,|\, 0 < \xi < 1 \} \tag{1.113}
$$

である．

ここで，(1.104)，(1.110)，(1.111) より，

$$
r(0; \xi) = \frac{p(0; \xi)}{q(F(0); \xi)} = \frac{p(0; \xi)}{q(0; \xi)} = 1, \tag{1.114}
$$

また，(1.107)，(1.112) より，

$$
\begin{aligned}
r\left(\sum_{\alpha=1}^{k} 2^{i_\alpha - 1}; \xi \right) &= \frac{p\left(\sum\limits_{\alpha=1}^{k} 2^{i_\alpha - 1}; \xi \right)}{q\left(F\left(\sum\limits_{\alpha=1}^{k} 2^{i_\alpha - 1} \right); \xi \right)} \\
&= \frac{p\left(\sum\limits_{\alpha=1}^{k} 2^{i_\alpha - 1}; \xi \right)}{q(k; \xi)} = \frac{1}{{}_n\mathrm{C}_k}
\end{aligned} \tag{1.115}
$$

である．したがって，$r(\,\cdot\,; \xi)$ は ξ に依存しないので，F は S に関する十分統計量である． ◀

　例 1.10 では Ω_n 上の統計的モデル S_n について述べた．S_n やその部分集合として表される統計的モデルに関する十分統計量をいくつか挙げよう．これらの例は §2.4 や §2.6 で扱うチェンツォフの定理を示す際に，重要な役割を果たす．

▶ **例 1.17**（十分統計量 F_n）　$F_n : \Omega_n \to \Omega_n$ を $F_n(0) = 0$ となる全単射とする [20]．ここで，(1.101) より，

---

[20] F_n は 0 を 0 へ写し，n 個の数 1, 2, $\ldots$, n を並べ替えることにより得られる．

$$q(0; \boldsymbol{\xi}) = \sum_{i \in F_n^{-1}(\{0\})} p(i; \boldsymbol{\xi}) = p(0; \boldsymbol{\xi}) = 1 - \sum_{j=1}^{n} \xi_j, \tag{1.116}$$

また，$j = 1, 2, \ldots, n$ のとき，

$$q(j; \boldsymbol{\xi}) = \sum_{i \in F_n^{-1}(\{j\})} p(i; \boldsymbol{\xi}) = p(F_n^{-1}(j); \boldsymbol{\xi}) = \xi_{F_n^{-1}(j)} \tag{1.117}$$

である [*21]. (1.104), (1.116) より，

$$r(0; \boldsymbol{\xi}) = \frac{p(0; \boldsymbol{\xi})}{q(F_n(0); \boldsymbol{\xi})} = \frac{p(0; \boldsymbol{\xi})}{q(0; \boldsymbol{\xi})} = 1, \tag{1.118}$$

また，(1.117) より，$i = 1, 2, \ldots, n$ のとき，

$$r(i; \boldsymbol{\xi}) = \frac{p(i; \boldsymbol{\xi})}{q(F_n(i); \boldsymbol{\xi})} = \frac{p(i; \boldsymbol{\xi})}{p(F_n^{-1}(F_n(i)); \boldsymbol{\xi})} = \frac{p(i; \boldsymbol{\xi})}{p(i; \boldsymbol{\xi})} = 1 \tag{1.119}$$

である．よって，$r(\,\cdot\,; \boldsymbol{\xi})$ は $\boldsymbol{\xi}$ に依存しないので，F_n は S_n に関する十分統計量である． ◀

▶ **例 1.18**（十分統計量 $F_{m,n}$）   まず，$m, n \in \mathbf{N}$ とし，$S_{m,n} \subset S_{mn}$ を

$$S_{m,n} = \{p(\,\cdot\,; \boldsymbol{\eta}) \in S_{mn} \mid \eta_1 = \cdots = \eta_m, \ \ldots, \ \eta_{m(n-1)+1} = \cdots = \eta_{mn}\} \tag{1.120}$$

により定める [*22]．ただし，$\boldsymbol{\eta} = (\eta_1, \eta_2, \ldots, \eta_{mn})$ である．このとき，$S_{m,n}$ は Ω_{mn} 上の n 次元統計的モデルとなる．実際，$\boldsymbol{\xi} = (\xi_1, \xi_2, \ldots, \xi_n) \in \Xi_n$ のとき，

$$\left(\underbrace{\frac{\xi_1}{m}, \frac{\xi_1}{m}, \ldots, \frac{\xi_1}{m}}_{m\text{ 個}}, \underbrace{\frac{\xi_2}{m}, \frac{\xi_2}{m}, \ldots, \frac{\xi_2}{m}}_{m\text{ 個}}, \ldots, \underbrace{\frac{\xi_n}{m}, \frac{\xi_n}{m}, \ldots, \frac{\xi_n}{m}}_{m\text{ 個}} \right) \in \Xi_{mn} \tag{1.121}$$

であり，

$$\tilde{p}(\,\cdot\,; \boldsymbol{\xi}) = p\left(\,\cdot\,; \underbrace{\frac{\xi_1}{m}, \frac{\xi_1}{m}, \ldots, \frac{\xi_1}{m}}_{m\text{ 個}}, \underbrace{\frac{\xi_2}{m}, \frac{\xi_2}{m}, \ldots, \frac{\xi_2}{m}}_{m\text{ 個}}, \ldots, \underbrace{\frac{\xi_n}{m}, \frac{\xi_n}{m}, \ldots, \frac{\xi_n}{m}}_{m\text{ 個}} \right)$$
$$\tag{1.122}$$

[*21] F_n は全単射なので，逆写像 $F^{-1} : \Omega_n \to \Omega_n$ が存在する．

[*22] 「η」は「イータ」または「エータ」と読むギリシャ文字の小文字である．

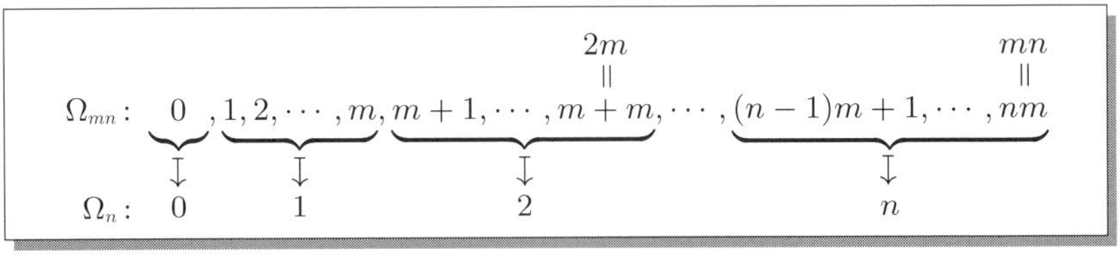

$$\Omega_{mn}: \quad 0, \underbrace{1, 2, \cdots, m}, \underbrace{m+1, \cdots, \overset{\overset{2m}{\|}}{m+m}}, \cdots, \underbrace{(n-1)m+1, \cdots, \overset{\overset{mn}{\|}}{nm}}$$
$$\Omega_n: \quad 0 \qquad 1 \qquad\qquad 2 \qquad\qquad\qquad\qquad n$$

図 **1.8**　写像 $F_{m,n}: \Omega_{mn} \to \Omega_n$

とおくと,
$$S_{m,n} = \{\tilde{p}(\cdot\,;\boldsymbol{\xi}) \,|\, \boldsymbol{\xi} \in \Xi_n\} \tag{1.123}$$
と表されるからである.

　次に, 写像 $F_{m,n}: \Omega_{mn} \to \Omega_n$ を

$$F_{m,n}(0) = 0, \quad F_{m,n}(i) = j \quad (i=(j-1)m+1,\ldots,jm;\ j=1,\ldots,n) \tag{1.124}$$

により定める (図 1.8). このとき, $F_{m,n}$ は全射である. ここで, (1.101) より,

$$q(0;\boldsymbol{\xi}) = \sum_{i \in F_{m,n}^{-1}(\{0\})} \tilde{p}(i;\boldsymbol{\xi}) = \tilde{p}(0;\boldsymbol{\xi}) = 1 - \sum_{j=1}^n \xi_j, \tag{1.125}$$

また, (1.56), (1.122) より, $j=1,2,\ldots,n$ のとき,

$$q(j;\boldsymbol{\xi}) = \sum_{i \in F_{m,n}^{-1}(\{j\})} \tilde{p}(i;\boldsymbol{\xi}) = \sum_{i=(j-1)m+1}^{jm} \tilde{p}(i;\boldsymbol{\xi}) = \xi_j \tag{1.126}$$

である. (1.104), (1.124), (1.125) より,

$$r(0;\boldsymbol{\xi}) = \frac{\tilde{p}(0;\boldsymbol{\xi})}{q(F_{m,n}(0);\boldsymbol{\xi})} = \frac{\tilde{p}(0;\boldsymbol{\xi})}{q(0;\boldsymbol{\xi})} = 1, \tag{1.127}$$

また, (1.56), (1.122), (1.126) より, $i=(j-1)m+1,\ldots,jm,\ j=1,\ldots,n$ のとき,

$$r(i;\boldsymbol{\xi}) = \frac{\tilde{p}(i;\boldsymbol{\xi})}{q(F_{m,n}(i);\boldsymbol{\xi})} = \frac{\tilde{p}(i;\boldsymbol{\xi})}{q(j;\boldsymbol{\xi})} = \frac{\frac{\xi_j}{m}}{\xi_j} = \frac{1}{m} \tag{1.128}$$

である. よって, $r(\cdot\,;\boldsymbol{\xi})$ は $\boldsymbol{\xi}$ に依存しないので, $F_{m,n}$ は $S_{m,n}$ に関する十分統計量である.　◀

▶ **例1.19**（十分統計量 $F_{\bm{m}}$）　例1.18 を一般化しよう. まず, $n \in \mathbf{N}$, $\bm{m} = (m_1, m_2, \ldots, m_n) \in \mathbf{N}^n$ とし,

$$m = m_1 + m_2 + \cdots + m_n \tag{1.129}$$

とおく. さらに, $S_{\bm{m}} \subset S_m$ を

$$S_{\bm{m}} = \{p(\,\cdot\,;\bm{\eta}) \in S_m \mid \eta_1 = \cdots = \eta_{m_1}, \ldots, \eta_{m_1+\cdots+m_{n-1}+1} = \cdots = \eta_m\} \tag{1.130}$$

により定める. このとき, 例1.18 と同様に, $S_{\bm{m}}$ は Ω_m 上の n 次元統計的モデルとなる. 実際, $\bm{\xi} = (\xi_1, \xi_2, \ldots, \xi_n) \in \Xi_n$ のとき,

$$\left(\underbrace{\frac{\xi_1}{m_1}, \frac{\xi_1}{m_1}, \ldots, \frac{\xi_1}{m_1}}_{m_1 \text{個}}, \underbrace{\frac{\xi_2}{m_2}, \frac{\xi_2}{m_2}, \ldots, \frac{\xi_2}{m_2}}_{m_2 \text{個}}, \ldots, \underbrace{\frac{\xi_n}{m_n}, \frac{\xi_n}{m_n}, \ldots, \frac{\xi_n}{m_n}}_{m_n \text{個}} \right) \in \Xi_m \tag{1.131}$$

であり,

$$\tilde{p}(\,\cdot\,;\bm{\xi}) = p\left(\,\cdot\,; \underbrace{\frac{\xi_1}{m_1}, \frac{\xi_1}{m_1}, \ldots, \frac{\xi_1}{m_1}}_{m_1 \text{個}}, \underbrace{\frac{\xi_2}{m_2}, \frac{\xi_2}{m_2}, \ldots, \frac{\xi_2}{m_2}}_{m_2 \text{個}}, \ldots, \underbrace{\frac{\xi_n}{m_n}, \frac{\xi_n}{m_n}, \ldots, \frac{\xi_n}{m_n}}_{m_n \text{個}} \right) \tag{1.132}$$

とおくと,

$$S_{\bm{m}} = \{\tilde{p}(\,\cdot\,;\bm{\xi}) \mid \bm{\xi} \in \Xi_n\} \tag{1.133}$$

と表されるからである.

次に, 写像 $F_{\bm{m}} : \Omega_m \to \Omega_n$ を

$$F_{\bm{m}}(0) = 0, \quad F_{\bm{m}}(i) = 1 \quad (i = 1, \ldots, m_1), \tag{1.134}$$

$$F_{\bm{m}}(i) = j \quad (i = m_1 + \cdots + m_{j-1} + 1, \ldots, m_1 + \cdots + m_j; \; j = 2, \ldots, n) \tag{1.135}$$

により定める. このとき, $F_{\bm{m}}$ は全射である. ここで, (1.101) より,

$$q(0;\bm{\xi}) = \sum_{i \in F_{\bm{m}}^{-1}(\{0\})} \tilde{p}(i;\bm{\xi}) = \tilde{p}(0;\bm{\xi}) = 1 - \sum_{j=1}^{n} \xi_j, \tag{1.136}$$

また，(1.56) より，

$$q(1; \boldsymbol{\xi}) = \sum_{i \in F_{\boldsymbol{m}}^{-1}(\{1\})} \tilde{p}(i; \boldsymbol{\xi}) = \sum_{i=1}^{m_1} \tilde{p}(i; \boldsymbol{\xi}) = \xi_1, \qquad (1.137)$$

同様に，$j = 2, \ldots, n$ のとき，

$$q(j; \boldsymbol{\xi}) = \xi_j \qquad (1.138)$$

である．(1.104), (1.134), (1.136) より，

$$r(0; \boldsymbol{\xi}) = \frac{\tilde{p}(0; \boldsymbol{\xi})}{q(F_{\boldsymbol{m}}(0); \boldsymbol{\xi})} = \frac{\tilde{p}(0; \boldsymbol{\xi})}{q(0; \boldsymbol{\xi})} = 1, \qquad (1.139)$$

また，(1.56), (1.135), (1.137) より，$i = 1, 2, \ldots, m_1$ のとき，

$$r(i; \boldsymbol{\xi}) = \frac{\tilde{p}(i; \boldsymbol{\xi})}{q(F_{\boldsymbol{m}}(i); \boldsymbol{\xi})} = \frac{\tilde{p}(i; \boldsymbol{\xi})}{q(1; \boldsymbol{\xi})} = \frac{\frac{\xi_1}{m_1}}{\xi_1} = \frac{1}{m_1}, \qquad (1.140)$$

同様に，$i = m_1 + \cdots + m_{j-1} + 1, \ldots, m_1 + \cdots + m_j$, $j = 2, \ldots, n$ のとき，

$$r(i; \boldsymbol{\xi}) = \frac{1}{m_j} \qquad (1.141)$$

である．よって，$r(\,\cdot\,; \boldsymbol{\xi})$ は $\boldsymbol{\xi}$ に依存しないので，$F_{\boldsymbol{m}}$ は $S_{\boldsymbol{m}}$ に関する十分統計量である． ◀

第2章

フィッシャー計量

▎2.1 リーマン計量

　ユークリッド空間 $\mathbf{R}^n$ のユークリッド距離 d を用いると，$\mathbf{R}^n$ の 2 点 $\boldsymbol{x}, \boldsymbol{y} \in \mathbf{R}^n$ の距離を $d(\boldsymbol{x}, \boldsymbol{y})$ として定めることができるのであった（§1.1）．一方，定義 1.3 で定めた統計的モデル S は $\mathbf{R}^n$ の開集合の点 $\boldsymbol{\xi} \in \Xi$ をパラメータとしているので，確率関数 $p(\,\cdot\,; \boldsymbol{\xi}) \in S$ を点 $\boldsymbol{\xi}$ とみなすことができる．よって，ユークリッド距離を用いれば，2 つの確率関数がどの程度違うのかを測ることが可能ではある．しかし，これは S が確率関数からなるという性質を何も反映していない．§2.5 で述べるように，統計的モデルに対してはフィッシャー計量というものを考えることにより，確率関数の間の距離を定める．§2.1 では，そのための準備として，ユークリッド空間の開集合のリーマン計量について述べよう．

　まず，$\boldsymbol{p}, \boldsymbol{q} \in \mathbf{R}^n$ とし，$\boldsymbol{p}$ と $\boldsymbol{q}$ を結ぶ C^1 級曲線 $\gamma : [a, b] \to \mathbf{R}^n$ を考えよう．すなわち，γ は有界閉区間 $[a, b]$ で定義された $\gamma(a) = \boldsymbol{p}$，$\gamma(b) = \boldsymbol{q}$ をみたす $\mathbf{R}^n$ への写像 [*1] であり，γ を成分を用いて

$$\gamma(t) = (\gamma_1(t), \gamma_2(t), \ldots, \gamma_n(t)) \quad (t \in [a, b]) \tag{2.1}$$

と表しておくと，$[a, b]$ で定義された n 個の実数値関数 γ_1，γ_2，$\ldots$，γ_n はすべて 1 回微分可能であり，その導関数は連続である．このとき，微分積分で学ぶように，γ の長さは定積分

[*1] $\mathbf{R}^n$ に値をとるベクトル値関数ともいう．

$$\int_a^b \|\gamma'(t)\| \, dt \tag{2.2}$$

によりあたえられる．ただし，$\| \ \|$ は $\mathbf{R}^n$ の標準内積 $\langle \ , \ \rangle$ から定められるノルムである．$t_0 \in [a,b]$ に対して，$\gamma'(t_0)$ を γ の $t = t_0$ における**接ベクトル** (tangent vector) という（図 2.1）．

　さらに，次がなりたつ．

命題 2.1　　不等式

$$d(\boldsymbol{p}, \boldsymbol{q}) \le \int_a^b \|\gamma'(t)\| \, dt \tag{2.3}$$

がなりたつ．　　　　　　　　　　　　　　　　　　　　　　　　　　□

【証明】　　まず，$\boldsymbol{p} = \boldsymbol{q}$ とする．このとき，$d(\boldsymbol{p}, \boldsymbol{q}) = 0$ となるので，(2.3) がなりたつ．

　次に，$\boldsymbol{p} \neq \boldsymbol{q}$ とする．$\boldsymbol{v} \in \mathbf{R}^n$, $\|\boldsymbol{v}\| = 1$ のとき，

$$\int_a^b \langle \gamma'(t), \boldsymbol{v} \rangle \, dt = \int_a^b \langle \gamma(t), \boldsymbol{v} \rangle' \, dt = [\langle \gamma(t), \boldsymbol{v} \rangle]_a^b$$
$$= \langle \boldsymbol{q}, \boldsymbol{v} \rangle - \langle \boldsymbol{p}, \boldsymbol{v} \rangle = \langle \boldsymbol{q} - \boldsymbol{p}, \boldsymbol{v} \rangle \tag{2.4}$$

である．また，コーシー-シュワルツの不等式（定理 1.2(3)）より，

$$\langle \gamma'(t), \boldsymbol{v} \rangle \le |\langle \gamma'(t), \boldsymbol{v} \rangle| \le \|\gamma'(t)\|\|\boldsymbol{v}\| = \|\gamma'(t)\| \cdot 1 = \|\gamma'(t)\| \tag{2.5}$$

である．よって，

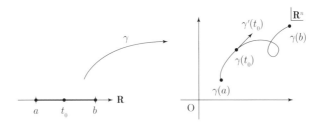

図 2.1　曲線と接ベクトル

$$\int_a^b \langle \gamma'(t), \boldsymbol{v} \rangle \, dt \le \int_a^b \|\gamma'(t)\| \, dt \tag{2.6}$$

である. (2.4), (2.6) より, 不等式

$$\langle \boldsymbol{q} - \boldsymbol{p}, \boldsymbol{v} \rangle \le \int_a^b \|\gamma'(t)\| \, dt \tag{2.7}$$

がなりたつ. ここで, $\boldsymbol{p} \ne \boldsymbol{q}$ より, $\boldsymbol{v} \in \mathbf{R}^n$ を

$$\boldsymbol{v} = \frac{\boldsymbol{q} - \boldsymbol{p}}{\|\boldsymbol{q} - \boldsymbol{p}\|} \tag{2.8}$$

により定めることができる. このとき, $\|\boldsymbol{v}\| = 1$ となる. この $\boldsymbol{v}$ を (2.7) に代入すると, (2.3) が得られる. □

(2.3) において, 等号がなりたつ条件を考えよう.

まず, $\boldsymbol{p} = \boldsymbol{q}$ のとき, (2.3) において等号がなりたつのは, 任意の $t \in [a, b]$ に対して, $\gamma'(t) = 0$ となるときである. このとき,

$$\gamma(t) = \boldsymbol{p} \, (= \boldsymbol{q}) \quad (t \in [a, b]) \tag{2.9}$$

となり, γ は 1 点 $\boldsymbol{p} \, (= \boldsymbol{q})$ を表す.

次に, $\boldsymbol{p} \ne \boldsymbol{q}$ のとき, (2.3) において等号がなりたつのは, コーシー-シュワルツの不等式を用いた (2.5) の計算より, 各 $t \in [a, b]$ に対して, $\gamma'(t)$ が (2.8) の $\boldsymbol{v}$ の正の定数倍となるときである. このとき, ある C^1 級の単調増加関数 $\varphi : [a, b] \to \mathbf{R}$ が存在し,

$$\gamma(t) = \frac{\varphi(b) - \varphi(t)}{\varphi(b) - \varphi(a)} \boldsymbol{p} + \frac{\varphi(t) - \varphi(a)}{\varphi(b) - \varphi(a)} \boldsymbol{q} \tag{2.10}$$

となり, γ は $\boldsymbol{p}$ と $\boldsymbol{q}$ を結ぶ線分を表す. よって, $\mathbf{R}^n$ の異なる 2 点を結ぶ曲線を考えると, 最短線, すなわち, 長さが最も短くなる曲線は線分であり, その長さは 2 点間の距離となることがわかった.

上で述べたことを振り返ってみると, 次の (1)～(3) がポイントとなる.

(1) 2 点間の距離はその 2 点を結ぶ最短線の長さである.

(2) 曲線の長さを表す積分の被積分関数は接ベクトルのノルムである.

(3) ノルムは内積を用いて定めることができる.

そこで，$\mathbf{R}^n$ の開集合の各点ごとに標準内積とは限らない $\mathbf{R}^n$ の内積を考え，次のように定めよう．

定義 2.1　D を $\mathbf{R}^n$ の空でない開集合とし，各 $\boldsymbol{p} \in D$ に対して，$\mathbf{R}^n$ の内積 $g_{\boldsymbol{p}} : \mathbf{R}^n \times \mathbf{R}^n \to \mathbf{R}$ があたえられているとする．このとき，$\boldsymbol{p}$ から $g_{\boldsymbol{p}}$ への対応を g と表し，g を D のリーマン計量 (Riemannian metric) という．　□

! 注意 2.1　定義 2.1 において，任意の C^∞ 級写像 $X, Y : D \to \mathbf{R}^n$ に対して，関数 $g(X, Y) : D \to \mathbf{R}$ が C^∞ 級となるとき，g は C^∞ 級 (class C^∞) であるという．以下では，簡単のため，曲線もリーマン計量も C^∞ 級であるとする．　■

リーマン計量を用いて，曲線の長さを定めることができる．D を $\mathbf{R}^n$ の空でない開集合，g を D のリーマン計量，$\gamma : [a, b] \to D$ を D 内の曲線 [*2] とする．このとき，γ の長さを

$$\int_a^b \sqrt{g_{\gamma(t)}(\gamma'(t), \gamma'(t))}\, dt \tag{2.11}$$

により定める [*3]．なお，曲線の長さは径数付けを変えても不変である．すなわち，$\varphi : [\alpha, \beta] \to [a, b]$ を

$$\varphi(\alpha) = a, \quad \varphi(\beta) = b, \quad \varphi'(s) > 0 \quad (s \in [\alpha, \beta]) \tag{2.12}$$

となる変数変換とし，φ と γ の合成により得られる D 内の曲線 $\gamma \circ \varphi : [\alpha, \beta] \to D$ を考えると，γ と $\gamma \circ \varphi$ の長さは等しい．証明は合成関数の微分法と置換積分法を用いればよい．

リーマン計量と曲線の長さについて，例を 2 つ挙げておこう．

▶ 例 2.1（ユークリッド計量）　各 $\boldsymbol{p} \in \mathbf{R}^n$ に対して，$g_{\boldsymbol{p}}$ を $\mathbf{R}^n$ の標準内積 (1.4) とする．このとき，g は $\mathbf{R}^n$ のリーマン計量となる．この g を $\mathbf{R}^n$ のユークリッド計量 (Euclidean metric) という．ユークリッド計量を考えると，$\mathbf{R}^n$ 内の曲線 $\gamma : [a, b] \to \mathbf{R}^n$ の長さは (2.2) によりあたえられる．　◀

[*2] 曲線 $\gamma : [a, b] \to \mathbf{R}^n$ で，$\gamma([a, b]) \subset D$ となるもののことである．
[*3] 2 点を結ぶ最短線は必ずしも存在しなくなるため，上の (1) については長さの下限を考えることになる．

▶ **例 2.2**(ポアンカレ計量) $D \subset \mathbf{R}^2$ を

$$D = \{(x, y) \in \mathbf{R}^2 \mid y > 0\} \tag{2.13}$$

により定め,$(x, y) \in D$ に対して,

$$g_{(x,y)}(\boldsymbol{v}, \boldsymbol{w}) = \frac{\langle \boldsymbol{v}, \boldsymbol{w} \rangle}{y^2} \quad (\boldsymbol{v}, \boldsymbol{w} \in \mathbf{R}^2) \tag{2.14}$$

とおく.ただし,$\langle\,,\,\rangle$ は $\mathbf{R}^2$ の標準内積 (1.4) である.このとき,g は D のリーマン計量となる.g を D の**ポアンカレ計量** (Poincaré metric),(D, g) を**ポアンカレ上半平面** (Poincaré upper half plane) という.$\gamma : [a, b] \to D$ を D 内の曲線とし,成分を用いて

$$\gamma(t) = (x(t), y(t)) \quad (t \in [a, b]) \tag{2.15}$$

と表しておく.このとき,$L(\gamma)$ を γ の長さとすると,(2.11),(2.14) より,

$$L(\gamma) = \int_a^b \frac{\|\gamma'(t)\|}{y(t)}\, dt \tag{2.16}$$

である.

ポアンカレ上半平面 (D, g) 内の線分の長さの最短性について調べてみよう.まず,$0 < y_0 < y_1$ とし,D の 2 点 $(0, y_0)$ と $(0, y_1)$ を結ぶ D 内の曲線 $\gamma_1 : [0, 1] \to D$ を

$$\gamma_1(t) = (0, (y_1 - y_0)t + y_0) \quad (t \in [0, 1]) \tag{2.17}$$

により定める(図 2.2).すなわち,γ_1 は $(0, y_0)$ と $(0, y_1)$ を結ぶ線分である.このとき,(2.16),(2.17) より,

$$\begin{aligned} L(\gamma_1) &= \int_0^1 \frac{y_1 - y_0}{(y_1 - y_0)t + y_0}\, dt \\ &= [\log\{(y_1 - y_0)t + y_0\}]_0^1 = \log \frac{y_1}{y_0} \end{aligned} \tag{2.18}$$

である.一方,$\gamma_2 : [0, 1] \to D$ を $(0, y_0)$ と $(0, y_1)$ を結ぶ D 内の任意の曲線とし(図 2.2),(2.15) のように表しておく.このとき,

$$L(\gamma_2) = \int_0^1 \frac{\sqrt{(x'(t))^2 + (y'(t))^2}}{y(t)}\, dt$$

$$\geq \int_0^1 \frac{|y'(t)|}{y(t)}\, dt \geq \int_0^1 \frac{y'(t)}{y(t)}\, dt$$

$$= [\log y(t)]_0^1 = \log \frac{y(1)}{y(0)} = \log \frac{y_1}{y_0} \tag{2.19}$$

である. (2.18), (2.19) より,

$$L(\gamma_1) \leq L(\gamma_2) \tag{2.20}$$

となり,線分 γ_1 は $(0, y_0)$ と $(0, y_1)$ を結ぶ最短線である. さらに,(2.19) の計算より,$(0, y_0)$ と $(0, y_1)$ を結ぶ最短線は線分に限ることがわかる.

次に,$0 < \theta < \frac{\pi}{2}$ とし,D の 2 点 $(\cos\theta, \sin\theta)$ と $(-\cos\theta, \sin\theta)$ を結ぶ D 内の曲線 $\gamma_3 : [0, 1] \to D$ を

$$\gamma_3(t) = ((1 - 2t)\cos\theta, \sin\theta) \quad (t \in [0, 1]) \tag{2.21}$$

により定める(図 2.3).すなわち,γ_3 は $(\cos\theta, \sin\theta)$ と $(-\cos\theta, \sin\theta)$ を結ぶ線分である. このとき,(2.16), (2.21) より,

$$L(\gamma_3) = \int_0^1 \frac{2\cos\theta}{\sin\theta}\, dt = \frac{2}{\tan\theta} \tag{2.22}$$

である. 一方,$(\cos\theta, \sin\theta)$ と $(-\cos\theta, \sin\theta)$ を結ぶ D 内の曲線 $\gamma_4 : [0, 1] \to D$ を

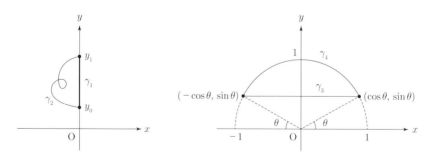

図 2.2　曲線 γ_1, γ_2 図 2.3　曲線 γ_3, γ_4

$$\gamma_4(t) = (\cos(\theta + (\pi - 2\theta)t), \sin(\theta + (\pi - 2\theta)t)) \quad (t \in [0,1]) \tag{2.23}$$

により定める（図 2.3）．すなわち，γ_4 は $(\cos\theta, \sin\theta)$ と $(-\cos\theta, \sin\theta)$ を結ぶ原点を中心とする円弧である．このとき，(2.16), (2.23) より，

$$\begin{aligned}
L(\gamma_4) &= \int_0^1 \frac{\pi - 2\theta}{\sin(\theta + (\pi - 2\theta)t)} \, dt \\
&= \left[\log \tan \frac{\theta + (\pi - 2\theta)t}{2} \right]_0^1 = -2 \log \tan \frac{\theta}{2}
\end{aligned} \tag{2.24}$$

である．ここで，関数 $f : (0, \frac{\pi}{2}) \to \mathbf{R}$ を

$$f(\theta) = \frac{1}{\tan\theta} + \log \tan \frac{\theta}{2} \quad \left(\theta \in \left(0, \frac{\pi}{2} \right) \right) \tag{2.25}$$

により定めると，

$$f'(\theta) = \frac{\sin\theta - 1}{\sin^2\theta} < 0, \quad \lim_{\theta \to \frac{\pi}{2} - 0} f(\theta) = 0 \tag{2.26}$$

となる．よって，$f(\theta) > 0$ となるので，(2.22), (2.24) より，

$$L(\gamma_4) < L(\gamma_3) \tag{2.27}$$

である．すなわち，線分 γ_3 は $(\cos\theta, \sin\theta)$ と $(-\cos\theta, \sin\theta)$ を結ぶ最短線ではない．実は，γ_4 が $(\cos\theta, \sin\theta)$ と $(-\cos\theta, \sin\theta)$ を結ぶ最短線であることがわかる． ◀

　リーマン計量は各点ごとに正定値実対称行列を対応させるものとみなすことができる．まず，A を n 次実対称行列とする．すなわち，A はすべての成分が実数の n 次正方行列であり，A の転置行列 ${}^t A$ は A に等しい．任意の $\boldsymbol{x} \in \mathbf{R}^n \setminus \{\boldsymbol{0}\}$ に対して [*4]，

$$\boldsymbol{x} A\, {}^t\boldsymbol{x} > 0 \tag{2.28}$$

となるとき，A は<u>正定値</u> (positive definite) であるという [*5]．また，$\mathbf{R}^n$ の基

[*4] 一般に，集合 A, B に対して，A に含まれるが B には含まれない元全体の集合を $A \setminus B$ または $A - B$ と表し，A と B の差という．

[*5] 線形代数で学ぶように，実対称行列は実数のみを固有値にもち，直交行列を用いて対角化可能である．このことより，実対称行列が正定値であることはすべての固有値が正の実数であることと同値である．

本ベクトルを e_1, e_2, ..., e_n と表す. このとき,

$$e_1 = (1, 0, \ldots, 0), \quad e_2 = (0, 1, \ldots, 0), \quad \ldots, \quad e_n = (0, 0, \ldots, 1), \quad (2.29)$$

すなわち, $i = 1, 2, \ldots, n$ に対して, $e_i \in \mathbf{R}^n$ は第 i 成分が 1 であり, その他の成分はすべて 0 である.

さて, D を $\mathbf{R}^n$ の空でない開集合, g を D のリーマン計量とし, $p \in D$, $v, w \in \mathbf{R}^n$ とする. v, w を成分を用いて

$$v = (v_1, v_2, \ldots, v_n), \quad w = (w_1, w_2, \ldots, w_n) \quad (2.30)$$

と表しておくと,

$$v = \sum_{i=1}^{n} v_i e_i, \quad w = \sum_{j=1}^{n} w_j e_j \quad (2.31)$$

である. よって, 内積 g_p の線形性より,

$$g_p(v, w) = g_p \left(\sum_{i=1}^{n} v_i e_i, \sum_{j=1}^{n} w_j e_j \right) = \sum_{i,j=1}^{n} v_i w_j g_p(e_i, e_j) \quad (2.32)$$

である. したがって,

$$g_{ij}(p) = g_p(e_i, e_j) \quad (i, j = 1, 2, \ldots, n) \quad (2.33)$$

とおくと,

$$g_p(v, w) = \sum_{i,j=1}^{n} v_i w_j g_{ij}(p) \quad (2.34)$$

である. また, $g_{ij}(p)$ は関数 $g_{ij} : D \to \mathbf{R}$ を定め, g が C^∞ 級であるとは, 各 g_{ij} が C^∞ 級であるということである. さらに, 内積 g_p の対称性より, (i, j) 成分が $g_{ij}(p)$ の n 次正方行列 $(g_{ij}(p))_{n \times n}$ は実対称行列であり, 内積 g_p の正値性より, $(g_{ij}(p))_{n \times n}$ は正定値である. 逆に, 各 $p \in D$ に対して, 正定値実対称行列 $(g_{ij}(p))_{n \times n}$ があたえられていれば, (2.34) により D のリーマン計量 g を定めることができる.

2.2 写像の微分

　微分積分でも学ぶユークリッド空間の開集合で定義された実数値関数の微分
は，比例関係や線形写像による関数の近似である．§2.2 では，ユークリッド空
間の開集合の間の写像に対して，微分を考えよう．

　まず，D を $\mathbf{R}^m$ の空でない開集合とし，$\boldsymbol{p} \in D$ とする．さらに，有界開区
間 I で定義された D 内の曲線 $\gamma : I \to D$ で，$t_0 \in I$ に対して，$\gamma(t_0) = \boldsymbol{p}$ とな
るものを考える．すなわち，γ は $t = t_0$ において $\boldsymbol{p}$ を通る D 内の曲線である．
このとき，γ の $t = t_0$ における接ベクトル $\gamma'(t_0) \in \mathbf{R}^m$ が得られる．このよう
にして得られる接ベクトル全体の集合を $T_{\boldsymbol{p}}D$ と表すと，次がなりたつ．

命題 2.2　$T_{\boldsymbol{p}}D = \mathbf{R}^m$. □

【証明】　まず，$T_{\boldsymbol{p}}D$ の定義より，$T_{\boldsymbol{p}}D \subset \mathbf{R}^m$ である．

　次に，$\boldsymbol{v} \in \mathbf{R}^m$ とする．D は $\mathbf{R}^m$ の開集合なので，$\varepsilon > 0$ を十分小さく選ん
でおくと，$t = 0$ において $\boldsymbol{p}$ を通る D 内の曲線 $\gamma : (-\varepsilon, \varepsilon) \to D$ を

$$\gamma(t) = t\boldsymbol{v} + \boldsymbol{p} \quad (t \in (-\varepsilon, \varepsilon)) \tag{2.35}$$

により定めることができる．このとき，

$$\boldsymbol{v} = \gamma'(0) \in T_{\boldsymbol{p}}D \tag{2.36}$$

である．$\boldsymbol{v}$ は任意に選んでおくことができるので，$\mathbf{R}^m \subset T_{\boldsymbol{p}}D$ である．

　よって，$T_{\boldsymbol{p}}D = \mathbf{R}^m$ である． □

　$T_{\boldsymbol{p}}D$ の元を $\boldsymbol{p}$ における**接ベクトル**という．§1.1 でも述べたように，$\mathbf{R}^m$ はベ
クトル空間なので，命題 2.2 より，$T_{\boldsymbol{p}}D$ はベクトル空間となる．$T_{\boldsymbol{p}}D$ を $\boldsymbol{p}$ に
おける**接ベクトル空間** (tangent vector space) または**接空間** (tangent space)
という（図 2.4）．

　さらに，E を $\mathbf{R}^n$ の空でない開集合，$f : D \to E$ を写像とする．なお，注意
2.1 と同様に，簡単のため，f は C^∞ 級であるとする．このとき，γ と f の合
成により得られる E 内の曲線 $f \circ \gamma : I \to E$ を考えることができる．γ，f を

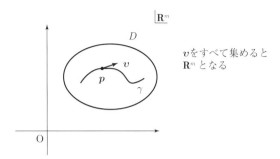

図 2.4　接ベクトルと接空間

成分を用いて

$$\gamma(t) = (\gamma_1(t), \gamma_2(t), \ldots, \gamma_m(t)) \quad (t \in I), \tag{2.37}$$

$$f(x_1, \ldots, x_m) = (f_1(x_1, \ldots, x_m), \ldots, f_n(x_1, \ldots, x_m))$$
$$((x_1, \ldots, x_m) \in D) \tag{2.38}$$

と表しておくと，合成関数の微分法より，$f \circ \gamma$ の $t = t_0$ における接ベクトルは

$$(f \circ \gamma)'(t_0) = \left(\sum_{i=1}^{m} \frac{\partial f_1}{\partial x_i}(\gamma(t_0)) \frac{d\gamma_i}{dt}(t_0), \ldots, \sum_{i=1}^{m} \frac{\partial f_n}{\partial x_i}(\gamma(t_0)) \frac{d\gamma_i}{dt}(t_0) \right)$$

$$= (\gamma_1'(t_0), \ldots, \gamma_m'(t_0)) \begin{pmatrix} \dfrac{\partial f_1}{\partial x_1}(\boldsymbol{p}) & \cdots & \dfrac{\partial f_n}{\partial x_1}(\boldsymbol{p}) \\ \vdots & \ddots & \vdots \\ \dfrac{\partial f_1}{\partial x_m}(\boldsymbol{p}) & \cdots & \dfrac{\partial f_n}{\partial x_m}(\boldsymbol{p}) \end{pmatrix}$$

$$= (\gamma_1'(t_0), \ldots, \gamma_m'(t_0)) J_f(\boldsymbol{p}) \tag{2.39}$$

と行列の積を用いて表される．ただし，

$$J_f(\boldsymbol{p}) = \left(\frac{\partial f_j}{\partial x_i}(\boldsymbol{p}) \right)_{m \times n} \tag{2.40}$$

である．よって，$\gamma'(t_0)$ から $(f \circ \gamma)'(t_0)$ への対応はベクトル空間 $T_{\boldsymbol{p}}D$ からベ

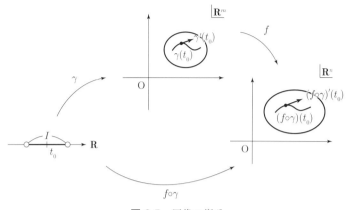

図 2.5　写像の微分

クトル空間 $T_{f(\boldsymbol{p})}E$ への線形写像を定める [*6]. この対応を $(df)_{\boldsymbol{p}}$ と表し，f の $\boldsymbol{p}$ における**微分** (differential) という（図 2.5）. また，$J_f(\boldsymbol{p})$ を f の $\boldsymbol{p}$ における**ヤコビ行列** (Jacobian matrix) という.

任意の $\boldsymbol{p} \in D$ に対して，$(df)_{\boldsymbol{p}}$ が単射（定義 1.5(2)）となるとき，f を**はめ込み** (immersion) という. 写像の微分は線形写像なので，f がはめ込みであるとは，任意の $\boldsymbol{p} \in D$ に対して，$\boldsymbol{v} \in T_{\boldsymbol{p}}D$，$(df)_{\boldsymbol{p}}(\boldsymbol{v}) = \boldsymbol{0}$ ならば，$\boldsymbol{v} = \boldsymbol{0}$ となることである. このことは線形代数に関する次の命題から得られる.

命題 2.3　　V，W をベクトル空間，$f : V \to W$ を線形写像とする. このとき，f が単射であることと f の核が零空間，すなわち，

$$\operatorname{Ker} f = \{\boldsymbol{x} \in V \mid f(\boldsymbol{x}) = \boldsymbol{0}_W\} = \{\boldsymbol{0}_V\} \tag{2.41}$$

であることは同値である. ただし，$\boldsymbol{0}_V$，$\boldsymbol{0}_W$ はそれぞれ V，W の零ベクトルである.　　　　　　　　　　　　　　　　　　　　　　　　　　　　　□

【証明】　　まず，f が単射であると仮定する. $\boldsymbol{x} \in \operatorname{Ker} f$ とする. このとき，線形写像が零ベクトルを零ベクトルに写すことと合わせると，

[*6] 一般に，$\mathbf{R}$ 上のベクトル空間の間の写像 $f : V \to W$ が線形写像であるとは，任意の $\boldsymbol{x}, \boldsymbol{y} \in V$ および任意の $c \in \mathbf{R}$ に対して，$f(\boldsymbol{x} + \boldsymbol{y}) = f(\boldsymbol{x}) + f(\boldsymbol{y})$，$f(c\boldsymbol{x}) = cf(\boldsymbol{x})$ がなりたつことをいう.

$$f(\boldsymbol{x}) = \boldsymbol{0}_W = f(\boldsymbol{0}_V), \tag{2.42}$$

すなわち，$f(\boldsymbol{x}) = f(\boldsymbol{0}_V)$ である．ここで，f は単射なので，$\boldsymbol{x} = \boldsymbol{0}_V$ である．よって，(2.41) がなりたつ．

次に，$\operatorname{Ker} f = \{\boldsymbol{0}_V\}$ であると仮定する．$\boldsymbol{x}, \boldsymbol{y} \in V$，$f(\boldsymbol{x}) = f(\boldsymbol{y})$ とする．このとき，f が線形写像であることと合わせると，

$$f(\boldsymbol{x} - \boldsymbol{y}) = f(\boldsymbol{x}) - f(\boldsymbol{y}) = \boldsymbol{0}_W, \tag{2.43}$$

すなわち，$\boldsymbol{x} - \boldsymbol{y} \in \operatorname{Ker} f$ である．ここで，$\operatorname{Ker} f = \{\boldsymbol{0}_V\}$ なので，$\boldsymbol{x} - \boldsymbol{y} = \boldsymbol{0}_V$，すなわち，$\boldsymbol{x} = \boldsymbol{y}$ である．よって，f は単射である． □

f がはめ込みであるとは，任意の $\boldsymbol{p} \in D$ に対して，f の $\boldsymbol{p}$ におけるヤコビ行列の階数について，

$$\operatorname{rank} J_f(\boldsymbol{p}) = m \tag{2.44}$$

がなりたつことと言い換えることもできる．実際，A を $m \times n$ 行列とすると，$\boldsymbol{x} \in \mathbf{R}^m$ を未知変数とする同次形の連立 1 次方程式 $\boldsymbol{x}A = \boldsymbol{0}$ の解空間の次元について，

$$\dim\{\boldsymbol{x} \in \mathbf{R}^m \mid \boldsymbol{x}A = \boldsymbol{0}\} = m - \operatorname{rank} A \tag{2.45}$$

がなりたつからである．

はめ込みについて，例 1.17〜例 1.19 で述べた十分統計量 F_n，$F_{m,n}$，$F_{\boldsymbol{m}}$ に関連する例を挙げよう．次の例 2.3〜例 2.5 について，記号もこれらの例に合わせることにし，$n \in \mathbf{N}$ に対して，

$$\Xi_n = \left\{ (\xi_1, \xi_2, \ldots, \xi_n) \,\middle|\, \xi_1, \xi_2, \ldots, \xi_n > 0, \ \sum_{i=1}^{n} \xi_i < 1 \right\} \tag{2.46}$$

とおく．

▶ **例 2.3**（はめ込み Φ_n）　$F_n : \{1, 2, \ldots, n\} \to \{1, 2, \ldots, n\}$ を全単射とし，(1.117) に合わせて，写像 $\Phi_n : \Xi_n \to \Xi_n$ を

$$\Phi_n(\boldsymbol{\xi}) = (\xi_{F_n^{-1}(1)}, \xi_{F_n^{-1}(2)}, \dots, \xi_{F_n^{-1}(n)}) \quad (\boldsymbol{\xi} = (\xi_1, \xi_2, \dots, \xi_n) \in \Xi_n) \tag{2.47}$$

により定める. このとき, (2.40) より,

$$J_{\Phi_n}(\boldsymbol{\xi}) = \begin{pmatrix} \boldsymbol{e}_{F_n(1)} \\ \vdots \\ \boldsymbol{e}_{F_n(n)} \end{pmatrix} \tag{2.48}$$

である. ただし, $\boldsymbol{e}_1$, $\boldsymbol{e}_2$, ..., $\boldsymbol{e}_n$ は $\mathbf{R}^n$ の基本ベクトル (2.29) である. よって,

$$\operatorname{rank} J_{\Phi_n}(\boldsymbol{\xi}) = n \tag{2.49}$$

となるので, Φ_n ははめ込みである. ◀

▶ **例 2.4**（はめ込み $\Phi_{m,n}$）　$m, n \in \mathbf{N}$ とし, 写像 $\Phi_{m,n} : \Xi_n \to \Xi_{mn}$ を

$$\Phi_{m,n}(\boldsymbol{\xi}) = \left(\underbrace{\frac{\xi_1}{m}, \frac{\xi_1}{m}, \dots, \frac{\xi_1}{m}}_{m \text{ 個}}, \underbrace{\frac{\xi_2}{m}, \frac{\xi_2}{m}, \dots, \frac{\xi_2}{m}}_{m \text{ 個}}, \dots, \underbrace{\frac{\xi_n}{m}, \frac{\xi_n}{m}, \dots, \frac{\xi_n}{m}}_{m \text{ 個}} \right)$$

$$(\boldsymbol{\xi} = (\xi_1, \xi_2, \dots, \xi_n) \in \Xi_n) \tag{2.50}$$

により定める. このとき, (2.40) より,

$$J_{\Phi_{m,n}}(\boldsymbol{\xi}) = \left. \begin{pmatrix} \frac{1}{m}\sum_{i=1}^{m} \boldsymbol{e}_i' & & \mathbf{0} \\ & \ddots & \\ \mathbf{0} & & \frac{1}{m}\sum_{i=1}^{m} \boldsymbol{e}_i' \end{pmatrix} \right\} n \text{ 行} \tag{2.51}$$

である. ただし, $\boldsymbol{e}_1'$, $\boldsymbol{e}_2'$, ..., $\boldsymbol{e}_m'$ は $\mathbf{R}^m$ の基本ベクトルである. よって,

$$\operatorname{rank} J_{\Phi_{m,n}}(\boldsymbol{\xi}) = n \tag{2.52}$$

となるので, $\Phi_{m,n}$ ははめ込みである. ◀

▶ **例 2.5**（はめ込み $\Phi_{\boldsymbol{m}}$）　$n \in \mathbf{N}$, $\boldsymbol{m} = (m_1, m_2, \dots, m_n) \in \mathbf{N}^n$ とし,

$$m = m_1 + m_2 + \cdots + m_n \tag{2.53}$$

とおく．また，写像 $\Phi_{\boldsymbol{m}} : \Xi_n \to \Xi_m$ を

$$\Phi_{\boldsymbol{m}}(\xi_1, \ldots, \xi_n) = \left(\underbrace{\frac{\xi_1}{m_1}, \ldots, \frac{\xi_1}{m_1}}_{m_1 \,\text{個}}, \ldots, \underbrace{\frac{\xi_n}{m_n}, \ldots, \frac{\xi_n}{m_n}}_{m_n \,\text{個}} \right) \quad ((\xi_1, \ldots, \xi_n) \in \Xi_n) \tag{2.54}$$

により定める．このとき，例 2.4 と同様の計算により，$\boldsymbol{\xi} \in \Xi_n$ とすると，

$$J_{\Phi_{\boldsymbol{m}}}(\boldsymbol{\xi}) = \left. \begin{pmatrix} \frac{1}{m_1} \sum\limits_{i_1=1}^{m_1} \boldsymbol{e}_{i_1}^{(1)} & & \boldsymbol{0} \\ & \ddots & \\ \boldsymbol{0} & & \frac{1}{m_n} \sum\limits_{i_n=1}^{m_n} \boldsymbol{e}_{i_n}^{(n)} \end{pmatrix} \right\} n \,\text{行} \tag{2.55}$$

である．ただし，$k = 1, 2, \ldots, n$ に対して，$\boldsymbol{e}_1^{(k)}$, $\boldsymbol{e}_2^{(k)}$, ..., $\boldsymbol{e}_{m_k}^{(k)}$ は $\mathbf{R}^{m_k}$ の基本ベクトルである．よって，

$$\mathrm{rank}\, J_{\Phi_{\boldsymbol{m}}}(\boldsymbol{\xi}) = n \tag{2.56}$$

となるので，$\Phi_{\boldsymbol{m}}$ ははめ込みである．　　◀

　はめ込みを用いて，リーマン計量を定めることができる．D を $\mathbf{R}^m$ の空でない開集合，E を $\mathbf{R}^n$ の空でない開集合，g を E のリーマン計量，$f : D \to E$ をはめ込みとする．このとき，$\boldsymbol{p} \in D$, $\boldsymbol{v}, \boldsymbol{w} \in T_{\boldsymbol{p}}D = \mathbf{R}^m$ に対して，

$$(f^*g)_{\boldsymbol{p}}(\boldsymbol{v}, \boldsymbol{w}) = g_{f(\boldsymbol{p})}((df)_{\boldsymbol{p}}(\boldsymbol{v}), (df)_{\boldsymbol{p}}(\boldsymbol{w})) = g_{f(\boldsymbol{p})}(\boldsymbol{v}J_f(\boldsymbol{p}), \boldsymbol{w}J_f(\boldsymbol{p})) \tag{2.57}$$

とおくと，次がなりたつ．

命題 2.4　$(f^*g)_{\boldsymbol{p}}$ は $T_{\boldsymbol{p}}D$ の内積を定める．　　□

【証明】　$(f^*g)_{\boldsymbol{p}}$ に対して，内積の対称性，線形性，正値性がなりたつことを示せばよい．

　まず，内積 $g_{f(\boldsymbol{p})}$ の対称性より，内積 $(f^*g)_{\boldsymbol{p}}$ の対称性が得られる．

また，内積 $g_{f(\boldsymbol{p})}$ の線形性と $(df)_{\boldsymbol{p}}$ が線形写像であることより，内積 $(f^*g)_{\boldsymbol{p}}$ の線形性が得られる．

さらに，f ははめ込みなので，$(df)_{\boldsymbol{p}}$ は単射である．このことと内積 $g_{f(\boldsymbol{p})}$ の正値性より，内積 $(f^*g)_{\boldsymbol{p}}$ の正値性が得られる．　　　　　　　　　　$\square$

命題 2.4 より，$(f^*g)_{\boldsymbol{p}}$ は D のリーマン計量 f^*g を定める．f^*g を f による g の**誘導計量** (induced metric) または**引き戻し** (pullback) という．

▍2.3　マルコフはめ込み

§2.3 では，例 1.10 の Ω_n 上の統計的モデル S_n に境界を付け加えたものを考え，§1.4 で述べた十分統計量の概念を用いて，マルコフはめ込みとよばれるものを定めよう．

$n \in \mathbf{N}$ に対して，

$$\Omega_n = \{0, 1, 2, \ldots, n\}, \tag{2.58}$$

$$\bar{\Xi}_n = \left\{ (\xi_1, \xi_2, \ldots, \xi_n) \ \middle| \ \xi_1, \xi_2, \ldots, \xi_n \geq 0, \ \sum_{i=1}^{n} \xi_i \leq 1 \right\} \tag{2.59}$$

とおく [7]（図 2.6〜図 2.8）．

$\boldsymbol{\xi} = (\xi_1, \xi_2, \ldots, \xi_n) \in \bar{\Xi}_n$ に対して，

$$p(0; \boldsymbol{\xi}) = 1 - \sum_{j=1}^{n} \xi_j, \quad p(i; \boldsymbol{\xi}) = \xi_i \quad (i = 1, 2, \ldots, n) \tag{2.60}$$

とおくと，$p(\,\cdot\,; \boldsymbol{\xi})$ は確率関数を定める．そこで，Ω_n 上の n 次元統計的モデル $\bar{S}_n$ を

$$\bar{S}_n = \{p(\,\cdot\,; \boldsymbol{\xi}) \,|\, \boldsymbol{\xi} \in \bar{\Xi}_n\} \tag{2.61}$$

により定める．

例 1.10 では，定義 1.3 にしたがい，統計的モデル S_n の元である確率関数のとりうる値は常に正であるとしていた．すなわち，

---

[7] $\mathbf{R}^n \setminus A$ が $\mathbf{R}^n$ の開集合となるような $A \subset \mathbf{R}^n$ を $\mathbf{R}^n$ の**閉集合**という．このとき，$\bar{\Xi}_n$ は $\mathbf{R}^n$ の閉集合となる．

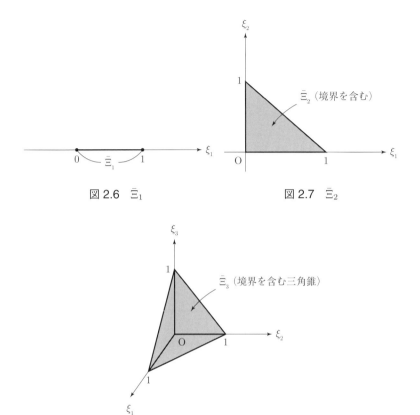

図 2.6 $\bar{\Xi}_1$

図 2.7 $\bar{\Xi}_2$

図 2.8 $\bar{\Xi}_3$

$$\Xi_n = \left\{ (\xi_1, \xi_2, \ldots, \xi_n) \;\middle|\; \xi_1, \xi_2, \ldots, \xi_n > 0, \; \sum_{i=1}^{n} \xi_i < 1 \right\} \tag{2.62}$$

とおき，(2.60) を用いて，

$$S_n = \{ p(\,\cdot\,; \boldsymbol{\xi}) \,|\, \boldsymbol{\xi} \in \Xi_n \} \tag{2.63}$$

と定めていた．これに対して，$\bar{S}_n$ は 0 の値をとる確率関数も含む統計的モデルである．とくに，$\Xi_n \subset \bar{\Xi}_n$, $S_n \subset \bar{S}_n$ である．Ξ_n, S_n をそれぞれ $\bar{\Xi}_n$, $\bar{S}_n$ の**内部** (interior) という．また，

$$\partial \bar{\Xi}_n = \left\{ (\xi_1, \xi_2, \ldots, \xi_n) \in \bar{\Xi}_n \,\middle|\, \begin{array}{l} \text{ある } i = 1, 2, \ldots, n \text{ に対して,} \\ \xi_i = 0, \text{ または, } \sum_{i=1}^{n} \xi_i = 1 \end{array} \right\}, \quad (2.64)$$

$$\partial \bar{S}_n = \{ p(\,\cdot\,; \boldsymbol{\xi}) \mid \boldsymbol{\xi} \in \partial \bar{\Xi}_n \} \tag{2.65}$$

とおくと,

$$\bar{\Xi}_n = \Xi_n \cup \partial \bar{\Xi}_n, \quad \Xi_n \cap \partial \bar{\Xi}_n = \emptyset, \quad \bar{S}_n = S_n \cup \partial \bar{S}_n, \quad S_n \cap \partial \bar{S}_n = \emptyset \tag{2.66}$$

である. $\partial \bar{\Xi}_n$, $\partial \bar{S}_n$ をそれぞれ $\bar{\Xi}_n$, $\bar{S}_n$ の **境界** (boundary) という.

さて, $m, n \in \mathbf{N}$, $m \le n$ とし, $\Phi : \mathbf{R}^m \to \mathbf{R}^n$ を $\Phi(\bar{\Xi}_m) \subset \bar{\Xi}_n$ となるはめ込みとする. このとき, Φ は $\bar{\Xi}_m$ から $\bar{\Xi}_n$ への写像 $\Phi : \bar{\Xi}_m \to \bar{\Xi}_n$ を定める. この写像 $\Phi : \bar{\Xi}_m \to \bar{\Xi}_n$ を $\bar{\Xi}_m$ から $\bar{\Xi}_n$ への**はめ込み**という. また, 点 $\boldsymbol{\xi} \in \bar{\Xi}_m$, $\Phi(\boldsymbol{\xi}) \in \bar{\Xi}_n$ にそれぞれ対応する $\bar{S}_m$, $\bar{S}_n$ の元を考えることにより, Φ は $\bar{S}_m$ から $\bar{S}_n$ への写像とみなすことができる. そこで, Ω_n 上の m 次元統計的モデル $\Phi(\bar{S}_m)$ を

$$\Phi(\bar{S}_m) = \{ p(\,\cdot\,; \Phi(\boldsymbol{\xi})) \mid \boldsymbol{\xi} \in \bar{\Xi}_m \} \tag{2.67}$$

により定める.

§1.4 にならい, $\Phi(\bar{S}_m)$ に関する十分統計量について定めよう. $F : \Omega_n \to \Omega_m$ を全射とする. このとき,

$$q(j; \Phi(\boldsymbol{\xi})) = \sum_{i \in F^{-1}(\{j\})} p(i; \Phi(\boldsymbol{\xi})) \quad (j \in \Omega_m) \tag{2.68}$$

とおくと, 命題 1.2 と同様に, $q(\,\cdot\,; \Phi(\boldsymbol{\xi}))$ は確率関数を定める. よって, Ω_m 上の m 次元統計的モデル $(\Phi(\bar{S}_m))_F$ を

$$(\Phi(\bar{S}_m))_F = \{ q(\,\cdot\,; \Phi(\boldsymbol{\xi})) \mid \boldsymbol{\xi} \in \bar{\Xi}_m \} \tag{2.69}$$

により定めることができる. また, $i \in \Omega_n$ が $q(F(i); \Phi(\boldsymbol{\xi})) = 0$ をみたすならば, (2.68) より, $p(i; \Phi(\boldsymbol{\xi})) = 0$ である. そこで, $p(i; \Phi(\boldsymbol{\xi})) > 0$ となる $i \in \Omega_n$ に対して,

$$r(i; \Phi(\boldsymbol{\xi})) = \frac{p(i; \Phi(\boldsymbol{\xi}))}{q(F(i); \Phi(\boldsymbol{\xi}))} \quad (\boldsymbol{\xi} \in \bar{\Xi}_m) \tag{2.70}$$

とおく．$r(\,\cdot\,;\Phi(\boldsymbol{\xi}))$ が $\boldsymbol{\xi}$ に依存しないとき，F を $\Phi(\bar{S}_m)$ に関する**十分統計量**という．さらに，次のように定める．

定義 2.2　$m,n \in \mathbf{N},\ m \le n$ とし，$\Phi : \bar{\Xi}_m \to \bar{\Xi}_n$ をはめ込みとする．$\Phi(\bar{S}_m)$ に関するある十分統計量 $F : \Omega_n \to \Omega_m$ が存在するとき，Φ を**マルコフはめ込み** (Markov immersion) という（図 2.9）．　　　　□

$$
\begin{array}{l}
\circ\ \Phi\ :\ \bar{\Xi}_m \to \bar{\Xi}_n\ :\ \text{はめ込み} \\[4pt]
\quad \leadsto p(\,\cdot\,;\Phi(\boldsymbol{\xi})) \in \Phi(\bar{S}_m)\ \text{が定まる} \\[6pt]
\circ\ F\ :\ \Omega_n \to \Omega_m\ :\ \text{全射} \\[4pt]
\quad \leadsto q(\,\cdot\,;\Phi(\boldsymbol{\xi})) \in (\Phi(\bar{S}_m))_F\ \text{が定まる} \\[6pt]
\Phi\ :\ \text{マルコフはめ込み} \Leftrightarrow \dfrac{p(\,\cdot\,;\Phi(\boldsymbol{\xi}))}{q(F(\cdot);\Phi(\boldsymbol{\xi}))}\ :\ \boldsymbol{\xi}\ \text{に依存しない}
\end{array}
$$

図 2.9　マルコフはめ込み

次の例 2.6〜例 2.8 は本質的には例 1.17〜例 1.19（十分統計量 F_n，$F_{m,n}$，$F_{\boldsymbol{m}}$），例 2.3〜例 2.5（はめ込み Φ_n，$\Phi_{m,n}$，$\Phi_{\boldsymbol{m}}$）で述べたものである．

▶ **例 2.6**（マルコフはめ込み Φ_n）　$F_n : \{1,2,\ldots,n\} \to \{1,2,\ldots,n\}$ を全単射とし，写像 $\Phi_n : \bar{\Xi}_n \to \bar{\Xi}_n$ を

$$
\Phi_n(\boldsymbol{\xi}) = (\xi_{F_n^{-1}(1)},\xi_{F_n^{-1}(2)},\ldots,\xi_{F_n^{-1}(n)}) \quad (\boldsymbol{\xi} = (\xi_1,\xi_2,\ldots,\xi_n) \in \bar{\Xi}_n) \tag{2.71}
$$

により定める [*8]．このとき，例 2.3 より，Φ_n ははめ込みとなる．また，

$$
\Phi_n(\bar{S}_n) = \{p(\,\cdot\,;\Phi_n(\boldsymbol{\xi})) \,|\, \boldsymbol{\xi} \in \bar{\Xi}_n\} \tag{2.72}
$$

である．

ここで，全射 $F : \Omega_n \to \Omega_n$ を

$$
F(0) = 0, \quad F(i) = F_n(i) \quad (i = 1,2,\ldots,n) \tag{2.73}
$$

―――――――――――――――――――――
[*8] Φ_n は $\Phi_n(\Xi_n) \subset \Xi_n$ をみたしている．例 2.7，例 2.8 についても同様である．

により定める. このとき, 例 1.17 より, F は $\Phi_n(\bar{S}_n)$ に関する十分統計量となる. よって, Φ_n はマルコフはめ込みである.   ◀

▶ 例 **2.7** (マルコフはめ込み $\Phi_{m,n}$) $m, n \in \mathbf{N}$ とし, 写像 $\Phi_{m,n} : \bar{\Xi}_n \to \bar{\Xi}_{mn}$ を

$$\Phi_{m,n}(\boldsymbol{\xi}) = \left(\underbrace{\frac{\xi_1}{m}, \frac{\xi_1}{m}, \dots, \frac{\xi_1}{m}}_{m\,\text{個}}, \underbrace{\frac{\xi_2}{m}, \frac{\xi_2}{m}, \dots, \frac{\xi_2}{m}}_{m\,\text{個}}, \dots, \underbrace{\frac{\xi_n}{m}, \frac{\xi_n}{m}, \dots, \frac{\xi_n}{m}}_{m\,\text{個}} \right)$$

$$(\boldsymbol{\xi} = (\xi_1, \xi_2, \dots, \xi_n) \in \bar{\Xi}_n) \quad (2.74)$$

により定める. このとき, 例 2.4 より, $\Phi_{m,n}$ ははめ込みとなる. また,

$$\Phi_{m,n}(\bar{S}_n) = \{ p(\,\cdot\,; \Phi_{m,n}(\boldsymbol{\xi})) \,|\, \boldsymbol{\xi} \in \bar{\Xi}_n \} \quad (2.75)$$

である.

ここで, 全射 $F_{m,n} : \Omega_{mn} \to \Omega_n$ を

$$F_{m,n}(0) = 0, \quad F_{m,n}(i) = j \quad (i = (j-1)m + 1, \dots, jm;\ j = 1, \dots, n) \quad (2.76)$$

により定める. このとき, 例 1.18 より, $F_{m,n}$ は $\Phi_{m,n}(\bar{S}_n)$ に関する十分統計量となる. よって, $\Phi_{m,n}$ はマルコフはめ込みである.   ◀

▶ 例 **2.8** (マルコフはめ込み $\Phi_{\boldsymbol{m}}$) $n \in \mathbf{N},\ \boldsymbol{m} = (m_1, m_2, \dots, m_n) \in \mathbf{N}^n$ とし,

$$m = m_1 + m_2 + \cdots + m_n \quad (2.77)$$

とおく. また, 写像 $\Phi_{\boldsymbol{m}} : \bar{\Xi}_n \to \bar{\Xi}_m$ を

$$\Phi_{\boldsymbol{m}}(\boldsymbol{\xi}) = \left(\underbrace{\frac{\xi_1}{m_1}, \dots, \frac{\xi_1}{m_1}}_{m_1\,\text{個}}, \dots, \underbrace{\frac{\xi_n}{m_n}, \dots, \frac{\xi_n}{m_n}}_{m_n\,\text{個}} \right) \quad (\boldsymbol{\xi} = (\xi_1, \dots, \xi_n) \in \bar{\Xi}_n)$$

$$(2.78)$$

により定める. このとき, 例 2.5 より, $\Phi_{\boldsymbol{m}}$ ははめ込みとなる. また,

$$\Phi_{\boldsymbol{m}}(\bar{S}_n) = \{p(\,\cdot\,; \Phi_{\boldsymbol{m}}(\boldsymbol{\xi})) \mid \boldsymbol{\xi} \in \bar{\Xi}_n\} \tag{2.79}$$

である.

ここで，全射 $F_{\boldsymbol{m}} : \Omega_m \to \Omega_n$ を

$$F_{\boldsymbol{m}}(0) = 0, \quad F_{\boldsymbol{m}}(i) = 1 \quad (i = 1, \ldots, m_1), \tag{2.80}$$

$$F_{\boldsymbol{m}}(i) = j \quad (i = m_1 + \cdots + m_{j-1} + 1, \ldots, m_1 + \cdots + m_j; \ j = 2, \ldots, n) \tag{2.81}$$

により定める. このとき，例 1.19 より，$F_{\boldsymbol{m}}$ は $\Phi_{\boldsymbol{m}}(\bar{S}_n)$ に関する十分統計量となる. よって，$\Phi_{\boldsymbol{m}}$ はマルコフはめ込みである. ◀

　§2.4 や §2.6 で述べるチェンツォフの定理の証明では，マルコフはめ込みが境界に値をとる次の例を用いる.

▶ **例 2.9**（マルコフはめ込み $\bar{\Phi}_n$）　$n \in \mathbf{N}$ とし，写像 $\bar{\Phi}_n : \mathbf{R}^n \to \mathbf{R}^{n+1}$ を

$$\bar{\Phi}_n(\boldsymbol{\xi}) = \left(\xi_1, \xi_2, \ldots, \xi_n, 1 - \sum_{i=1}^n \xi_i\right) \quad (\boldsymbol{\xi} = (\xi_1, \xi_2, \ldots, \xi_n) \in \mathbf{R}^n) \tag{2.82}$$

により定める. このとき，

$$\bar{\Phi}_n(\bar{\Xi}_n) \subset \partial \bar{\Xi}_{n+1} \subset \bar{\Xi}_{n+1} \tag{2.83}$$

である. また，$\boldsymbol{\xi} = (\xi_1, \xi_2, \ldots, \xi_n) \in \bar{\Xi}_n$ とすると，

$$J_{\bar{\Phi}_n}(\boldsymbol{\xi}) = \left.\begin{pmatrix} 1 & 0 & \cdots & 0 & -1 \\ 0 & 1 & \cdots & 0 & -1 \\ \vdots & \vdots & \ddots & \vdots & \vdots \\ 0 & 0 & \cdots & 1 & -1 \end{pmatrix}\right\} n \,\text{行} \tag{2.84}$$

である. よって，

$$\mathrm{rank}\, J_{\bar{\Phi}_n}(\boldsymbol{\xi}) = n \tag{2.85}$$

となるので，$\bar{\Phi}_n$ ははめ込み $\bar{\Phi}_n : \bar{\Xi}_n \to \bar{\Xi}_{n+1}$ を定める. さらに，

$$\bar{\Phi}_n(\bar{S}_n) = \{p(\,\cdot\,; \bar{\Phi}_n(\boldsymbol{\xi})) \mid \boldsymbol{\xi} \in \bar{\Xi}_n\} \tag{2.86}$$

である．とくに，

$$p(0; \bar{\Phi}_n(\boldsymbol{\xi})) = 0 \tag{2.87}$$

である．

ここで，全射 $\bar{F}_n : \Omega_{n+1} \to \Omega_n$ を

$$\bar{F}_n(0) = \bar{F}_n(n+1) = 0, \quad \bar{F}_n(i) = i \quad (i = 1, 2, \ldots, n) \tag{2.88}$$

により定める．このとき，(2.68) より，

$$q(0; \bar{\Phi}_n(\boldsymbol{\xi})) = p(0; \bar{\Phi}_n(\boldsymbol{\xi})) + p(n+1; \bar{\Phi}_n(\boldsymbol{\xi})) = 1 - \sum_{i=1}^{n} \xi_i \tag{2.89}$$

である．また，$i = 1, 2, \ldots, n$ とすると，

$$q(i; \bar{\Phi}_n(\boldsymbol{\xi})) = p(i; \bar{\Phi}_n(\boldsymbol{\xi})) = \xi_i \tag{2.90}$$

である．さらに，(2.70), (2.90) より，$i = 1, 2, \ldots, n$ とすると，$\xi_i > 0$ のとき，

$$r(i; \bar{\Phi}_n(\boldsymbol{\xi})) = \frac{p(i; \bar{\Phi}_n(\boldsymbol{\xi}))}{q(\bar{F}_n(i); \bar{\Phi}_n(\boldsymbol{\xi}))} = \frac{p(i; \bar{\Phi}_n(\boldsymbol{\xi}))}{q(i; \bar{\Phi}_n(\boldsymbol{\xi}))} = 1 \tag{2.91}$$

である．また，(2.89) より，$\displaystyle\sum_{i=1}^{n} \xi_i < 1$ のとき，

$$r(n+1; \bar{\Phi}_n(\boldsymbol{\xi})) = \frac{p(n+1; \bar{\Phi}_n(\boldsymbol{\xi}))}{q(\bar{F}_n(n+1); \bar{\Phi}_n(\boldsymbol{\xi}))} = \frac{p(n+1; \bar{\Phi}_n(\boldsymbol{\xi}))}{q(0; \bar{\Phi}_n(\boldsymbol{\xi}))} = 1 \tag{2.92}$$

である．したがって，$\bar{F}_n$ は $\bar{\Phi}_n(\bar{S}_n)$ に関する十分統計量である．以上より，$\bar{\Phi}_n$ はマルコフはめ込みである．◀

2.4 チェンツォフの定理（その1）

リーマン計量を一般化すると，$(0, 2)$ 型テンソル場というものを考えることができる．§2.3 で述べた Ω_n 上の n 次元統計的モデル $\bar{S}_n$ 上の $(0, 2)$ 型テンソル場に対して，マルコフはめ込みに関して変わらない，不変性という統計学的に自然な要請を課すと，特別な $(0, 2)$ 型テンソル場が得られる．これが $(0, 2)$ 型

テンソル場に対するチェンツォフの定理である.

まず，次に定めるように，$(0,2)$ 型テンソル場とはリーマン計量の定義において，各接空間の内積に対する対称性と正値性の条件を除いたものに過ぎない.

定義 2.3　D を $\mathbf{R}^n$ の空でない開集合とし，各 $p \in D$ に対して，$\mathbf{R}^n$ 上の双線形形式 $g_p : \mathbf{R}^n \times \mathbf{R}^n \to \mathbf{R}$ があたえられているとする [*9]（図2.10）. このとき，p から g_p への対応を g と表し，g を D 上の $(\mathbf{0,2})$ **型テンソル場** (tensor field of type $(0,2)$) という.　　　　　　　　　□

$$g_p : \mathbf{R}^n \times \mathbf{R}^n \to \mathbf{R} : \text{双線形形式}$$

$$\Updownarrow$$

$\boldsymbol{x}, \boldsymbol{y}, \boldsymbol{z} \in \mathbf{R}^n$, $c \in \mathbf{R}$ とすると

○ $g_p(\boldsymbol{x} + \boldsymbol{y}, \boldsymbol{z}) = g_p(\boldsymbol{x}, \boldsymbol{z}) + g_p(\boldsymbol{y}, \boldsymbol{z})$

○ $g_p(\boldsymbol{x}, \boldsymbol{y} + \boldsymbol{z}) = g_p(\boldsymbol{x}, \boldsymbol{y}) + g_p(\boldsymbol{x}, \boldsymbol{z})$

○ $g_p(c\boldsymbol{x}, \boldsymbol{y}) = g_p(\boldsymbol{x}, c\boldsymbol{y}) = c g_p(\boldsymbol{x}, \boldsymbol{y})$

図 2.10　$\mathbf{R}^n$ 上の双線形形式

✎ 注意 2.2　リーマン計量の場合と同様に，定義 2.3 において，任意の C^∞ 級写像 $X, Y : D \to \mathbf{R}^n$ に対して，D で定義された関数 $g(X, Y) : D \to \mathbf{R}$ が C^∞ 級となるとき，g は $\boldsymbol{C^\infty}$ **級**であるという. 以下では，C^∞ 級の $(0,2)$ 型テンソル場を考える. また，$(0,2)$ 型テンソル場は各点ごとに実正方行列を対応させるものとみなすことができる. さらに，はめ込みによるリーマン計量の引き戻しは，そのまま写像による $(0,2)$ 型テンソル場の引き戻しへと一般化することができる.　　　　　■

ここで，(2.59) で定めた $\bar{\Xi}_n$ を思い出そう. $\bar{\Xi}_n$ は $\mathbf{R}^n$ の開集合ではないが，

[*9] 一般に，$\mathbf{R}$ 上のベクトル空間 V に対して，写像 $V \times V \to \mathbf{R}$ で，各成分について線形となるものを V 上の双線形形式または $(0,2)$ 型テンソルという. なお，V から $\mathbf{R}$ への線形写像全体の集合を V^* と表すと，V^* は双対空間とよばれるベクトル空間となる. さらに，$r, s = 0, 1, 2, \ldots$ に対して，s 個の V と r 個の V^* の直積から $\mathbf{R}$ への写像で，各成分について線形となるものを V 上の (r, s) 型テンソルという. 本書で必要とするテンソルは $(0,2)$ 型，$(0,3)$ 型，$(1,2)$ 型，$(1,3)$ 型の 4 つである.

$\boldsymbol{\xi}$ が $\bar{\Xi}_n$ の内部の点，すなわち，$\boldsymbol{\xi} \in \Xi_n$ のときは，§2.2 で述べたように $\boldsymbol{\xi}$ における接ベクトル全体の集合は $\mathbf{R}^n$ となる．さらに，$\boldsymbol{\xi}$ を $\bar{\Xi}_n$ の境界の点，すなわち，$\boldsymbol{\xi} \in \partial \bar{\Xi}_n$ とし，$\boldsymbol{\xi}$ における接ベクトルを定めよう．まず，$\boldsymbol{\xi}$ が $\bar{\Xi}_n$ の頂点，すなわち，$\mathbf{0}$ または $\mathbf{R}^n$ の基本ベクトル $\boldsymbol{e}_1$, $\boldsymbol{e}_2$, ..., $\boldsymbol{e}_n$ のいずれかであるとき，$\boldsymbol{\xi}$ における接ベクトルは $\mathbf{0}$ のみであると定める．次に，$\boldsymbol{\xi}$ が $\bar{\Xi}_n$ の頂点ではないとする．このとき，$\boldsymbol{\xi}$ は方程式

$$\xi_1 = 0, \quad \xi_2 = 0, \quad \dots, \quad \xi_n = 0, \quad \sum_{i=1}^n \xi_i = 1 \qquad (2.93)$$

のうちのいくつかをみたす [*10]．よって，$\boldsymbol{\xi}$ を通る $\bar{\Xi}_n$ 内の曲線を $\boldsymbol{\xi}$ において微分し，得られる $\mathbf{R}^n$ の元を $\boldsymbol{v} = (v_1, v_2, \dots, v_n) \in \mathbf{R}^n$ とすると，$\boldsymbol{v}$ は方程式

$$v_1 = 0, \quad v_2 = 0, \quad \dots, \quad v_n = 0, \quad \sum_{i=1}^n v_i = 0 \qquad (2.94)$$

のうち，$\boldsymbol{\xi}$ のみたす方程式に対応するものをみたす．そこで，このような $\boldsymbol{v}$ を $\boldsymbol{\xi}$ における接ベクトルと定める（図2.11）．

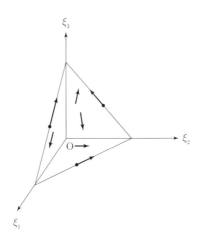

図2.11 $\boldsymbol{\xi} \in \partial \bar{\Xi}_3$ における接ベクトル

[*10] (2.93) のうちの n 個の方程式をみたすものが頂点である

$\partial \bar{\Xi}_n$ 上ではこのような接ベクトル全体からなる接空間を考えることにより，$\bar{\Xi}_n$ 上の $(0,2)$ 型テンソル場を定める．さらに，$\partial \bar{\Xi}_n$ 上ではこのような接ベクトルに値をとる写像を考えることにより，注意 2.2 と同様に，$\bar{\Xi}_n$ 上の C^∞ 級の $(0,2)$ 型テンソル場を定めることができる．以下では，簡単のため，$\bar{\Xi}_n$ 上の C^∞ 級の $(0,2)$ 型テンソル場を考える．

§2.3 で述べた Ω_n 上の n 次元統計的モデル $\bar{S}_n$ に関して，次の $(0,2)$ 型テンソル場に対するチェンツォフの定理がなりたつ．

定理 2.1 $(0,2)$ 型テンソル場に対するチェンツォフの定理）　各 $n \in \mathbf{N}$ に対して，$\bar{\Xi}_n$ 上の $(0,2)$ 型テンソル場 g_n があたえられているとする．例 2.6〜例 2.9 のように表される任意のマルコフはめ込み $\Phi : \bar{\Xi}_m \to \bar{\Xi}_n$ に対して，

$$\Phi^* g_n = g_m \tag{2.95}$$

となるのは，ある $C \in \mathbf{R}$ が存在し，$i, j = 1, 2, \ldots, n$，$\boldsymbol{\xi} = (\xi_1, \xi_2, \ldots, \xi_n) \in \Xi_n$ とすると，

$$(g_n)_{ij}(\boldsymbol{\xi}) = (g_n)_{\boldsymbol{\xi}}(\boldsymbol{e}_i, \boldsymbol{e}_j) = C\left(\frac{\delta_{ij}}{\xi_i} + \frac{1}{1 - \displaystyle\sum_{k=1}^{n} \xi_k} \right) \tag{2.96}$$

となるときに限る [*11][*12]．ただし，δ_{ij} はクロネッカーのデルタである．　　□

【証明】　まず，必要性，すなわち，例 2.6〜例 2.9 のように表される任意のマルコフはめ込み $\Phi : \bar{\Xi}_m \to \bar{\Xi}_n$ に対して，(2.95) がなりたつならば，g_n は (2.96) のように表されることを 5 つの段階に分けて示す．

第一段階：例 2.6 のマルコフはめ込み $\Phi_n : \bar{\Xi}_n \to \bar{\Xi}_n$ を考える．また，$0 < t < 1$ に対して，

$$\boldsymbol{\xi}_{n,t} = \left(\frac{t}{n}, \frac{t}{n}, \ldots, \frac{t}{n} \right) \in \Xi_n \subset \bar{\Xi}_n \tag{2.97}$$

とおく．

[*11] (2.33) の表し方を用いている．また，$((g_n)_{ij}(\boldsymbol{\xi}))_{n \times n}$ は実対称行列である．

[*12] 境界上では基本ベクトルは接ベクトルではないため，$(g_n)_{ij}(\boldsymbol{\xi})$ の値は定められないが，証明からわかるように，g_n は境界上でも定められている．

$i, j = 1, 2, \ldots, n$ とすると，(2.39)，(2.48) より，

$$(\Phi_n^* g_n)_{\boldsymbol{\xi}_{n,t}}(\boldsymbol{e}_i, \boldsymbol{e}_j)$$

$$= (g_n)_{\Phi_n(\boldsymbol{\xi}_{n,t})}\left(\boldsymbol{e}_i\begin{pmatrix}\boldsymbol{e}_{F_n(1)}\\\vdots\\\boldsymbol{e}_{F_n(n)}\end{pmatrix}, \boldsymbol{e}_j\begin{pmatrix}\boldsymbol{e}_{F_n(1)}\\\vdots\\\boldsymbol{e}_{F_n(n)}\end{pmatrix}\right)$$

$$= (g_n)_{\boldsymbol{\xi}_{n,t}}(\boldsymbol{e}_{F_n(i)}, \boldsymbol{e}_{F_n(j)}) \tag{2.98}$$

である.

上のような Φ_n をすべて考えると，(2.95)，(2.98) より，

$$\lambda_n(t) = (g_n)_{\boldsymbol{\xi}_{n,t}}(\boldsymbol{e}_i, \boldsymbol{e}_i) \quad (i = 1, 2, \ldots, n), \tag{2.99}$$

$$\mu_n(t) = (g_n)_{\boldsymbol{\xi}_{n,t}}(\boldsymbol{e}_i, \boldsymbol{e}_j) \quad (i, j = 1, 2, \ldots, n, \ i \neq j) \tag{2.100}$$

とおくことができる. すなわち，$\lambda_n, \mu_n : (0, 1) \to \mathbf{R}$ は i, j に依存しない関数である.

第二段階：例 2.7 のマルコフはめ込み $\Phi_{m,n} : \bar{\Xi}_n \to \bar{\Xi}_{mn}$ を考える.

$i, j = 1, 2, \ldots, n, \ i \neq j$ とすると，(2.39)，(2.51) より，

$$(\Phi_{m,n}^* g_{mn})_{\boldsymbol{\xi}_{n,t}}(\boldsymbol{e}_i, \boldsymbol{e}_j)$$

$$= (g_{mn})_{\Phi_{m,n}(\boldsymbol{\xi}_{n,t})}\left(\boldsymbol{e}_i J_{\Phi_{m,n}}(\boldsymbol{\xi}_{n,t}), \boldsymbol{e}_j J_{\Phi_{m,n}}(\boldsymbol{\xi}_{n,t})\right)$$

$$= (g_{mn})_{\boldsymbol{\xi}_{mn,t}}\left(\frac{1}{m}\sum_{k=1}^m \boldsymbol{e}'_{(i-1)m+k}, \frac{1}{m}\sum_{l=1}^m \boldsymbol{e}'_{(j-1)m+l}\right) = \mu_{mn}(t) \tag{2.101}$$

である. ただし，$\boldsymbol{e}'_1, \ \boldsymbol{e}'_2, \ \ldots, \ \boldsymbol{e}'_{mn}$ は $\mathbf{R}^{mn}$ の基本ベクトルである. (2.95)，(2.101) より，

$$\mu_{mn}(t) = \mu_n(t) \tag{2.102}$$

となるので，$\mu_n(t)$ は n に依存しない. そこで，$\mu_n(t)$ を $\mu(t)$ と表す.

さらに，$i = 1, 2, \ldots, n$ とすると，上と同様の計算により，

$$(\Phi_{m,n}^* g_{mn})_{\boldsymbol{\xi}_{n,t}}(\boldsymbol{e}_i, \boldsymbol{e}_i) = \frac{1}{m}\lambda_{mn}(t) + \frac{m-1}{m}\mu(t) \tag{2.103}$$

となる. (2.95), (2.103) より,

$$\frac{\lambda_{mn}(t) - \mu(t)}{mn} = \frac{\lambda_n(t) - \mu(t)}{n} \tag{2.104}$$

となるので, (2.104) の右辺は n に依存しない. そこで, この式を $\nu(t)$ と表す. すなわち,

$$\lambda_n(t) = n\nu(t) + \mu(t) \tag{2.105}$$

である.

第三段階：例 2.8 のマルコフはめ込み $\Phi_{\boldsymbol{m}} : \bar{\Xi}_n \to \bar{\Xi}_m$ を考える.

第二段階と同様の計算により, $i, j = 1, 2, \ldots, n,\ i \neq j$ とすると,

$$(\Phi_{\boldsymbol{m}}^* g_m)_{\left(\frac{m_1}{m}t, \ldots, \frac{m_n}{m}t\right)}(\boldsymbol{e}_i, \boldsymbol{e}_j) = \mu(t) \tag{2.106}$$

となる. (2.95), (2.106) より,

$$(g_n)_{\left(\frac{m_1}{m}t, \ldots, \frac{m_n}{m}t\right)}(\boldsymbol{e}_i, \boldsymbol{e}_j) = \mu\left(\sum_{k=1}^{n} \frac{m_k}{m}t\right) \tag{2.107}$$

である. また, $i = 1, 2, \ldots, n$ とすると, (2.105) より,

$$(\Phi_{\boldsymbol{m}}^* g_m)_{\left(\frac{m_1}{m}t, \ldots, \frac{m_n}{m}t\right)}(\boldsymbol{e}_i, \boldsymbol{e}_i) = \frac{m}{m_i}\nu(t) + \mu(t) \tag{2.108}$$

となる. (2.95), (2.108) より,

$$(g_n)_{\left(\frac{m_1}{m}t, \ldots, \frac{m_n}{m}t\right)}(\boldsymbol{e}_i, \boldsymbol{e}_i) = \frac{1}{\frac{m_i}{m}t}\left(\sum_{k=1}^{n} \frac{m_k}{m}t\right)\nu\left(\sum_{k=1}^{n} \frac{m_k}{m}t\right) + \mu\left(\sum_{k=1}^{n} \frac{m_k}{m}t\right) \tag{2.109}$$

である.

上のような $\Phi_{\boldsymbol{m}}$ をすべて考えると, (2.107), (2.109) および g_n は C^∞ 級であるとしていることより, 任意の $\boldsymbol{\xi} = (\xi_1, \xi_2, \ldots, \xi_n) \in \Xi_n$ に対して,

$$(g_n)_{\boldsymbol{\xi}}(\boldsymbol{e}_i, \boldsymbol{e}_j) = \frac{\delta_{ij}}{\xi_i}\left(\sum_{k=1}^{n} \xi_k\right)\nu\left(\sum_{k=1}^{n} \xi_k\right) + \mu\left(\sum_{k=1}^{n} \xi_k\right)$$

$$(i, j = 1, 2, \ldots, n) \tag{2.110}$$

である.

第四段階：$\boldsymbol{\xi} = (\xi_1, \xi_2, \ldots, \xi_n) \in \Xi_n$, $\boldsymbol{v} = (v_1, v_2, \ldots, v_n)$, $\boldsymbol{w} = (w_1, w_2, \ldots, w_n) \in \mathbf{R}^n$ とする. このとき, (2.110) より,

$$(g_n)_{\boldsymbol{\xi}}(\boldsymbol{v}, \boldsymbol{w}) = (g_n)_{\boldsymbol{\xi}}\left(\sum_{i=1}^n v_i \boldsymbol{e}_i, \sum_{j=1}^n w_j \boldsymbol{e}_j\right) = \sum_{i,j=1}^n v_i w_j (g_n)_{\boldsymbol{\xi}}(\boldsymbol{e}_i, \boldsymbol{e}_j)$$
$$= \sum_{i=1}^n \frac{v_i w_i}{\xi_i}\left(\sum_{k=1}^n \xi_k\right)\nu\left(\sum_{k=1}^n \xi_k\right) + \left(\sum_{i=1}^n v_i\right)\left(\sum_{j=1}^n w_j\right)\mu\left(\sum_{k=1}^n \xi_k\right) \tag{2.111}$$

である. よって, (2.94) の第 1 式〜第 n 式それぞれに対応して, (2.111) の $\frac{1}{\xi_1}$ 〜$\frac{1}{\xi_n}$ が現れる項は 0 となり, (2.94) の最後の式に対応して, (2.111) の最後の項は 0 となる.

第五段階：例 2.9 において $n = 2$ としたときのマルコフはめ込み $\bar{\Phi}_2 : \bar{\Xi}_2 \to \bar{\Xi}_3$ を考える.

(2.84) より, $(\xi, \eta) \in \Xi_2$ とすると,

$$(d\bar{\Phi}_2)_{(\xi,\eta)}(\boldsymbol{e}_1) = \boldsymbol{e}_1' - \boldsymbol{e}_3', \quad (d\bar{\Phi}_2)_{(\xi,\eta)}(\boldsymbol{e}_2) = \boldsymbol{e}_2' - \boldsymbol{e}_3' \tag{2.112}$$

である [*13]. ただし, $\boldsymbol{e}_1$, $\boldsymbol{e}_2$ は $\mathbf{R}^2$ の基本ベクトル, $\boldsymbol{e}_1'$, $\boldsymbol{e}_2'$, $\boldsymbol{e}_3'$ は $\mathbf{R}^3$ の基本ベクトルである. よって, 第四段階で述べたことに注意し, (2.111) を用いると,

$$(\bar{\Phi}_2^* g_3)_{(\xi,\eta)}(\boldsymbol{e}_1, \boldsymbol{e}_1) = \frac{C}{\xi} + \frac{C}{1 - \xi - \eta} \tag{2.113}$$

となる. ただし, $C = \nu(1) \in \mathbf{R}$ である. さらに, (2.95) より,

$$\frac{C}{\xi} + \frac{C}{1 - \xi - \eta} = \frac{\xi + \eta}{\xi}\nu(\xi + \eta) + \mu(\xi + \eta) \tag{2.114}$$

である. また,

$$(\Phi_2^* g_3)_{(\xi,\eta)}(\boldsymbol{e}_1, \boldsymbol{e}_2) = \frac{C}{1 - \xi - \eta} \tag{2.115}$$

[*13] $(d\bar{\Phi}_2)_{(\xi,\eta)}$ は $\bar{\Phi}_2$ の (ξ, η) における微分である (§2.2).

となる．さらに，(2.95) より，

$$\frac{C}{1 - \xi - \eta} = \mu(\xi + \eta) \tag{2.116}$$

である．(2.114)，(2.116) より，$t = \xi + \eta$ とおくと，

$$\mu(t) = \frac{C}{1 - t}, \quad \nu(t) = \frac{C}{t} \tag{2.117}$$

である．したがって，(2.96) が得られる．

　逆に，(2.96) のように表される g_n を考える．このとき，第五段階の計算と同様に，$n \geq 3$ としたときのマルコフはめ込み $\bar{\Phi}_n : \bar{\Xi}_n \to \bar{\Xi}_{n+1}$ は (2.95) の条件をみたす．よって，第一段階〜第五段階の計算と合わせると，十分性がなりたつ． □

2.5　フィッシャー計量と単調性，不変性

　$(0,2)$ 型テンソル場に対するチェンツォフの定理（定理 2.1）において現れた $\bar{\Xi}_n$ 上の $(0,2)$ 型テンソル場を表す (2.96) において，$C = 1$ としよう．すなわち，

$$(g_n)_{ij}(\boldsymbol{\xi}) = (g_n)_{\boldsymbol{\xi}}(\boldsymbol{e}_i, \boldsymbol{e}_j) = \frac{\delta_{ij}}{\xi_i} + \frac{1}{1 - \sum_{k=1}^{n} \xi_k} \tag{2.118}$$

である．このとき，実対称行列 $((g_n)_{ij}(\boldsymbol{\xi}))_{n \times n}$ は正定値となる．実際，$\boldsymbol{v} = (v_1, v_2, \ldots, v_n) \in \mathbf{R}^n$ とすると，

$$\begin{aligned}
(g_n)_{\boldsymbol{\xi}}(\boldsymbol{v}, \boldsymbol{v}) &= \sum_{i,j=1}^{n} v_i v_j \left(\frac{\delta_{ij}}{\xi_i} + \frac{1}{1 - \sum_{k=1}^{n} \xi_k} \right) \\
&= \sum_{i=1}^{n} \frac{v_i^2}{\xi_i} + \frac{1}{1 - \sum_{k=1}^{n} \xi_k} \left(\sum_{i=1}^{n} v_i \right)^2
\end{aligned} \tag{2.119}$$

となるからである．さらに，$p(\,\cdot\,; \boldsymbol{\xi}) \in S_n$ が

$$p(0; \boldsymbol{\xi}) = 1 - \sum_{k=1}^{n} \xi_k, \quad p(k; \boldsymbol{\xi}) = \xi_k \quad (k = 1, 2, \ldots, n) \tag{2.120}$$

により定められていたことを用いると，(2.119) は

$$(g_n)_{\boldsymbol{\xi}}(\boldsymbol{v}, \boldsymbol{v}) = \sum_{k=0}^{n} \left(\sum_{i=1}^{n} v_i \frac{\partial}{\partial \xi_i} \log p(k; \boldsymbol{\xi}) \right)^2 p(k; \boldsymbol{\xi}) \tag{2.121}$$

と表される．また，

$$(g_n)_{ij}(\boldsymbol{\xi}) = \sum_{k=0}^{n} \left(\frac{\partial}{\partial \xi_i} \log p(k; \boldsymbol{\xi}) \right) \left(\frac{\partial}{\partial \xi_j} \log p(k; \boldsymbol{\xi}) \right) p(k; \boldsymbol{\xi}) \tag{2.122}$$

である．

　そこで，Ω を $\mathbf{R}$ の空でない高々可算な部分集合，

$$S = \{ p(\,\cdot\,; \boldsymbol{\xi}) \,|\, \boldsymbol{\xi} \in \Xi \} \tag{2.123}$$

を Ω 上の n 次元統計的モデルとし，$i, j = 1, 2, \ldots, n$ に対して，

$$g_{ij}(\boldsymbol{\xi}) = \sum_{x \in \Omega} \left(\frac{\partial}{\partial \xi_i} \log p(x; \boldsymbol{\xi}) \right) \left(\frac{\partial}{\partial \xi_j} \log p(x; \boldsymbol{\xi}) \right) p(x; \boldsymbol{\xi}) \tag{2.124}$$

とおく．ただし，簡単のため，$p(\,\cdot\,; \boldsymbol{\xi})$ は $\boldsymbol{\xi}$ の関数として C^∞ 級であると仮定する．また，(2.124) の右辺の和は発散しないと仮定する．$(g_{ij}(\boldsymbol{\xi}))_{n \times n}$ を S の $\boldsymbol{\xi}$ における**フィッシャー情報行列** (Fisher information matrix) という．$n = 1$ のときは，フィッシャー情報行列を**フィッシャー情報量** (Fisher information) ともいう．$g_{ij}(\boldsymbol{\xi})$ の定義より，$(g_{ij}(\boldsymbol{\xi}))_{n \times n}$ は n 次対称行列である．

　フィッシャー情報行列は必ずしも正定値であるとは限らないが，半正定値[*14] である．実際，次の命題を用いればよい．

命題 2.5　$\boldsymbol{a} \in \mathbf{R}^n$ とすると，n 次実対称行列 ${}^t\boldsymbol{a}\boldsymbol{a}$ は半正定値である．　　□

【証明】　$\boldsymbol{x} \in \mathbf{R}^n$ とすると，

[*14] n 次実対称行列 A は任意の $\boldsymbol{x} \in \mathbf{R}^n$ に対して，$\boldsymbol{x} A\,{}^t\boldsymbol{x} \geq 0$ となるとき，半正定値であるという．

$$\boldsymbol{x}(^t\boldsymbol{a}\boldsymbol{a})^t\boldsymbol{x} = (\boldsymbol{x}^t\boldsymbol{a})^t(\boldsymbol{x}^t\boldsymbol{a}) = \langle \boldsymbol{x}, \boldsymbol{a} \rangle^2 \geq 0 \tag{2.125}$$

である．よって，$^t\boldsymbol{a}\boldsymbol{a}$ は半正定値である．　　　　　　　　　　　□

§2.1 で述べたことより，正定値なフィッシャー情報行列は Ξ 上のリーマン計量を定める．このとき，点 $\boldsymbol{\xi} \in \Xi$ を確率関数 $p(\,\cdot\,;\boldsymbol{\xi}) \in S$ とみなすことにより，フィッシャー情報行列は統計的モデル S 上のリーマン計量を定めるとみなすことができる．このリーマン計量を**フィッシャー計量** (Fisher metric) という．以下では，正定値なフィッシャー情報行列，フィッシャー計量を考える．

▶ **例 2.10**　例 1.13 で述べた二項分布に対応する確率関数からなる統計的モデルを考えよう．まず，$n \in \mathbf{N}$ とし，

$$\Omega = \{0, 1, 2, \ldots, n\} \tag{2.126}$$

とおく．さらに，$0 < \xi < 1$ に対して，

$$p(k;\xi) = {}_n\mathrm{C}_k \xi^k (1-\xi)^{n-k} \quad (k \in \Omega) \tag{2.127}$$

とおく．このとき，Ω 上の 1 次元統計的モデル S を

$$S = \{p(\,\cdot\,;\xi) \,|\, 0 < \xi < 1\} \tag{2.128}$$

により定める．

S のフィッシャー情報量を計算しよう．$p(\,\cdot\,;\xi) \in S$, $k \in \Omega$ とすると，

$$\frac{\partial}{\partial \xi} \log p(k;\xi) = \frac{k}{\xi} - \frac{n-k}{1-\xi} = \frac{k - n\xi}{\xi(1-\xi)} \tag{2.129}$$

である．(1.87), (1.88) より，ξ における S のフィッシャー情報量は

$$\begin{aligned}
g_{11}(\xi) &= \sum_{k=0}^{n} \left(\frac{\partial}{\partial \xi} \log p(k;\xi) \right)^2 p(k;\xi) \\
&= \sum_{k=0}^{n} \frac{(k - n\xi)^2}{\xi^2 (1-\xi)^2} {}_n\mathrm{C}_k \xi^k (1-\xi)^{n-k} \\
&= \frac{1}{\xi^2 (1-\xi)^2} \sum_{k=0}^{n} (k^2 - 2n\xi k + n^2 \xi^2) {}_n\mathrm{C}_k \xi^k (1-\xi)^{n-k}
\end{aligned}$$

$$=\frac{1}{\xi^2(1-\xi)^2}\{n(n-1)\xi^2 + n\xi - 2n\xi \cdot n\xi + n^2\xi^2 \cdot 1\}$$

$$=\frac{n}{\xi(1-\xi)} > 0 \tag{2.130}$$

である.   ◀

▶ **例 2.11** 例 1.11 で述べたポアソン分布に対応する確率関数からなる統計的モデルを考えよう．まず，

$$\Omega = \{0, 1, 2, \dots\} \tag{2.131}$$

とおく．さらに，$\xi > 0$ に対して，

$$p(k; \xi) = e^{-\xi}\frac{\xi^k}{k!} \quad (k \in \Omega) \tag{2.132}$$

とおく．このとき，Ω 上の 1 次元統計的モデル S を

$$S = \{p(\,\cdot\,; \xi)\,|\,\xi > 0\} \tag{2.133}$$

により定める.

S のフィッシャー情報量を計算しよう．$p(\,\cdot\,; \xi) \in S$，$k \in \Omega$ とすると，

$$\frac{\partial}{\partial\xi}\log p(k; \xi) = -1 + \frac{k}{\xi} \tag{2.134}$$

である．よって，ξ における S のフィッシャー情報量は

$$g_{11}(\xi) = \sum_{k=0}^{\infty}\left(\frac{\partial}{\partial\xi}\log p(k; \xi)\right)^2 p(k; \xi) = \sum_{k=0}^{\infty}\left(-1 + \frac{k}{\xi}\right)^2 e^{-\xi}\frac{\xi^k}{k!}$$

$$= e^{-\xi}\sum_{k=0}^{\infty}\left(1 - 2\frac{k}{\xi} + \frac{k^2}{\xi^2}\right)\frac{\xi^k}{k!} = e^{-\xi}\sum_{k=0}^{\infty}\left\{1 - 2\frac{k}{\xi} + \frac{k(k-1)+k}{\xi^2}\right\}\frac{\xi^k}{k!}$$

$$= e^{-\xi}\left\{\sum_{k=0}^{\infty}\frac{\xi^k}{k!} - 2\sum_{k=1}^{\infty}\frac{\xi^{k-1}}{(k-1)!} + \sum_{k=2}^{\infty}\frac{\xi^{k-2}}{(k-2)!} + \frac{1}{\xi}\sum_{k=1}^{\infty}\frac{\xi^{k-1}}{(k-1)!}\right\}$$

$$= e^{-\xi}\cdot\frac{1}{\xi}e^{\xi} = \frac{1}{\xi} > 0 \tag{2.135}$$

である.   ◀

✏ **注意 2.3**   定理 1.5 より，確率関数に対しても期待値や分散を定めることができる．例えば，例 2.11 において，$p(\,\cdot\,;\xi) \in S$ の期待値は

$$\sum_{k=0}^{\infty} kp(k;\xi) = \sum_{k=0}^{\infty} ke^{-\xi}\frac{\xi^k}{k!} = e^{-\xi}\sum_{k=1}^{\infty}\xi\frac{\xi^{k-1}}{(k-1)!} = e^{-\xi}\cdot\xi e^{\xi} = \xi \tag{2.136}$$

である．また，

$$\begin{aligned}
\sum_{k=0}^{\infty} k^2 p(k;\xi) &= \sum_{k=0}^{\infty}\{k(k-1)+k\}e^{-\xi}\frac{\xi^k}{k!}\\
&= e^{-\xi}\sum_{k=2}^{\infty}\xi^2\frac{\xi^{k-2}}{(k-2)!} + \sum_{k=0}^{\infty}ke^{-\xi}\frac{\xi^k}{k!}\\
&= e^{-\xi}\cdot\xi^2 e^{\xi} + \xi = \xi^2 + \xi
\end{aligned} \tag{2.137}$$

である．さらに，(1.66)，(2.136)，(2.137) より，$p(\,\cdot\,;\xi)$ の分散は

$$\sum_{k=0}^{\infty} k^2 p(k;\xi) - \left(\sum_{k=0}^{\infty} kp(k;\xi)\right)^2 = \xi^2 + \xi - \xi^2 = \xi \tag{2.138}$$

である．   ■

　あたえられた統計的モデルから別の統計的モデルへの変換を考えると，フィッシャー計量は単調性 [*15] という性質をもち，その不変性は変換が十分統計量のときになりたつことを示そう．

　まず，§1.4 でも述べた十分統計量について，統計的モデルが $\mathbf{R}$ の可算部分集合上で定められている場合も含めて，簡単に振り返っておこう．Ω を $\mathbf{R}$ の空でない高々可算な部分集合とし，Ω 上の n 次元統計的モデル

$$S = \{p(\,\cdot\,;\boldsymbol{\xi})\,|\,\boldsymbol{\xi}\in\Xi\} \tag{2.139}$$

を考える．さらに，Ω' を $\mathbf{R}$ の空でない高々可算な部分集合，$F:\Omega\to\Omega'$ を全射とする [*16]．このとき，

$$q(y;\boldsymbol{\xi}) = \sum_{x\in F^{-1}(\{y\})} p(x;\boldsymbol{\xi}) \quad (y\in\Omega') \tag{2.140}$$

[*15] 一般に，同じ型の実対称行列 A，B に対して，$A-B$ が半正定値であることを $A \geq B$ とも表す．これが単調性という言葉の由来である．

[*16] Ω' が可算な場合は Ω も可算でなければならない．

とおくと，$q(\,\cdot\,;\boldsymbol{\xi})$ は $q(\,\cdot\,;\boldsymbol{\xi}) > 0$ となる確率関数を定める（命題 1.2）．よって，Ω' 上の n 次元統計的モデル S_F を

$$S_F = \{q(\,\cdot\,;\boldsymbol{\xi}) \mid \boldsymbol{\xi} \in \Xi\} \tag{2.141}$$

により定めることができる．そこで，

$$r(x;\boldsymbol{\xi}) = \frac{p(x;\boldsymbol{\xi})}{q(F(x);\boldsymbol{\xi})} \quad (x \in \Omega, \ \boldsymbol{\xi} \in \Xi) \tag{2.142}$$

とおく．F が S に関する十分統計量であるというのは，任意の $\boldsymbol{\xi} \in \Xi$ に対して，$r(\,\cdot\,;\boldsymbol{\xi})$ が $\boldsymbol{\xi}$ に依存しない関数となることであった．

ここで，$(g_{ij}(\boldsymbol{\xi}))_{n \times n}$, $(g_{ij}^F(\boldsymbol{\xi}))_{n \times n}$ をそれぞれ S, S_F のフィッシャー情報行列とし，

$$\Delta g_{ij}(\boldsymbol{\xi}) = g_{ij}(\boldsymbol{\xi}) - g_{ij}^F(\boldsymbol{\xi}) \quad (i,j = 1,2,\ldots,n) \tag{2.143}$$

とおく．このとき，フィッシャー計量の単調性と不変性について，次がなりたつ（図 2.12）．

○ S : Ω 上の統計的モデル

　$\rightsquigarrow (g_{ij}(\boldsymbol{\xi}))_{n \times n}$: フィッシャー情報行列

○ $F : \Omega \to \Omega'$: 全射

　$\rightsquigarrow S_F$: Ω' 上の統計的モデル

　$\rightsquigarrow (g_{ij}^F(\boldsymbol{\xi}))_{n \times n}$: フィッシャー情報行列

$\Rightarrow (g_{ij}(\boldsymbol{\xi}))_{n \times n} \geq (g_{ij}^F(\boldsymbol{\xi}))_{n \times n}$

等号成立 $\Leftrightarrow F$: 十分統計量

図 2.12　単調性と不変性

定理 2.2　　等式

$$\Delta g_{ij}(\boldsymbol{\xi}) = \sum_{x \in \Omega} (\partial_i \log r(x;\boldsymbol{\xi}))(\partial_j \log r(x;\boldsymbol{\xi})) p(x;\boldsymbol{\xi}) \tag{2.144}$$

がなりたつ. ただし,

$$\partial_i = \frac{\partial}{\partial \xi_i} \quad (i = 1, 2, \ldots, n) \tag{2.145}$$

である. とくに, n 次実対称行列 $(\Delta g_{ij}(\boldsymbol{\xi}))_{n \times n}$ は半正定値であり, 任意の $\boldsymbol{\xi} \in \Xi$ に対して, $(\Delta g_{ij}(\boldsymbol{\xi}))_{n \times n}$ が零行列となるのは, F が S に関する十分統計量のときである. □

【証明】 (2.124), (2.140), (2.142), (2.143) より,

$$\begin{aligned}
\Delta g_{ij}(\boldsymbol{\xi}) =& \sum_{x \in \Omega} (\partial_i \log p(x; \boldsymbol{\xi}))(\partial_j \log p(x; \boldsymbol{\xi})) p(x; \boldsymbol{\xi}) \\
& - \sum_{y \in \Omega'} (\partial_i \log q(y; \boldsymbol{\xi}))(\partial_j \log q(y; \boldsymbol{\xi})) q(y; \boldsymbol{\xi}) \\
=& \sum_{x \in \Omega} (\partial_i \log r(x; \boldsymbol{\xi}) + \partial_i \log q(F(x); \boldsymbol{\xi}))(\partial_j \log r(x; \boldsymbol{\xi}) \\
& \qquad\qquad\qquad\qquad\qquad + \partial_j \log q(F(x); \boldsymbol{\xi})) p(x; \boldsymbol{\xi}) \\
& - \sum_{x \in \Omega} (\partial_i \log q(F(x); \boldsymbol{\xi}))(\partial_j \log q(F(x); \boldsymbol{\xi})) p(x; \boldsymbol{\xi}) \\
=& \sum_{x \in \Omega} (\partial_i \log r(x; \boldsymbol{\xi}))(\partial_j \log r(x; \boldsymbol{\xi})) p(x; \boldsymbol{\xi}) \\
& + \sum_{x \in \Omega} (\partial_i \log r(x; \boldsymbol{\xi}))(\partial_j \log q(F(x); \boldsymbol{\xi})) p(x; \boldsymbol{\xi}) \\
& + \sum_{x \in \Omega} (\partial_j \log r(x; \boldsymbol{\xi}))(\partial_i \log q(F(x); \boldsymbol{\xi})) p(x; \boldsymbol{\xi}) \tag{2.146}
\end{aligned}$$

である. ここで, (2.140), (2.142) および積の微分法より,

$$\begin{aligned}
& \sum_{x \in \Omega} (\partial_i \log r(x; \boldsymbol{\xi}))(\partial_j \log q(F(x); \boldsymbol{\xi})) p(x; \boldsymbol{\xi}) \\
&= \sum_{x \in \Omega} (\partial_i r(x; \boldsymbol{\xi}))(\partial_j q(F(x); \boldsymbol{\xi})) \\
&= \partial_i \sum_{x \in \Omega} r(x; \boldsymbol{\xi}) \partial_j q(F(x); \boldsymbol{\xi}) - \sum_{x \in \Omega} r(x; \boldsymbol{\xi}) \partial_i \partial_j q(F(x); \boldsymbol{\xi}) \\
&= \partial_i \sum_{x \in \Omega} \frac{\partial_j q(F(x); \boldsymbol{\xi})}{q(F(x); \boldsymbol{\xi})} p(x; \boldsymbol{\xi}) - \sum_{x \in \Omega} \frac{\partial_i \partial_j q(F(x); \boldsymbol{\xi})}{q(F(x); \boldsymbol{\xi})} p(x; \boldsymbol{\xi})
\end{aligned}$$

$$= \partial_i \sum_{y \in \Omega'} \frac{\partial_j q(y; \boldsymbol{\xi})}{q(y; \boldsymbol{\xi})} q(y; \boldsymbol{\xi}) - \sum_{y \in \Omega'} \frac{\partial_i \partial_j q(y; \boldsymbol{\xi})}{q(y; \boldsymbol{\xi})} q(y; \boldsymbol{\xi})$$

$$= \partial_i \sum_{y \in \Omega'} \partial_j q(y; \boldsymbol{\xi}) - \sum_{y \in \Omega'} \partial_i \partial_j q(y; \boldsymbol{\xi}) = 0 \tag{2.147}$$

である．同様に，

$$\sum_{x \in \Omega} (\partial_j \log r(x; \boldsymbol{\xi}))(\partial_i \log q(F(x); \boldsymbol{\xi})) p(x; \boldsymbol{\xi}) = 0 \tag{2.148}$$

である．よって，(2.144) がなりたつ．

さらに，命題 2.5 より，n 次実対称行列

$$((\partial_i \log r(x; \boldsymbol{\xi}))(\partial_j \log r(x; \boldsymbol{\xi})))_{n \times n} \tag{2.149}$$

は半正定値なので，$(\Delta g_{ij}(\boldsymbol{\xi}))_{n \times n}$ は半正定値である．また，任意の $\boldsymbol{\xi} \in \Xi$ に対して，$(\Delta g_{ij}(\boldsymbol{\xi}))_{n \times n}$ が零行列となるのは，任意の $i = 1, 2, \ldots, n$ に対して，

$$\partial_i \log r(x; \boldsymbol{\xi}) = 0 \tag{2.150}$$

となるとき，すなわち，$r(x; \boldsymbol{\xi})$ が $\boldsymbol{\xi}$ に依存しないときであり，このとき，F は S に関する十分統計量である．　　　　　　　　　　　　　□

2.6　チェンツォフの定理（その2）

§2.4 では，$(0, 2)$ 型テンソル場に対するチェンツォフの定理（定理 2.1）を述べた．§2.6 では，$(0, 3)$ 型テンソル場というものを考え，§2.3 で述べた Ω_n 上の n 次元統計的モデル $\bar{S}_n$ 上の $(0, 3)$ 型テンソル場に対して，マルコフはめ込みに関する不変性をみたすものを求めよう．

まず，$(0, 3)$ 型テンソル場を次のように定める．

定義 2.4　D を $\mathbf{R}^n$ の空でない開集合とし，各 $p \in D$ に対して，$\mathbf{R}^n$ 上の 3 重線形形式 $T_p : \mathbf{R}^n \times \mathbf{R}^n \times \mathbf{R}^n \to \mathbf{R}$ があたえられているとする [*17]（図 2.13）．このとき，p から T_p への対応を T と表し，T を D 上の $(\mathbf{0}, \mathbf{3})$ 型テンソル場 (tensor field of type $(0,3)$) という [*18]．　　　　□

$$T_p : \mathbf{R}^n \times \mathbf{R}^n \times \mathbf{R}^n \to \mathbf{R} : 3\,\text{重線形形式}$$
$$\Updownarrow$$

$\boldsymbol{x}, \boldsymbol{y}, \boldsymbol{z}, \boldsymbol{w} \in \mathbf{R}^n$，$c \in \mathbf{R}$ とすると

○ $T_p(\boldsymbol{x} + \boldsymbol{y}, \boldsymbol{z}, \boldsymbol{w}) = T_p(\boldsymbol{x}, \boldsymbol{z}, \boldsymbol{w}) + T_p(\boldsymbol{y}, \boldsymbol{z}, \boldsymbol{w})$

○ $T_p(\boldsymbol{x}, \boldsymbol{y} + \boldsymbol{z}, \boldsymbol{w}) = T_p(\boldsymbol{x}, \boldsymbol{y}, \boldsymbol{w}) + T_p(\boldsymbol{x}, \boldsymbol{z}, \boldsymbol{w})$

○ $T_p(\boldsymbol{x}, \boldsymbol{y}, \boldsymbol{z} + \boldsymbol{w}) = T_p(\boldsymbol{x}, \boldsymbol{y}, \boldsymbol{z}) + T_p(\boldsymbol{x}, \boldsymbol{y}, \boldsymbol{w})$

○ $T_p(c\boldsymbol{x}, \boldsymbol{y}, \boldsymbol{z}) = T_p(\boldsymbol{x}, c\boldsymbol{y}, \boldsymbol{z}) = T_p(\boldsymbol{x}, \boldsymbol{y}, c\boldsymbol{z}) = c\,T_p(\boldsymbol{x}, \boldsymbol{y}, \boldsymbol{z})$

図 2.13　$\mathbf{R}^n$ 上の 3 重線形形式

✐ 注意 2.4　定義 2.4 において，任意の C^∞ 級写像 $X, Y, Z : D \to \mathbf{R}^n$ に対して，D で定義された関数 $T(X, Y, Z) : D \to \mathbf{R}$ が C^∞ 級となるとき，T は $\boldsymbol{C^\infty}$ 級であるという．以下では，簡単のため，C^∞ 級の $(0,3)$ 型テンソル場を考える．

また，$\boldsymbol{u}, \boldsymbol{v}, \boldsymbol{w} \in \mathbf{R}^n$ を成分を用いて

$$\boldsymbol{u} = (u_1, u_2, \ldots, u_n), \quad \boldsymbol{v} = (v_1, v_2, \ldots, v_n), \quad \boldsymbol{w} = (w_1, w_2, \ldots, w_n) \tag{2.151}$$

と表しておくと，T_p の 3 重線形性より，

$$T_p(\boldsymbol{u}, \boldsymbol{v}, \boldsymbol{w}) = \sum_{i,j,k=1}^n u_i v_j w_k T_p(\boldsymbol{e}_i, \boldsymbol{e}_j, \boldsymbol{e}_k) \tag{2.152}$$

となる．ただし，$\boldsymbol{e}_1$，$\boldsymbol{e}_2$，…，$\boldsymbol{e}_n$ は $\mathbf{R}^n$ の基本ベクトルである．よって，

[*17] 一般に，$\mathbf{R}$ 上のベクトル空間 V および $s \in \mathbf{N}$ に対して，s 個の V の直積から $\mathbf{R}$ への写像で，各成分について線形となるものを V 上の s 重線形形式または $(0, s)$ 型テンソルという．

[*18] さらに，$s \in \mathbf{N}$ に対して，各点における接空間上の s 重線形形式を考えることにより，$(0, s)$ 型テンソル場を定めることができる．

$$T_{ijk}(\boldsymbol{p}) = T_{\boldsymbol{p}}(\boldsymbol{e}_i, \boldsymbol{e}_j, \boldsymbol{e}_k) \quad (i, j, k = 1, 2, \ldots, n) \tag{2.153}$$

とおくと，

$$T_{\boldsymbol{p}}(\boldsymbol{u}, \boldsymbol{v}, \boldsymbol{w}) = \sum_{i,j,k=1}^{n} u_i v_j w_k T_{ijk}(\boldsymbol{p}) \tag{2.154}$$

である．また，$T_{ijk}(\boldsymbol{p})$ は関数 $T_{ijk} : D \to \mathbf{R}$ を定め，T が C^∞ 級であるとは，各 T_{ijk} が C^∞ 級であるということである．逆に，各 $\boldsymbol{p} \in D$ に対して，$T_{ijk}(\boldsymbol{p}) \in \mathbf{R}$ があたえられていれば，(2.154) により D 上の $(0, 3)$ 型テンソル場 T を定めることができる．　　　　　　　　　　　　　　　　　　　　　　　　　　　　■

　リーマン計量や $(0, 2)$ 型テンソル場の場合と同様に，写像による $(0, 3)$ 型テンソル場の引き戻しを定めることができる．D を $\mathbf{R}^m$ の空でない開集合，E を $\mathbf{R}^n$ の空でない開集合，T を E 上の $(0, 3)$ 型テンソル場，$f : D \to E$ を写像とする．このとき，$\boldsymbol{p} \in D$，$\boldsymbol{u}, \boldsymbol{v}, \boldsymbol{w} \in T_{\boldsymbol{p}}D = \mathbf{R}^m$ に対して，

$$(f^*T)_{\boldsymbol{p}}(\boldsymbol{u}, \boldsymbol{v}, \boldsymbol{w}) = T_{f(\boldsymbol{p})}((df)_{\boldsymbol{p}}(\boldsymbol{u}), (df)_{\boldsymbol{p}}(\boldsymbol{v}), (df)_{\boldsymbol{p}}(\boldsymbol{w})) \tag{2.155}$$

とおくと，$(f^*T)_{\boldsymbol{p}}$ は $\mathbf{R}^m$ 上の 3 重線形形式を定める．よって，$(f^*T)_{\boldsymbol{p}}$ は D 上の $(0, 3)$ 型テンソル場 f^*T を定める．f^*T を f による T の引き戻しという．

　さらに，(2.59) で定めた $\bar{\Xi}_n$ に対して，$(0, 2)$ 型テンソル場の場合と同様に，その上の C^∞ 級の $(0, 3)$ 型テンソル場を定めることができる．以下では，$\bar{\Xi}_n$ 上の C^∞ 級の $(0, 3)$ 型テンソル場を考える．

　§2.3 で述べた Ω_n 上の n 次元統計的モデル $\bar{S}_n$ に関して，次の $(0, 3)$ 型テンソル場に対するチェンツォフの定理がなりたつ．

定理 2.3 （$(0, 3)$ 型テンソル場に対するチェンツォフの定理）　各 $n \in \mathbf{N}$ に対して，$\bar{\Xi}_n$ 上の $(0, 3)$ 型テンソル場 T_n があたえられているとする．例 2.6〜例 2.9 のように表される任意のマルコフはめ込み $\Phi : \bar{\Xi}_m \to \bar{\Xi}_n$ に対して，

$$\Phi^*T_n = T_m \tag{2.156}$$

となるのは，ある $C \in \mathbf{R}$ が存在し，$i, j, k = 1, 2, \ldots, n$，$\boldsymbol{\xi} = (\xi_1, \xi_2, \ldots, \xi_n) \in \Xi_n$ とすると，

$$(T_n)_{ijk}(\boldsymbol{\xi}) = (T_n)_{\boldsymbol{\xi}}(e_i, e_j, e_k) = C \left\{ \frac{\delta_{ij}\delta_{jk}}{\xi_i^2} - \frac{1}{\left(1 - \sum\limits_{l=1}^{n} \xi_l\right)^2} \right\} \qquad (2.157)$$

となるときに限る. ☐

【証明】　まず，必要性，すなわち，例 2.6～例 2.9 のように表される任意のマルコフはめ込み $\Phi : \bar{\Xi}_m \to \bar{\Xi}_n$ に対して，(2.156) がなりたつならば，T_n は (2.157) のように表されることを 5 つの段階に分けて示す.

第一段階：例 2.6 のマルコフはめ込み $\Phi_n : \bar{\Xi}_n \to \bar{\Xi}_n$ を考える. また，$0 < t < 1$ に対して，

$$\boldsymbol{\xi}_{n,t} = \left(\frac{t}{n}, \frac{t}{n}, \dots, \frac{t}{n}\right) \in \Xi_n \qquad (2.158)$$

とおく. $i, j, k = 1, 2, \dots, n$ とすると，(2.39), (2.48) より，

$$(\Phi_n^* T_n)_{\boldsymbol{\xi}_{n,t}}(e_i, e_j, e_k) = (T_n)_{\boldsymbol{\xi}_{n,t}}(e_{F_n(i)}, e_{F_n(j)}, e_{F_n(k)}) \qquad (2.159)$$

となる. 上のような Φ_n をすべて考えると，(2.156), (2.159) より，互いに異なる $i, j, k = 1, 2, \dots, n$ に対して，

$$\lambda_n(t) = (T_n)_{\boldsymbol{\xi}_{n,t}}(e_i, e_i, e_i), \qquad (2.160)$$

$$\mu_{n,1}(t) = (T_n)_{\boldsymbol{\xi}_{n,t}}(e_i, e_i, e_j), \qquad \mu_{n,2}(t) = (T_n)_{\boldsymbol{\xi}_{n,t}}(e_i, e_j, e_i),$$

$$\mu_{n,3}(t) = (T_n)_{\boldsymbol{\xi}_{n,t}}(e_j, e_i, e_i), \qquad (2.161)$$

$$\nu_n(t) = (T_n)_{\boldsymbol{\xi}_{n,t}}(e_i, e_j, e_k) \qquad (2.162)$$

とおくことができる. すなわち，$\lambda_n, \mu_{n,1}, \mu_{n,2}, \mu_{n,3}, \nu_n : (0,1) \to \mathbf{R}$ は i, j, k に依存しない関数である.

第二段階：例 2.7 のマルコフはめ込み $\Phi_{m,n} : \bar{\Xi}_n \to \bar{\Xi}_{mn}$ を考える.
　まず，$i, j, k = 1, 2, \dots, n$ が互いに異なるとする. このとき，(2.51) より，

$$(\Phi_{m,n}^* T_{mn})_{\boldsymbol{\xi}_{n,t}}(e_i, e_j, e_k) = \nu_{mn}(t) \qquad (2.163)$$

となる. (2.156), (2.163) より,

$$\nu_{mn}(t) = \nu_n(t) \tag{2.164}$$

となるので, $\nu_n(t)$ は n に依存しない. そこで, $\nu_n(t)$ を $\nu(t)$ と表す.

次に, $i,j = 1,2,\dots,n$, $i \neq j$ とする. このとき, 上と同様の計算により,

$$(\Phi^*_{m,n}T_{mn})_{\boldsymbol{\xi}_{n,t}}(\boldsymbol{e}_i,\boldsymbol{e}_i,\boldsymbol{e}_j) = \frac{1}{m}\mu_{mn,1}(t) + \frac{m-1}{m}\nu(t) \tag{2.165}$$

となる. (2.156), (2.165) より,

$$\frac{\mu_{mn,1}(t) - \nu(t)}{mn} = \frac{\mu_{n,1}(t) - \nu(t)}{n} \tag{2.166}$$

となるので, (2.166) の右辺は n に依存しない. そこで, この式を $\varphi_1(t)$ と表す. その他の場合についても同様の計算を行うと,

$$\mu_{n,1}(t) = n\varphi_1(t) + \nu(t), \quad \mu_{n,2}(t) = n\varphi_2(t) + \nu(t), \quad \mu_{n,3}(t) = n\varphi_3(t) + \nu(t) \tag{2.167}$$

と表すことができる.

さらに, $i = 1,2,\dots,n$ とすると, (2.167) より,

$$(\Phi^*_{m,n}T_{mn})_{\boldsymbol{\xi}_{n,t}}(\boldsymbol{e}_i,\boldsymbol{e}_i,\boldsymbol{e}_i)$$
$$= \frac{1}{m^2}\lambda_{mn}(t) + \frac{m-1}{m^2}(\mu_{mn,1}(t)+\mu_{mn,2}(t)+\mu_{mn,3}(t)) + \frac{(m-1)(m-2)}{m^2}\nu(t)$$
$$= \frac{1}{m^2}\lambda_{mn}(t) + \frac{n(m-1)}{m}(\varphi_1(t)+\varphi_2(t)+\varphi_3(t)) + \frac{m^2-1}{m^2}\nu(t) \tag{2.168}$$

となる. ここで,

$$3\varphi(t) = \varphi_1(t) + \varphi_2(t) + \varphi_3(t) \tag{2.169}$$

とおくと, (2.156), (2.167), (2.168) より,

$$\frac{\lambda_{mn}(t) - 3mn\varphi(t) - \nu(t)}{(mn)^2} = \frac{\lambda_n(t) - 3n\varphi(t) - \nu(t)}{n^2} \tag{2.170}$$

となるので, (2.170) の右辺は n に依存しない. そこで, この式を $\psi(t)$ と表す. すなわち,

$$\lambda_n(t) = n^2 \psi(t) + 3n\varphi(t) + \nu(t) \tag{2.171}$$

である.

第三段階：例 2.8 のマルコフはめ込み $\Phi_{\bm{m}} : \bar{\Xi}_n \to \bar{\Xi}_m$ を考える.

まず，$i, j, k = 1, 2, \ldots, n$ が互いに異なるとする．このとき，第二段階と同様の計算により，

$$(\Phi_{\bm{m}}^* T_m)_{\left(\frac{m_1}{m}t, \ldots, \frac{m_n}{m}t\right)}(\bm{e}_i, \bm{e}_j, \bm{e}_k) = \nu(t) \tag{2.172}$$

となる．(2.156), (2.172) より，

$$(T_n)_{\left(\frac{m_1}{m}t, \ldots, \frac{m_n}{m}t\right)}(\bm{e}_i, \bm{e}_j, \bm{e}_k) = \nu\left(\sum_{l=1}^n \frac{m_l}{m}t\right) \tag{2.173}$$

である.

次に，$i, j = 1, 2, \ldots, n$, $i \neq j$ とすると，(2.167) より，

$$(\Phi_{\bm{m}}^* T_m)_{\left(\frac{m_1}{m}t, \ldots, \frac{m_n}{m}t\right)}(\bm{e}_i, \bm{e}_i, \bm{e}_j) = \frac{m}{m_i}\varphi_1(t) + \nu(t) \tag{2.174}$$

となる．(2.156), (2.174) より，

$$
\begin{aligned}
&(T_n)_{\left(\frac{m_1}{m}t, \ldots, \frac{m_n}{m}t\right)}(\bm{e}_i, \bm{e}_i, \bm{e}_j) \\
&= \frac{1}{\frac{m_i}{m}t}\left(\sum_{l=1}^n \frac{m_l}{m}t\right)\varphi_1\left(\sum_{l=1}^n \frac{m_l}{m}t\right) + \nu\left(\sum_{l=1}^n \frac{m_l}{m}t\right)
\end{aligned} \tag{2.175}
$$

である．その他の場合についても同様の計算を行うことができる.

さらに，$i = 1, 2, \ldots, n$ とすると，(2.167), (2.171) より，

$$
\begin{aligned}
&(\Phi_{\bm{m}}^* T_m)_{\left(\frac{m_1}{m}t, \ldots, \frac{m_n}{m}t\right)}(\bm{e}_i, \bm{e}_i, \bm{e}_i) \\
&= \frac{1}{m_i^2}\lambda_m(t) + \frac{m_i - 1}{m_i^2}(\mu_{m,1}(t) + \mu_{m,2}(t) + \mu_{m,3}(t)) + \frac{(m_i - 1)(m_i - 2)}{m_i^2}\nu(t) \\
&= \frac{m^2}{m_i^2}\psi(t) + \frac{3m}{m_i}\varphi(t) + \nu(t),
\end{aligned} \tag{2.176}
$$

$$(T_n)_{\left(\frac{m_1}{m}t, \ldots, \frac{m_n}{m}t\right)}(\bm{e}_i, \bm{e}_i, \bm{e}_i) = m_i^3 (T_n)_{\left(\frac{m_1}{m}t, \ldots, \frac{m_n}{m}t\right)}(\bm{e}_i, \bm{e}_i, \bm{e}_i) \tag{2.177}$$

となる. (2.156), (2.176), (2.177) より,

$$(T_n)_{\left(\frac{m_1}{m}t,\ldots,\frac{m_n}{m}t\right)}(e_i,e_i,e_i) = \frac{1}{\left(\frac{m_i}{m}t\right)^2}\left(\sum_{l=1}^{n}\frac{m_l}{m}t\right)^2\psi\left(\sum_{l=1}^{n}\frac{m_l}{m}t\right)$$

$$+\frac{3}{\frac{m_i}{m}t}\left(\sum_{l=1}^{n}\frac{m_l}{m}t\right)\varphi\left(\sum_{l=1}^{n}\frac{m_l}{m}t\right)+\nu\left(\sum_{l=1}^{n}\frac{m_l}{m}t\right) \tag{2.178}$$

である.

上のような Φ_m をすべて考えると, (2.161), (2.173), (2.175) など, (2.178) およ び T_n は C^∞ 級であるとしていることより, 任意の $\xi = (\xi_1,\xi_2,\ldots,\xi_n)\in\Xi_n$ に対して, $i,j,k=1,2,\ldots,n$ とすると,

$$(T_n)_{\xi}(e_i,e_j,e_k) = \frac{\delta_{ij}\delta_{jk}}{\xi_i^2}\left(\sum_{l=1}^{n}\xi_l\right)^2\psi\left(\sum_{l=1}^{n}\xi_l\right)$$

$$+\left(\frac{\delta_{ij}}{\xi_i}\varphi_1\left(\sum_{l=1}^{n}\xi_l\right)+\frac{\delta_{ki}}{\xi_k}\varphi_2\left(\sum_{l=1}^{n}\xi_l\right)+\frac{\delta_{jk}}{\xi_j}\varphi_3\left(\sum_{l=1}^{n}\xi_l\right)\right)\left(\sum_{l=1}^{n}\xi_l\right) \tag{2.179}$$

である.

第四段階: $\xi = (\xi_1,\xi_2,\ldots,\xi_n)\in\Xi_n$,

$$u=(u_1,u_2,\ldots,u_n), v=(v_1,v_2,\ldots,v_n), w=(w_1,w_2,\ldots,w_n)\in\mathbf{R}^n \tag{2.180}$$

とする. このとき, (2.179) より,

$$(T_n)_{\xi}(u,v,w) = \sum_{i,j,k=1}^{n}u_iv_jw_k(T_n)_{\xi}(e_i,e_j,e_k)$$

$$=\sum_{i=1}^{n}\frac{u_iv_iw_i}{\xi_i^2}\left(\sum_{l=1}^{n}\xi_l\right)^2\psi\left(\sum_{l=1}^{n}\xi_l\right)$$

$$+\left\{\left(\sum_{i=1}^{n}\frac{u_iv_i}{\xi_i}\right)\left(\sum_{k=1}^{n}w_k\right)\varphi_1\left(\sum_{l=1}^{n}\xi_l\right)+\left(\sum_{k=1}^{n}\frac{w_ku_k}{\xi_k}\right)\left(\sum_{j=1}^{n}v_j\right)\varphi_2\left(\sum_{l=1}^{n}\xi_l\right)\right.$$

$$+ \left(\sum_{j=1}^{n} \frac{v_j w_j}{\xi_j} \right) \left(\sum_{i=1}^{n} u_i \right) \varphi_3 \left(\sum_{l=1}^{n} \xi_l \right) \Bigg\} \left(\sum_{l=1}^{n} \xi_l \right)$$

$$+ \left(\sum_{i=1}^{n} u_i \right) \left(\sum_{j=1}^{n} v_j \right) \left(\sum_{k=1}^{n} w_k \right) \nu \left(\sum_{l=1}^{n} \xi_l \right) \qquad (2.181)$$

である．よって，(2.94) の第 1 式〜第 n 式それぞれに対応して，(2.181) の $\frac{1}{\xi_1^2}$ 〜$\frac{1}{\xi_n^2}$，$\frac{1}{\xi_1}$〜$\frac{1}{\xi_n}$ が現れる項は 0 となり，(2.94) の最後の式に対応して，(2.181) の最後の式の第 2 項と第 3 項は 0 となる．

第五段階：例 2.9 において $n = 3$ としたときのマルコフはめ込み $\bar{\Phi}_3 : \bar{\Xi}_3 \to \bar{\Xi}_4$ を考える．

(2.84) より，$(\xi, \eta, \zeta) \in \Xi_3$ とすると [*19]，

$$(d\bar{\Phi}_3)_{(\xi,\eta,\zeta)}(\boldsymbol{e}_i) = \boldsymbol{e}_i' - \boldsymbol{e}_4' \quad (i = 1, 2, 3) \qquad (2.182)$$

である．ただし，$\boldsymbol{e}_1$, $\boldsymbol{e}_2$, $\boldsymbol{e}_3$ は $\mathbf{R}^3$ の基本ベクトル，$\boldsymbol{e}_1'$, $\boldsymbol{e}_2'$, $\boldsymbol{e}_3'$, $\boldsymbol{e}_4'$ は $\mathbf{R}^4$ の基本ベクトルである．よって，第四段階で述べたことに注意し，(2.181) を用いると，

$$(\bar{\Phi}_3^* T_4)_{(\xi,\eta,\zeta)}(\boldsymbol{e}_1, \boldsymbol{e}_1, \boldsymbol{e}_1) = C \left\{ \frac{1}{\xi^2} - \frac{1}{(1-t)^2} \right\}, \qquad (2.183)$$

$$(\bar{\Phi}_3^* T_4)_{(\xi,\eta,\zeta)}(\boldsymbol{e}_1, \boldsymbol{e}_1, \boldsymbol{e}_2) = -\frac{C}{(1-t)^2}, \qquad (2.184)$$

$$(\bar{\Phi}_3^* T_4)_{(\xi,\eta,\zeta)}(\boldsymbol{e}_1, \boldsymbol{e}_2, \boldsymbol{e}_3) = -\frac{C}{(1-t)^2} \qquad (2.185)$$

となる．ただし，$C = \psi(1)$，$t = \xi + \eta + \zeta$ である．一方，

$$(T_3)_{(\xi,\eta,\zeta)}(\boldsymbol{e}_1, \boldsymbol{e}_1, \boldsymbol{e}_1) = \frac{t^2}{\xi^2} \psi(t) + \frac{3t}{\xi} \varphi(t) + \nu(t), \qquad (2.186)$$

$$(T_3)_{(\xi,\eta,\zeta)}(\boldsymbol{e}_1, \boldsymbol{e}_1, \boldsymbol{e}_2) = \frac{t}{\xi} \varphi_1(t) + \nu(t), \quad (T_3)_{(\xi,\eta,\zeta)}(\boldsymbol{e}_1, \boldsymbol{e}_2, \boldsymbol{e}_3) = \nu(t) \qquad (2.187)$$

である．その他の場合についても同様に計算すると，(2.156)，(2.169)，(2.183)

[*19] 「ζ」は「ゼータ」と読むギリシャ文字の小文字である．

〜(2.187) などより，

$$\psi(t) = \frac{C}{t^2}, \quad \varphi_1(t) = \varphi_2(t) = \varphi_3(t) = \varphi(t) = 0, \quad \nu(t) = -\frac{C}{(1-t)^2}$$
$$(2.188)$$

である．したがって，(2.157) が得られる．

　逆に，(2.157) のように表される T_n を考える．このとき，第五段階の計算と同様に，$n = 2$ または $n \geq 4$ としたときのマルコフはめ込み $\bar{\Phi}_n : \Xi_n \to \Xi_{n+1}$ は (2.156) の条件をみたす． □

✎ 注意 2.5　(2.122) と同様に，

$$(T_n)_{ijk}(\boldsymbol{\xi}) = \sum_{l=0}^{n} \left(\frac{\partial}{\partial \xi_i} \log p(l;\boldsymbol{\xi}) \right) \left(\frac{\partial}{\partial \xi_j} \log p(l;\boldsymbol{\xi}) \right) \left(\frac{\partial}{\partial \xi_k} \log p(l;\boldsymbol{\xi}) \right) p(l;\boldsymbol{\xi})$$
$$(2.189)$$

がなりたつことがわかる．$s \geq 4$ のときの $(0,s)$ 型テンソル場については，定理 2.1，定理 2.3 のような事実はなりたたない．実際，例えば，(2.122) や (2.189) のように，$i, j, k, l = 1, 2, \ldots, n$ に対して，

$$(T_n)_{ijkl}(\boldsymbol{\xi}) = \sum_{m=0}^{n} \left(\frac{\partial}{\partial \xi_i} \log p(m;\boldsymbol{\xi}) \right) \left(\frac{\partial}{\partial \xi_j} \log p(m;\boldsymbol{\xi}) \right) \left(\frac{\partial}{\partial \xi_k} \log p(m;\boldsymbol{\xi}) \right)$$
$$\times \left(\frac{\partial}{\partial \xi_l} \log p(m;\boldsymbol{\xi}) \right) p(m;\boldsymbol{\xi}) \quad (2.190)$$

とおくと，T_n はマルコフはめ込みによって不変な Ξ_n 上の $(0,4)$ 型テンソル場を定めるが，一方，フィッシャー計量 g_n を用いて，

$$(T'_n)_{ijkl}(\boldsymbol{\xi}) = (g_n)_{ij}(\boldsymbol{\xi})(g_n)_{kl}(\boldsymbol{\xi}) + (g_n)_{ik}(\boldsymbol{\xi})(g_n)_{jl}(\boldsymbol{\xi}) + (g_n)_{il}(\boldsymbol{\xi})(g_n)_{jk}(\boldsymbol{\xi})$$
$$(2.191)$$

とおいても，T'_n は同様のテンソル場を定めるからである． ∎

α-接続

3.1 測地線

第3章では，接続の微分幾何学に関する準備について述べ，統計的モデルのもつ構造をさらに調べていこう．まず，ユークリッド空間内の線分が異なる2点を結ぶ最短線であることに注目すると，リーマン計量のあたえられたユークリッド空間の開集合に対して，測地線という特別な曲線を考えることができる．§3.1 では，測地線について述べよう．

D を $\mathbf{R}^n$ の空でない開集合，$\gamma : [a, b] \to D$ を D 内の曲線とする．任意の $t \in [a, b]$ に対して，$\gamma'(t) \neq \mathbf{0}$ となるとき，γ は正則 (regular) であるという．曲線 γ を時刻 t とともに D 内を動く質点と思うと，$\gamma'(t) = \mathbf{0}$ となる点 $\gamma(t)$ においては，動いていた点はいったん立ち止まり，さらに時刻が進むとすでに動いてきたところを逆戻りする可能性がある．直観的には，正則な曲線とはこのような状況が起こらない曲線である．以下では，曲線は正則であると仮定する．

さらに，g を D のリーマン計量とする．また，$t_0 \in [a, b]$ を固定しておき，

$$L(t) = \int_{t_0}^{t} \sqrt{g(\gamma'(t), \gamma'(t))} \, dt \quad (t \in [a, b]) \tag{3.1}$$

とおく．このとき，$L(t)$ は関数 $L : [a, b] \to \mathbf{R}$ を定める．$L(t)$ を γ の t_0 から t

までの**長さ**という *1. γ は正則であるとしていることに注意すると，内積の正値性より，任意の $t \in [a,b]$ に対して，

$$L'(t) = \sqrt{g(\gamma'(t), \gamma'(t))} > 0 \tag{3.2}$$

であるので，L は連続な単調増加関数となる．よって，L は $[a,b]$ から $[L(a), L(b)]$ への全単射を定め，この関数も L と表すと，$L : [a,b] \to [L(a), L(b)]$ の逆関数 $L^{-1} : [L(a), L(b)] \to [a,b]$ が得られる．

ここで，L^{-1} と γ の合成により得られる D 内の曲線 $\gamma \circ L^{-1}$ を $\tilde{\gamma}$ とおく．γ と $\tilde{\gamma}$ は写像としては異なるが，像は同じである．このとき，合成関数の微分法，逆関数の微分法および (3.2) より，任意の $s \in [L(a), L(b)]$ に対して，$t = L^{-1}(s)$ とおくと，

$$\tilde{\gamma}'(s) = \gamma'(t)(L^{-1})'(s) = \gamma'(t)\frac{1}{L'(t)} = \frac{1}{\sqrt{g(\gamma'(t), \gamma'(t))}}\gamma'(t) \neq \mathbf{0} \tag{3.3}$$

である．したがって，$\tilde{\gamma}$ は正則であり，

$$g(\tilde{\gamma}'(s), \tilde{\gamma}'(s)) = g\left(\frac{1}{\sqrt{g(\gamma'(t), \gamma'(t))}}\gamma'(t), \frac{1}{\sqrt{g(\gamma'(t), \gamma'(t))}}\gamma'(t)\right) = 1 \tag{3.4}$$

である．とくに，$s_0 \in [L(a), L(b)]$ を固定しておき，$s \in [L(a), L(b)]$ とすると，$\tilde{\gamma}$ の s_0 から s までの長さは

$$\int_{s_0}^{s} \sqrt{g(\tilde{\gamma}'(s), \tilde{\gamma}'(s))}\, ds = \int_{s_0}^{s} ds = s - s_0 \tag{3.5}$$

である．このことから次のように定める．

定義 3.1　D を $\mathbf{R}^n$ の空でない開集合，g を D のリーマン計量，$\gamma : [a,b] \to D$ を D 内の曲線とする．任意の $t \in I$ に対して，

$$g(\gamma'(t), \gamma'(t)) = 1 \tag{3.6}$$

となるとき，γ は**弧長により径数付けられている** (parametrized by arc length)

---

*1 $t_0 = a$ のとき，$L(b)$ は γ の長さ (2.11) である．また，長さという言葉を使うが，$t < t_0$ のときは，$L(t) < 0$ である．

という．このとき，パラメータ t を**弧長径数** (arc length parameter) という．

□

注意 3.1 上の計算において，合成関数の微分法と置換積分法より，(3.5) は γ の $L^{-1}(s_0)$ から $L^{-1}(s)$ までの長さに等しい．また，正則な曲線に対して，像や長さといった変数変換に依存しない概念を考える際には，曲線は始めから (3.6) をみたすとしてよい．さらに，$c > 0$ に対して，パラメータを c 倍する変数変換と $\tilde{\gamma}$ の合成を考えると，曲線は始めから

$$g(\gamma'(t), \gamma'(t)) = c^2 \quad (t \in [a, b]) \tag{3.7}$$

をみたすとしてもよい． ∎

上の γ が $\gamma(a)$ と $\gamma(b)$ を結ぶ最短線であると仮定してみよう．そして，γ を端点を固定したまま変形することを考える．この変形を γ の**変分** (variation) という（図 3.1）．γ の変分は $\varepsilon > 0$ に対して，次の (1), (2) をみたす写像 $\alpha : [a, b] \times (-\varepsilon, \varepsilon) \to D$ を用いて表すことができる．ただし，簡単のため，α は C^∞ 級であるとする．

(1) 任意の $t \in [a, b]$ に対して，$\alpha(t, 0) = \gamma(t)$ である．

(2) 任意の $s \in (-\varepsilon, \varepsilon)$ に対して，$\alpha(a, s) = \gamma(a)$, $\alpha(b, s) = \gamma(b)$ である．

$s \in (-\varepsilon, \varepsilon)$ に対して，

$$\gamma_s(t) = \alpha(t, s) \quad (t \in [a, b]) \tag{3.8}$$

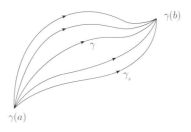

図 3.1 γ の変分

とおくと，γ_s は D 内の曲線 $\gamma_s : [a, b] \to D$ を定め，γ を変形した曲線を表す．このとき，γ_s の長さ $L(\gamma_s)$ は $(-\varepsilon, \varepsilon)$ で定義された実数値関数を定める．さらに，γ が最短線であるという仮定より，この関数は $s = 0$ のとき最小値をとる．よって，微分積分で学ぶように，

$$\frac{d}{ds}\bigg|_{s=0} L(\gamma_s) = 0 \tag{3.9}$$

がなりたつ．

　そこで，γ が最短線であるという仮定ははずして，γ が最短線となるための必要条件である (3.9) について調べよう．まず，注意 3.1 より，$c > 0$ に対して，(3.7) がなりたつとしてよい *2．また，$\boldsymbol{e}_1$, $\boldsymbol{e}_2$, ..., $\boldsymbol{e}_n$ を $\mathbf{R}^n$ の基本ベクトルとし，$\boldsymbol{p} \in D$ に対して，

$$g_{ij}(\boldsymbol{p}) = g_{\boldsymbol{p}}(\boldsymbol{e}_i, \boldsymbol{e}_j) \quad (i, j = 1, 2, \ldots, n) \tag{3.10}$$

とおく．さらに，α, γ_s を成分を用いて，

$$\alpha(t, s) = (\alpha_1(t, s), \ldots, \alpha_n(t, s)), \quad \gamma_s(t) = (\gamma_{s,1}(t), \ldots, \gamma_{s,n}(t))$$
$$(t \in [a, b], \ s \in (-\varepsilon, \varepsilon)) \tag{3.11}$$

と表しておく．このとき，(3.8)，(3.10)，(3.11) より，

$$\frac{d}{ds} L(\gamma_s) = \frac{d}{ds} \int_a^b \sqrt{\sum_{i,j=1}^n (g_{ij} \circ \gamma_s) \frac{d\gamma_{s,i}}{dt} \frac{d\gamma_{s,j}}{dt}}\, dt$$

$$= \int_a^b \frac{\partial}{\partial s} \sqrt{\sum_{i,j=1}^n (g_{ij} \circ \alpha) \frac{\partial \alpha_i}{\partial t} \frac{\partial \alpha_j}{\partial t}}\, dt$$

$$= \int_a^b \frac{1}{2} \frac{1}{\sqrt{\displaystyle\sum_{i,j=1}^n (g_{ij} \circ \alpha) \frac{\partial \alpha_i}{\partial t} \frac{\partial \alpha_j}{\partial t}}} \sum_{i,j=1}^n \frac{\partial}{\partial s} \left((g_{ij} \circ \alpha) \frac{\partial \alpha_i}{\partial t} \frac{\partial \alpha_j}{\partial t} \right) dt \tag{3.12}$$

---

*2 曲線 γ_s のパラメータも γ と同じ t を用いているが，$s \neq 0$ のときの γ_s については，(3.7) と同様の式がなりたつとは限らない．

である．ここで，積の微分法および合成関数の微分法より，

$$\frac{\partial}{\partial s}\left((g_{ij}\circ\alpha)\frac{\partial\alpha_i}{\partial t}\frac{\partial\alpha_j}{\partial t}\right) = \sum_{k=1}^{n}\left(\frac{\partial g_{ij}}{\partial x_k}\circ\alpha\right)\frac{\partial\alpha_k}{\partial s}\frac{\partial\alpha_i}{\partial t}\frac{\partial\alpha_j}{\partial t}$$
$$+ (g_{ij}\circ\alpha)\frac{\partial^2\alpha_i}{\partial s\partial t}\frac{\partial\alpha_j}{\partial t} + (g_{ij}\circ\alpha)\frac{\partial\alpha_i}{\partial t}\frac{\partial^2\alpha_j}{\partial s\partial t} \quad (3.13)$$

である．また，γ を成分を用いて，

$$\gamma(t) = (\gamma_1(t), \gamma_2(t), \ldots, \gamma_n(t)) \quad (t\in[a,b]) \tag{3.14}$$

と表しておく．上の写像 α の条件 (2) より，

$$\left.\frac{\partial\alpha(a,\cdot)}{\partial s}\right|_{s=0} = \left.\frac{\partial\alpha(b,\cdot)}{\partial s}\right|_{s=0} = \mathbf{0} \tag{3.15}$$

となるので，さらに，(1) および (3.7)，(3.12)，(3.13)，部分積分法より，

$$\left.\frac{d}{ds}\right|_{s=0}L(\gamma_s) = \frac{1}{c}\int_a^b\frac{1}{2}\sum_{i,j=1}^{n}\left(\sum_{k=1}^{n}\left(\frac{\partial g_{ij}}{\partial x_k}\circ\gamma\right)\left.\frac{\partial\alpha_k}{\partial s}\right|_{s=0}\frac{d\gamma_i}{dt}\frac{d\gamma_j}{dt}\right.$$
$$-\sum_{k=1}^{n}\left(\frac{\partial g_{ij}}{\partial x_k}\circ\gamma\right)\frac{d\gamma_k}{dt}\left.\frac{\partial\alpha_i}{\partial s}\right|_{s=0}\frac{d\gamma_j}{dt} - (g_{ij}\circ\gamma)\left.\frac{\partial\alpha_i}{\partial s}\right|_{s=0}\frac{d^2\gamma_j}{dt^2}$$
$$\left.-\sum_{k=1}^{n}\left(\frac{\partial g_{ij}}{\partial x_k}\circ\gamma\right)\frac{d\gamma_k}{dt}\frac{d\gamma_i}{dt}\left.\frac{\partial\alpha_j}{\partial s}\right|_{s=0} - (g_{ij}\circ\gamma)\frac{d^2\gamma_i}{dt^2}\left.\frac{\partial\alpha_j}{\partial s}\right|_{s=0}\right)dt$$
$$= -\frac{1}{c}\int_a^b\sum_{k,m=1}^{n}\left[(g_{km}\circ\gamma)\frac{d^2\gamma_k}{dt^2} + \frac{1}{2}\sum_{i,j=1}^{n}\left\{\left(\frac{\partial g_{mj}}{\partial x_i}+\frac{\partial g_{im}}{\partial x_j}\right.\right.\right.$$
$$\left.\left.-\frac{\partial g_{ij}}{\partial x_m}\right)\circ\gamma\right\}\frac{d\gamma_i}{dt}\frac{d\gamma_j}{dt}\right]\left.\frac{\partial\alpha_m}{\partial s}\right|_{s=0}dt$$
$$= -\frac{1}{c}\int_a^b\sum_{k,m=1}^{n}\left[\frac{d^2\gamma_k}{dt^2} + \frac{1}{2}\sum_{i,j,l=1}^{n}(g^{lk}\circ\gamma)\left\{\left(\frac{\partial g_{lj}}{\partial x_i}+\frac{\partial g_{il}}{\partial x_j}\right.\right.\right.$$
$$\left.\left.-\frac{\partial g_{ij}}{\partial x_l}\right)\circ\gamma\right\}\frac{d\gamma_i}{dt}\frac{d\gamma_j}{dt}\right]\left.\frac{\partial\alpha_m}{\partial s}\right|_{s=0}(g_{km}\circ\gamma)\,dt \tag{3.16}$$

である．ただし，$((g_{ij})(\mathbf{p}))_{n\times n}$ が正定値実対称行列であることに注意し，$((g_{ij})(\mathbf{p}))_{n\times n}$ の逆行列を $((g^{ij})(\mathbf{p}))_{n\times n}$ とおいた．

(3.16) の最後の式を簡単に表すために,

$$\Gamma_{ij}^k = \frac{1}{2} \sum_{l=1}^n g^{lk} \left(\frac{\partial g_{lj}}{\partial x_i} + \frac{\partial g_{il}}{\partial x_j} - \frac{\partial g_{ij}}{\partial x_l} \right) \quad (i, j, k = 1, 2, \ldots, n), \quad (3.17)$$

$$\nabla_{\frac{d}{dt}}^\gamma \frac{d\gamma}{dt} = \sum_{k=1}^n \left(\frac{d^2\gamma_k}{dt^2} + \sum_{i,j=1}^n (\Gamma_{ij}^k \circ \gamma) \frac{d\gamma_i}{dt} \frac{d\gamma_j}{dt} \right) \boldsymbol{e}_k \quad (3.18)$$

とおくと [*3],

$$\left. \frac{d}{ds} \right|_{s=0} L(\gamma_s) = -\frac{1}{c} \int_a^b g \left(\nabla_{\frac{d}{dt}}^\gamma \frac{d\gamma}{dt}, \left. \frac{\partial \alpha}{\partial s} \right|_{s=0} \right) dt \quad (3.19)$$

となる. Γ_{ij}^k を**クリストッフェルの記号** (Christoffel symbol) という. そこで, 次のように定める.

定義 3.2　γ に対する 2 階常微分方程式

$$\nabla_{\frac{d}{dt}}^\gamma \frac{d\gamma}{dt} = \boldsymbol{0} \quad (3.20)$$

を**測地線の方程式** (geodesic equation) という. (3.20) をみたす γ を**測地線** (geodesic) という.　　　　　□

⚠ 注意 3.2　定義 3.2 において, 測地線を考える際には, γ の定義域は有界閉区間である必要はなく, 一般の区間でよい.　　　　　■

　上の計算では (3.7) を仮定したが, 実は次がなりたつ.

命題 3.1　γ が測地線ならば, $g(\gamma', \gamma')$ は定数関数である.　　　　　□

【証明】　(3.17), (3.18), (3.20) より,

$$\frac{d}{dt} g(\gamma', \gamma') = \frac{d}{dt} \sum_{i,j=1}^n (g_{ij} \circ \gamma) \frac{d\gamma_i}{dt} \frac{d\gamma_j}{dt}$$

[*3] 「∇」は「ナブラ」と読む.

$$
\begin{aligned}
&= \sum_{i,j,k=1}^{n} \left(\frac{\partial g_{ij}}{\partial x_k} \circ \gamma \right) \frac{d\gamma_k}{dt} \frac{d\gamma_i}{dt} \frac{d\gamma_j}{dt} + 2 \sum_{k,l=1}^{n} (g_{kl} \circ \gamma) \frac{d^2\gamma_k}{dt^2} \frac{d\gamma_l}{dt} \\
&= \sum_{i,j,k=1}^{n} \left(\frac{\partial g_{ij}}{\partial x_k} \circ \gamma \right) \frac{d\gamma_i}{dt} \frac{d\gamma_j}{dt} \frac{d\gamma_k}{dt} \\
&\quad + 2 \sum_{i,j,k,l=1}^{n} (g_{kl} \circ \gamma) \left\{ -(\Gamma_{ij}^k \circ \gamma) \frac{d\gamma_i}{dt} \frac{d\gamma_j}{dt} \right\} \frac{d\gamma_l}{dt} \\
&= \sum_{i,j,k=1}^{n} \left(\frac{\partial g_{ij}}{\partial x_k} \circ \gamma \right) \frac{d\gamma_i}{dt} \frac{d\gamma_j}{dt} \frac{d\gamma_k}{dt} - \sum_{i,j,k,l,m=1}^{n} (g_{kl} \circ \gamma)(g^{mk} \circ \gamma) \\
&\quad \times \left\{ \left(\frac{\partial g_{mj}}{\partial x_i} + \frac{\partial g_{im}}{\partial x_j} - \frac{\partial g_{ij}}{\partial x_m} \right) \circ \gamma \right\} \frac{d\gamma_i}{dt} \frac{d\gamma_j}{dt} \frac{d\gamma_l}{dt} \\
&= \sum_{i,j,k=1}^{n} \left\{ \left(\frac{\partial g_{ij}}{\partial x_k} - \frac{\partial g_{kj}}{\partial x_i} - \frac{\partial g_{ik}}{\partial x_j} + \frac{\partial g_{ij}}{\partial x_k} \right) \circ \gamma \right\} \frac{d\gamma_i}{dt} \frac{d\gamma_j}{dt} \frac{d\gamma_k}{dt} = 0 \quad (3.21)
\end{aligned}
$$

となる. よって, $g(\gamma', \gamma')$ は定数関数である. □

▶ **例 3.1** g を $\mathbf{R}^n$ のユークリッド計量とする (例 2.1). このとき, $\boldsymbol{p} \in \mathbf{R}^n$ とすると,

$$
g_{ij}(\boldsymbol{p}) = \delta_{ij} \quad (i, j = 1, 2, \ldots, n) \tag{3.22}
$$

である. よって, (3.17) より, クリストッフェルの記号はすべて 0 であり, (3.18) より, 測地線の方程式は

$$
\frac{d^2\gamma_k}{dt^2} = 0 \quad (k = 1, 2, \ldots, n) \tag{3.23}
$$

となる. したがって, γ は

$$
\gamma(t) = at + b \tag{3.24}
$$

と表される. ただし, γ は正則であるとしているので, $a, b \in \mathbf{R}$, $a \neq 0$ である. すなわち, ユークリッド計量を考えると, $\mathbf{R}^n$ の測地線は直線またはその一部である. ◀

▶ **例 3.2** (D, g) をポアンカレ上半平面とする (例 2.2). このとき, $(x, y) \in D$ において,

$$g_{11} = g_{22} = \frac{1}{y^2}, \quad g_{12} = g_{21} = 0, \quad g^{11} = g^{22} = y^2, \quad g^{12} = g^{21} = 0 \tag{3.25}$$

である. よって, (3.17) より,

$$\Gamma^1_{12} = \Gamma^1_{21} = \Gamma^2_{22} = -\frac{1}{y}, \quad \Gamma^2_{11} = \frac{1}{y}, \quad \Gamma^1_{11} = \Gamma^1_{22} = \Gamma^2_{12} = \Gamma^2_{21} = 0 \tag{3.26}$$

となる. したがって, 測地線の方程式は $\gamma(t) = (x(t), y(t))$ と表しておくと,

$$x'' - \frac{2}{y}x'y' = 0, \quad y'' + \frac{1}{y}\left\{(x')^2 - (y')^2\right\} = 0 \tag{3.27}$$

となる. ただし, 「$'$ (プライム)」は t に関する微分を表す. (3.27) 第 1 式より, ある $C \in \mathbf{R}$ が存在し,

$$x' = Cy^2 \tag{3.28}$$

となる. 以下, 命題 3.1 に注意し,

$$\frac{(x')^2 + (y')^2}{y^2} = 1 \tag{3.29}$$

となる測地線 γ を考えよう. まず, $C = 0$ のとき, (3.27) 第 2 式, (3.28), (3.29) より,

$$(x(t), y(t)) = (a, e^{\pm t + b}) \tag{3.30}$$

となる. ただし, $a, b \in \mathbf{R}$ である. すなわち, γ は y 軸に平行な直線 $x = a$ の一部である. 次に, $C \neq 0$ のとき, (3.28), (3.29) より, $-1 < \frac{y'}{y} < 1$ となることに注意し, 双曲線正接関数 [*4] を用いて, 変数変換

$$\frac{y'}{y} = -\tanh z \tag{3.31}$$

を考える. また, (3.27) 第 2 式は

$$\left(\frac{y'}{y}\right)' + 1 - \left(\frac{y'}{y}\right)^2 = 0 \tag{3.32}$$

[*4] $\cosh t = \frac{e^t + e^{-t}}{2}$, $\sinh t = \frac{e^t - e^{-t}}{2}$, $\tanh t = \frac{\sinh t}{\cosh t}$ $(t \in \mathbf{R})$ により定められる関数 $\cosh t$, $\sinh t$, $\tanh t$ をそれぞれ双曲線余弦関数, 双曲線正弦関数, 双曲線正接関数という.

となる．このとき，$z' = 1$ となり，さらに計算すると，

$$(x(t), y(t)) = \left(\pm c_1 \tanh(t + c_2) + c_3, \frac{c_1}{\cosh(t + c_2)} \right) \tag{3.33}$$

が得られる．ただし，$c_1 > 0$, $c_2, c_3 \in \mathbf{R}$ である．ここで，

$$(x(t) - c_3)^2 + (y(t))^2 = c_1^2 \tanh^2(t + c_2) + \frac{c_1^2}{\cosh^2(t + c_2)}$$

$$= c_1^2 \frac{\sinh^2(t + c_2) + \cosh^2(t + c_2) - \sinh^2(t + c_2)}{\cosh^2(t + c_2)} = c_1^2 \tag{3.34}$$

なので，γ は x 軸上の点 $(c_3, 0)$ を中心，c_1 を半径とする円の一部を表す． ◀

3.2 ベクトル場

ユークリッド空間の開集合の各点に対して，その点における接空間の元である接ベクトル（§2.2）を対応させることにより，ベクトル場というものを考えることができる．

定義 3.3 D を $\mathbf{R}^n$ の空でない開集合とする．各 $\boldsymbol{p} \in D$ に対して，$X_{\boldsymbol{p}} \in T_{\boldsymbol{p}}D = \mathbf{R}^n$ があたえられているとき，この対応を X と表し，D 上のベクトル場 (vector field) という（図 3.2）． □

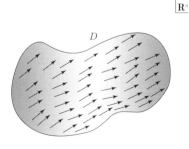

図 3.2 ベクトル場

D を $\mathbf{R}^n$ の空でない開集合, X を D 上のベクトル場とする. $\boldsymbol{p} \in D$ に対して, $X_{\boldsymbol{p}}$ を成分を用いて,

$$X_{\boldsymbol{p}} = (\xi_1(\boldsymbol{p}), \xi_2(\boldsymbol{p}), \ldots, \xi_n(\boldsymbol{p})) \tag{3.35}$$

と表しておく. このとき, $\xi_1(\boldsymbol{p})$, $\xi_2(\boldsymbol{p})$, ..., $\xi_n(\boldsymbol{p})$ は D で定義された実数値関数 ξ_1, ξ_2, ..., ξ_n を定め, X は

$$X = (\xi_1, \xi_2, \ldots, \xi_n) \tag{3.36}$$

と表される. ξ_1, ξ_2, ..., ξ_n が C^∞ 級であるとき, X は **C^∞ 級**であるという. D 上の C^∞ 級ベクトル場全体の集合を $\mathfrak{X}(D)$ と表す [*5].

接空間はベクトル空間であることに注意しよう. まず, 各 $\boldsymbol{p} \in D$ に対して, $T_{\boldsymbol{p}}D$ の零ベクトルを対応させるベクトル場は C^∞ 級である. このベクトル場を $\mathbf{0}$ と表す. 次に, $X \in \mathfrak{X}(D)$ とし, 各 $\boldsymbol{p} \in D$ に対して, $X_{\boldsymbol{p}}$ の逆ベクトル $-X_{\boldsymbol{p}}$ を対応させるベクトル場は C^∞ 級である. このベクトル場を $-X$ と表す. また, $X, Y \in \mathfrak{X}(D)$ に対して, X と Y の和 $X + Y \in \mathfrak{X}(D)$ を

$$(X + Y)_{\boldsymbol{p}} = X_{\boldsymbol{p}} + Y_{\boldsymbol{p}} \quad (\boldsymbol{p} \in D) \tag{3.37}$$

により定めることができる. さらに, D で定義された C^∞ 級関数全体の集合を $C^\infty(D)$ と表す. このとき, $X \in \mathfrak{X}(D)$, $f \in C^\infty(D)$ に対して, X の f 倍 $fX \in \mathfrak{X}(D)$ を

$$(fX)_{\boldsymbol{p}} = f(\boldsymbol{p})X_{\boldsymbol{p}} \quad (\boldsymbol{p} \in D) \tag{3.38}$$

により定めることができる. これらの定義より, 次がなりたつ.

| 命題 3.2 | D を $\mathbf{R}^n$ の空でない開集合とし, $X, Y, Z \in \mathfrak{X}(D)$, $f, g \in C^\infty(D)$ とする. このとき, 次の (1)〜(7) がなりたつ [*6].

(1) $X + Y = Y + X$. (**和の交換律**：commutative law of addition)

(2) $(X + Y) + Z = X + (Y + Z)$. (**和の結合律**：associative law of addition)

[*5] 「$\mathfrak{X}$」はラテン文字「X」に対応するドイツ文字である.

[*6] これらの条件をみたすことを $\mathfrak{X}(D)$ は $C^\infty(D)$ 加群であるという.

(3) $X + \mathbf{0} = X$.

(4) $X + (-X) = \mathbf{0}$.

(5) $(fg)X = f(gX)$. （**関数倍の結合律**：associative law of multiplication of a function）

(6) $(f+g)X = fX + gX$, $f(X+Y) = fX + fY$. （**分配律**：distributive law）

(7) $1X = X$. ただし，1は常に1の値をとる定数関数を表す. ☐

ここまで述べてきたように，接ベクトルやベクトル場はそれぞれユークリッド空間の元やユークリッド空間への写像とみなすことができる．しかし，以下に述べるように，これらは「微分」とみなすこともできる．

まず，D を $\mathbf{R}^n$ の空でない開集合とし，$\boldsymbol{p} \in D$ とする．また，I を有界開区間とし，$t_0 \in I$ とする．さらに，$\gamma : I \to D$ を $t = t_0$ において $\boldsymbol{p}$ を通る D 内の曲線とする．このとき，γ の $t = t_0$ における接ベクトル $\gamma'(t_0) \in T_{\boldsymbol{p}}D = \mathbf{R}^n$ が得られるのであった（§2.2）．ここで，U を $\gamma(I) \subset U \subset D$ となる $\mathbf{R}^n$ の開集合とし，$f \in C^\infty(U)$ とする．このとき，$\boldsymbol{v}_\gamma(f) \in \mathbf{R}$ を

$$\boldsymbol{v}_\gamma(f) = \left.\frac{d}{dt}\right|_{t=t_0} (f \circ \gamma) \tag{3.39}$$

により定めることができる（図3.3）．f から $\boldsymbol{v}_\gamma(f)$ への対応を γ に沿う $t = t_0$ における**方向微分** (directional differential) という．また，$\boldsymbol{v}_\gamma(f)$ を f の $t = t_0$

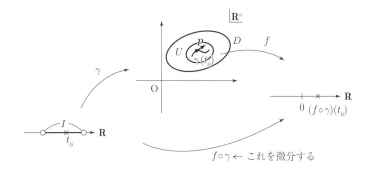

図 3.3 方向微分

における γ 方向の**微分係数** (differential coefficient) という.

　微分の線形性 [*7] と積の微分法より，次がなりたつ.

定理 3.1　　D を $\mathbf{R}^n$ の空でない開集合とし，$\boldsymbol{p} \in D$ とする. また，I を有界開区間とし，$t_0 \in I$ とする. さらに，$\gamma : I \to D$ を $t = t_0$ において $\boldsymbol{p}$ を通る D 内の曲線，U を $\gamma(I) \subset U \subset D$ となる $\mathbf{R}^n$ の開集合とし，$a, b \in \mathbf{R}$，$f, g \in C^\infty(U)$ とする. このとき，次の (1)，(2) がなりたつ.

(1) $\boldsymbol{v}_\gamma(af + bg) = a\boldsymbol{v}_\gamma(f) + b\boldsymbol{v}_\gamma(g)$.
(2) $\boldsymbol{v}_\gamma(fg) = \boldsymbol{v}_\gamma(f)g(\boldsymbol{p}) + f(\boldsymbol{p})\boldsymbol{v}_\gamma(g)$.　　　　　　　□

γ を成分を用いて

$$\gamma(t) = (\gamma_1(t), \gamma_2(t), \ldots, \gamma_n(t)) \quad (t \in I) \tag{3.40}$$

と表しておくと，合成関数の微分法より，(3.39) は

$$\boldsymbol{v}_\gamma(f) = \sum_{i=1}^{n} \frac{\partial f}{\partial x_i}(\boldsymbol{p})\gamma_i'(t_0) \tag{3.41}$$

となる. そこで，上で定めた γ に沿う $t = t_0$ における方向微分を

$$\boldsymbol{v}_\gamma = \sum_{i=1}^{n} \gamma_i'(t_0) \left(\frac{\partial}{\partial x_i} \right)_{\boldsymbol{p}} \tag{3.42}$$

と表す. そして，接ベクトル

$$\gamma'(t_0) = (\gamma_1'(t_0), \gamma_2'(t_0), \ldots, \gamma_n'(t_0)) \tag{3.43}$$

を $\boldsymbol{v}_\gamma$ とみなす. このとき，$\boldsymbol{p}$ における接空間は

$$T_{\boldsymbol{p}}D = \left\{ \sum_{i=1}^{n} a_i \left(\frac{\partial}{\partial x_i} \right)_{\boldsymbol{p}} \,\middle|\, a_1, a_2, \ldots, a_n \in \mathbf{R} \right\} \tag{3.44}$$

[*7] 厳密にはベクトル空間をきちんと設定する必要があるが，関数の微分は $(f + g)' = f' + g'$，$(cf)' = cf'$（c は定数）がなりたつことより，線形写像とみなすことができる. これが微分の線形性である.

と表される. さらに, D 上の C^∞ 級ベクトル場全体の集合は

$$\mathfrak{X}(D) = \left\{ \sum_{i=1}^{n} \xi_i \frac{\partial}{\partial x_i} \;\middle|\; \xi_1, \xi_2, \ldots, \xi_n \in C^\infty(D) \right\} \qquad (3.45)$$

と表される.

　ベクトル場のなす集合を (3.45) のように表しておくと, ベクトル場で関数を微分したり, 2 つのベクトル場から新たなベクトル場を定めたりすることができるようになる. まず, $X \in \mathfrak{X}(D)$, $f \in C^\infty(D)$ とする. このとき, (3.41) より, $Xf \in C^\infty(D)$ を

$$(Xf)(\boldsymbol{p}) = X_{\boldsymbol{p}}(f) \quad (\boldsymbol{p} \in D) \qquad (3.46)$$

により定めることができる. Xf を X による f の微分 (derivative) という. 定理 3.1 より, ベクトル場による関数の微分について, 次がなりたつ.

定理 3.2　　D を $\mathbf{R}^n$ の空でない開集合とし, $X \in \mathfrak{X}(D)$, $a, b \in \mathbf{R}$, $f, g \in C^\infty(D)$ とする. このとき, 次の (1), (2) がなりたつ.

(1) $X(af + bg) = aXf + bXg$.
(2) $X(fg) = (Xf)g + f(Xg)$. 　　　　　　　　　　　　　　　　□

　次に, $X, Y \in \mathfrak{X}(D)$, $f \in C^\infty(D)$ とする. このとき, 関数 $X(Yf) - Y(Xf)$ がどのように表されるのかを計算してみよう. まず, X, Y を

$$X = \sum_{i=1}^{n} \xi_i \frac{\partial}{\partial x_i}, \quad Y = \sum_{j=1}^{n} \eta_j \frac{\partial}{\partial x_j}$$

$$(\xi_1, \xi_2, \ldots, \xi_n, \eta_1, \eta_2, \ldots, \eta_n \in C^\infty(D)) \quad (3.47)$$

と表しておく. このとき, 定理 3.2[*8] より,

$$X(Yf) = X \left(\sum_{j=1}^{n} \eta_j \frac{\partial f}{\partial x_j} \right) = \sum_{j=1}^{n} X \left(\eta_j \frac{\partial f}{\partial x_j} \right)$$

[*8] 定理 3.2 を引用しているが, 関数を普通に微分しているに過ぎない.

$$= \sum_{j=1}^{n} \sum_{i=1}^{n} \xi_i \frac{\partial}{\partial x_i} \left(\eta_j \frac{\partial f}{\partial x_j} \right)$$

$$= \sum_{i,j=1}^{n} \left(\xi_i \frac{\partial \eta_j}{\partial x_i} \frac{\partial f}{\partial x_j} + \xi_i \eta_j \frac{\partial^2 f}{\partial x_i \partial x_j} \right)$$

$$= \sum_{i,j=1}^{n} \left(\xi_j \frac{\partial \eta_i}{\partial x_j} \frac{\partial f}{\partial x_i} + \xi_i \eta_j \frac{\partial^2 f}{\partial x_i \partial x_j} \right) \tag{3.48}$$

である. 同様に,

$$Y(Xf) = \sum_{i,j=1}^{n} \left(\eta_j \frac{\partial \xi_i}{\partial x_j} \frac{\partial f}{\partial x_i} + \xi_i \eta_j \frac{\partial^2 f}{\partial x_i \partial x_j} \right) \tag{3.49}$$

である. (3.48), (3.49) より,

$$X(Yf) - Y(Xf) = \sum_{i=1}^{n} \sum_{j=1}^{n} \left(\xi_j \frac{\partial \eta_i}{\partial x_j} - \eta_j \frac{\partial \xi_i}{\partial x_j} \right) \frac{\partial f}{\partial x_i} \tag{3.50}$$

である. ここで,

$$[X, Y]f = (XY - YX)f = X(Yf) - Y(Xf) \tag{3.51}$$

と表すと, (3.50) より, $[X, Y] \in \mathfrak{X}(D)$ とみなすことができる. すなわち,

$$[X, Y] = \sum_{i=1}^{n} \sum_{j=1}^{n} \left(\xi_j \frac{\partial \eta_i}{\partial x_j} - \eta_j \frac{\partial \xi_i}{\partial x_j} \right) \frac{\partial}{\partial x_i} \tag{3.52}$$

である. $[X, Y]$ を X と Y の**括弧積** (bracket) または**交換子積** (commutator) という. 括弧積に関して, 次がなりたつ.

定理 3.3　D を $\mathbf{R}^n$ の空でない開集合とし, $X, Y, Z \in \mathfrak{X}(D)$, $f, g \in C^{\infty}(D)$ とする. このとき, 次の (1)〜(4) がなりたつ.

(1) $[X + Y, Z] = [X, Z] + [Y, Z]$, $[X, Y + Z] = [X, Y] + [X, Z]$.

(2) $[X, Y] = -[Y, X]$.（**交代性**：alternativity）

(3) $[[X, Y], Z] + [[Y, Z], X] + [[Z, X], Y] = \mathbf{0}$.（**ヤコビの恒等式**：Jacobi identity）

(4) $[fX, gY] = fg[X, Y] + f(Xg)Y - g(Yf)X.$ □

【証明】 (1)：(3.52) および微分の線形性より，明らかである．

(2)：(3.52) より，明らかである．

(3)：(3.51) より，

$$[[X,Y],Z]f = [X,Y](Zf) - Z([X,Y]f)$$
$$= X(Y(Zf)) - Y(X(Zf)) - Z(X(Yf) - Y(Xf))$$
$$= X(Y(Zf)) - Y(X(Zf)) - Z(X(Yf)) + Z(Y(Xf)) \quad (3.53)$$

である．同様に，

$$[[Y,Z],X]f = Y(Z(Xf)) - Z(Y(Xf)) - X(Y(Zf)) + X(Z(Yf)), \quad (3.54)$$

$$[[Z,X],Y]f = Z(X(Yf)) - X(Z(Yf)) - Y(Z(Xf)) + Y(X(Zf)) \quad (3.55)$$

である．(3.53)〜(3.55) より，

$$([[X,Y],Z] + [[Y,Z],X] + [[Z,X],Y])f = 0 \quad (3.56)$$

である．よって，(3) がなりたつ．

(4) $h \in C^\infty(D)$ とすると，(3.51)，定理 3.2(2) より，

$$[fX, gY]h = (fX)((gY)h) - (gY)((fX)h)$$
$$= (fX)(g \cdot Yh) - (gY)(f \cdot Xh)$$
$$= f((Xg)(Yh) + gX(Yh)) - g((Yf)(Xh) + fY(Xh))$$
$$= fg(X(Yh) - Y(Xh)) + f(Xg)Yh - g(Yf)Xh$$
$$= fg[X,Y]h + f(Xg)Yh - g(Yf)Xh$$
$$= (fg[X,Y] + f(Xg)Y - g(Yf)X)h \quad (3.57)$$

である．よって，(4) がなりたつ． □

✎ 注意 3.3 定理 3.3(4) において，とくに，f, g が定数関数の場合を考えると，

$$[cX, Y] = [X, cY] = c[X, Y] \quad (c \in \mathbf{R}) \tag{3.58}$$

がなりたつ．定理 3.3(1)，(3.58) を合わせて，括弧積の**双線形性** (bilinearity) または
線形性という．　　　　　　　　　　　　　　　　　　　　　　　　　　　　■

▌3.3 レビ-チビタ接続

　§3.2 で述べたベクトル場は (3.36) のように，ユークリッド空間への写像でも
あり，また，(3.46) のように，関数に対する微分でもある．§3.3 では，ユーク
リッド空間の開集合からユークリッド空間へのはめ込みがあたえられていると
きに，その開集合上のベクトル場をベクトル場で微分し，再びベクトル場を対
応させよう．さらに，この対応は単にリーマン計量のみがあたえられたユーク
リッド空間の開集合に対しても，考えることができる．

　まず，D を $\mathbf{R}^m$ の空でない開集合とし，写像 $\iota : D \to \mathbf{R}^n$ を考える [*9]．ま
た，$X \in \mathfrak{X}(D)$ とする．このとき，写像 $\iota_* X : D \to \mathbf{R}^n$ を

$$(\iota_* X)(\boldsymbol{p}) = (d\iota)_{\boldsymbol{p}}(X_{\boldsymbol{p}}) \in T_{\iota(\boldsymbol{p})} \mathbf{R}^n \subset \mathbf{R}^n \tag{3.59}$$

により定めることができる（§2.2）．すなわち，ι，X を成分を用いて

$$\iota = (\iota_1, \ldots, \iota_n), \quad X = (\xi_1, \ldots, \xi_m)$$

$$(\iota_1, \ldots, \iota_n, \xi_1, \ldots, \xi_m \in C^\infty(D)) \tag{3.60}$$

と表しておくと，(2.39) より，

$$\iota_* X = \left(\sum_{i=1}^m \xi_i \frac{\partial \iota_1}{\partial x_i}, \sum_{i=1}^m \xi_i \frac{\partial \iota_2}{\partial x_i}, \ldots, \sum_{i=1}^m \xi_i \frac{\partial \iota_n}{\partial x_i} \right) \tag{3.61}$$

である．さらに，$Y \in \mathfrak{X}(D)$ とする．このとき，Y による $\iota_* X$ の各成分の微分
を考えることにより，写像 $Y(\iota_* X) : D \to \mathbf{R}^n$ が得られる．すなわち，Y を

$$Y = \sum_{j=1}^m \eta_j \frac{\partial}{\partial x_j} \quad (\eta_1, \eta_2, \ldots, \eta_m \in C^\infty(D)) \tag{3.62}$$

[*9] 「ι」は「イオタ」と読むギリシャ文字の小文字である．

と表しておくと，(3.41)，(3.46) より，

$$Y(\iota_* X) = \left(\sum_{i,j=1}^{m} \eta_j \frac{\partial}{\partial x_j} \left(\xi_i \frac{\partial \iota_1}{\partial x_i} \right), \dots, \sum_{i,j=1}^{m} \eta_j \frac{\partial}{\partial x_j} \left(\xi_i \frac{\partial \iota_n}{\partial x_i} \right) \right) \quad (3.63)$$

である．

ここで，ι がはめ込み（§2.2）であると仮定しよう．このとき，はめ込みの定義より，任意の $\boldsymbol{p} \in D$ に対して，$(d\iota)_{\boldsymbol{p}} : T_{\boldsymbol{p}} D \to T_{\iota(\boldsymbol{p})} \mathbf{R}^n$ は単射である．よって，命題 2.2，命題 2.3 および線形写像に対する次元定理[*10] より，

$$m = \dim T_{\boldsymbol{p}} D = \dim(\mathrm{Im}\,(d\iota)_{\boldsymbol{p}}) \quad (3.64)$$

となる．したがって，$(d\iota)_{\boldsymbol{p}}$ によって，$T_{\boldsymbol{p}} D$ の元を $\mathrm{Im}\,(d\iota)_{\boldsymbol{p}}$ の元，また，$T_{\boldsymbol{p}} D$ を $\mathrm{Im}\,(d\iota)_{\boldsymbol{p}}$ とみなすことができる（図 3.4）．

さらに，$\mathbf{R}^n$ の標準内積を考えよう．このとき，$\mathbf{R}^n$ の部分空間 $\mathrm{Im}\,(d\iota)_{\boldsymbol{p}}$ の直交補空間 $(\mathrm{Im}\,(d\iota)_{\boldsymbol{p}})^\perp$ が定められ[*11]，$\mathbf{R}^n$ の直交直和分解

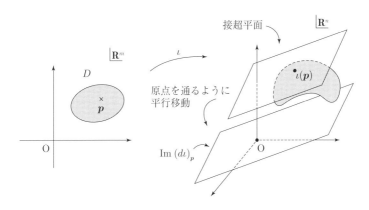

図 3.4 はめ込みと接空間

[*10] f を有限次元ベクトル空間 V からベクトル空間 W への線形写像とすると，W の部分空間 $\mathrm{Im}\,f$，V の部分空間 $\mathrm{Ker}\,f$，V の次元について，等式 $\dim(\mathrm{Im}\,f) + \dim(\mathrm{Ker}\,f) = \dim V$ がなりたつ．

[*11] 内積空間 $(V, \langle\,,\,\rangle)$ の部分空間 W に対して，$W^\perp = \{\boldsymbol{x} \in V \mid$ 任意の $\boldsymbol{y} \in W$ に対して，$\langle \boldsymbol{x}, \boldsymbol{y} \rangle = 0\}$ により定められる V の部分空間 $W^\perp$ を W の直交補空間という．

$$\mathbf{R}^n = \mathrm{Im}\,(d\iota)_{\boldsymbol{p}} \oplus (\mathrm{Im}\,(d\iota)_{\boldsymbol{p}})^\perp \tag{3.65}$$

が得られる. すなわち, 任意の $\boldsymbol{x} \in \mathbf{R}^n$ は

$$\boldsymbol{x} = \boldsymbol{x}_1 + \boldsymbol{x}_2 \quad (\boldsymbol{x}_1 \in \mathrm{Im}\,(d\iota)_{\boldsymbol{p}},\ \boldsymbol{x}_2 \in (\mathrm{Im}\,(d\iota)_{\boldsymbol{p}})^\perp) \tag{3.66}$$

と一意的に表され, $\boldsymbol{x}_1$ と $\boldsymbol{x}_2$ は直交する.

そこで, (3.65) を用いて,

$$(Y(\iota_* X))(\boldsymbol{p}) = (\nabla_Y X)(\boldsymbol{p}) + (A(X,Y))(\boldsymbol{p})$$

$$((\nabla_Y X)(\boldsymbol{p}) \in \mathrm{Im}\,(d\iota)_{\boldsymbol{p}},\ (A(X,Y))(\boldsymbol{p}) \in (\mathrm{Im}\,(d\iota)_{\boldsymbol{p}})^\perp) \tag{3.67}$$

と表す. このとき, 上で述べたことより, $(\nabla_Y X)(\boldsymbol{p}) \in T_{\boldsymbol{p}}D$, $\nabla_Y X \in \mathfrak{X}(D)$ と みなすことができる. よって, $(\nabla_Y X)(\boldsymbol{p})$ は写像 $\nabla : \mathfrak{X}(D) \times \mathfrak{X}(D) \to \mathfrak{X}(D)$ を定める [*12]. $\nabla_Y X$ を Y に関する X の**共変微分** (covariant derivative) とい う. また, ∇ を ι による D の**レビ-チビタ接続** (Levi-Civita connection) また は**リーマン接続** (Riemannian connection) という [*13].

以下では, ∇ の性質を中心に調べていこう. なお, A は第二基本形式とよば れるものを定めるが, 本書では詳しくは扱わない. まず, 次を示そう.

定理 3.4　D を $\mathbf{R}^m$ の空でない開集合, $\iota : D \to \mathbf{R}^n$ をはめ込み, ∇ を ι に よる D のレビ-チビタ接続とし, $X, Y, Z \in \mathfrak{X}(D)$, $f \in C^\infty(D)$ とする. この とき, 次の (1)～(4) がなりたつ.

(1) $\nabla_{Y+Z} X = \nabla_Y X + \nabla_Z X$.

(2) $\nabla_{fY} X = f \nabla_Y X$.

(3) $\nabla_Z(X + Y) = \nabla_Z X + \nabla_Z Y$.

(4) $\nabla_Y(fX) = (Yf)X + f\nabla_Y X$.　　　　　　　　　　　□

【証明】　(3.67) を用いて計算する.

[*12] $(X,Y) \in \mathfrak{X}(D) \times \mathfrak{X}(D)$ に対応する $\mathfrak{X}(D)$ の元を $\nabla_Y X$ と表している.

[*13] 接続があたえられると, 平行移動という操作によって, 異なる点における接空間どうしを 「繋げる」ことができるようになる (§6.2). これが「接続」という言葉の意味である.

(1) ：まず，

$$(Y + Z)(\iota_* X) = \nabla_{Y+Z} X + A(X, Y + Z) \tag{3.68}$$

である．一方，

$$(Y + Z)(\iota_* X) = Y(\iota_* X) + Z(\iota_* X)$$
$$= (\nabla_Y X + A(X, Y)) + (\nabla_Z X + A(X, Z))$$
$$= (\nabla_Y X + \nabla_Z X) + (A(X, Y) + A(X, Z)) \tag{3.69}$$

である．(3.68), (3.69) より，(1) がなりたつ．

(2) まず，

$$(fY)(\iota_* X) = \nabla_{fY} X + A(X, fY) \tag{3.70}$$

である．一方，

$$(fY)(\iota_* X) = f(Y(\iota_* X)) = f(\nabla_Y X + A(X, Y))$$
$$= f\nabla_Y X + fA(X, Y) \tag{3.71}$$

である．(3.70), (3.71) より，(2) がなりたつ．

(3) まず，

$$Z(\iota_*(X + Y)) = \nabla_Z(X + Y) + A(X + Y, Z) \tag{3.72}$$

である．一方，

$$Z(\iota_*(X + Y)) = Z(\iota_* X) + Z(\iota_* Y)$$
$$= (\nabla_Z X + A(X, Z)) + (\nabla_Z Y + A(Y, Z))$$
$$= (\nabla_Z X + \nabla_Z Y) + (A(X, Z) + A(Y, Z)) \tag{3.73}$$

である．(3.72), (3.73) より，(3) がなりたつ．

(4) まず，

$$Y(\iota_*(fX)) = \nabla_Y(fX) + A(fX, Y) \tag{3.74}$$

である．一方，写像の微分の線形性と定理 3.2(2)，さらに，X を $\iota_* X$ とみなしていることより，

$$Y(\iota_*(fX)) = Y(f(\iota_* X)) = (Yf)(\iota_* X) + f(Y(\iota_* X))$$

$$= (Yf)X + f(\nabla_Y X + A(X, Y))$$

$$= \{(Yf)X + f\nabla_Y X\} + fA(X, Y) \tag{3.75}$$

である．(3.74), (3.75) より，(4) がなりたつ． □

✐ **注意 3.4**　定理 3.4 の証明より，A に対しては次の (1)〜(3) がなりたつ．

(1) $A(X + Y, Z) = A(X, Z) + A(Y, Z)$.

(2) $A(X, Y + Z) = A(X, Y) + A(X, Z)$.

(3) $A(fX, Y) = A(X, fY) = fA(X, Y)$. ■

次に，$\mathbf{R}^n$ のユークリッド計量（例 2.1）を考え，はめ込み $\iota : D \to \mathbf{R}^n$ によるユークリッド計量の誘導計量を g としよう．ユークリッド計量および誘導計量の定義より，$X, Y \in \mathfrak{X}(D)$ とすると，

$$g(X, Y) = \langle \iota_* X, \iota_* Y \rangle \tag{3.76}$$

である．ただし，$\langle \, , \, \rangle$ は $\mathbf{R}^n$ の標準内積である．このとき，次がなりたつ．

定理 3.5　$X, Y, Z \in \mathfrak{X}(D)$ とすると，

$$Xg(Y, Z) = g(\nabla_X Y, Z) + g(Y, \nabla_X Z) \tag{3.77}$$

がなりたつ． □

【証明】　(3.65), (3.67), (3.76) より，

$$Xg(Y, Z) = X\langle \iota_* Y, \iota_* Z \rangle = \langle X(\iota_* Y), \iota_* Z \rangle + \langle \iota_* Y, X(\iota_* Z) \rangle$$

$$= \langle \nabla_X Y + A(Y, X), \iota_* Z \rangle + \langle \iota_* Y, \nabla_X Z + A(Z, X) \rangle$$

$$= \langle \nabla_X Y, \iota_* Z \rangle + \langle \iota_* Y, \nabla_X Z \rangle = g(\nabla_X Y, Z) + g(Y, \nabla_X Z) \tag{3.78}$$

である．よって，(3.77) がなりたつ． □

✐ **注意 3.5**　定理 3.5 において，リーマン計量 g に対する (3.77) のような性質のことを ∇ は g を保つ (preserves g) または**計量的** (metric) であるなどという． ■

さらに，括弧積について計算しよう．まず，$X \in \mathfrak{X}(D)$ に対して，(3.61) は

$$\iota_* X = \sum_{k=1}^{n} \sum_{i=1}^{m} \xi_i \frac{\partial \iota_k}{\partial x_i} \left(\frac{\partial}{\partial y_k} \right)_{\iota(\cdot)} \tag{3.79}$$

と表すことができる．同様に，$Y \in \mathfrak{X}(D)$ を (3.62) のように表しておくと，

$$\iota_* Y = \sum_{k=1}^{n} \sum_{j=1}^{m} \eta_j \frac{\partial \iota_k}{\partial x_j} \left(\frac{\partial}{\partial y_k} \right)_{\iota(\cdot)} \tag{3.80}$$

である．さらに，括弧積の定義 (3.52) および (3.67) より，

$$\iota_*[X,Y] = \sum_{k=1}^{n} \sum_{i,j=1}^{m} \left(\xi_j \frac{\partial \eta_i}{\partial x_j} - \eta_j \frac{\partial \xi_i}{\partial x_j} \right) \frac{\partial \iota_k}{\partial x_i} \left(\frac{\partial}{\partial y_k} \right)_{\iota(\cdot)}$$

$$= \sum_{k=1}^{n} \sum_{i,j=1}^{m} \left\{ \xi_j \frac{\partial}{\partial x_j} \left(\eta_i \frac{\partial \iota_k}{\partial x_i} \right) - \eta_j \frac{\partial}{\partial x_j} \left(\xi_i \frac{\partial \iota_k}{\partial x_i} \right) \right\} \left(\frac{\partial}{\partial y_k} \right)_{\iota(\cdot)}$$

$$= X(\iota_* Y) - Y(\iota_* X) = \nabla_X Y + A(Y,X) - (\nabla_Y X + A(X,Y))$$

$$= \nabla_X Y - \nabla_Y X + A(Y,X) - A(X,Y) \tag{3.81}$$

である．(3.81) および $[X,Y]$ を $\iota_*[X,Y]$ とみなしていることより，次がなりたつ．

定理 3.6 $X,Y \in \mathfrak{X}(D)$ とすると，次の (1), (2) がなりたつ．
(1) $[X,Y] = \nabla_X Y - \nabla_Y X$.
(2) $A(X,Y) = A(Y,X)$. □

✏ 注意 3.6 定理 3.6 において，レビ-チビタ接続 ∇ に対する (1) のような性質のことを ∇ は捩れをもたない (does not have torsion) または捩れがない (torsion-free) などという． ∎

続いて，$i,j,k = 1,2,\ldots,m$ に対して，$\Gamma_{ij}^k \in C^\infty(D)$ を

$$\nabla_{\frac{\partial}{\partial x_i}} \frac{\partial}{\partial x_j} = \sum_{k=1}^{m} \Gamma_{ij}^k \frac{\partial}{\partial x_k} \tag{3.82}$$

により定める．Γ_{ij}^k を**クリストッフェルの記号**という．定理 3.4 より，共変微分はクリストッフェルの記号があたえられていれば，計算することができる．

▶ **例 3.3** $\mathbf{R}^n$ の開集合 D を

$$D = \{\boldsymbol{x} \in \mathbf{R}^n \mid \|\boldsymbol{x}\| < 1\} \tag{3.83}$$

により定める．このとき，$\boldsymbol{x} = (x_1, x_2, \ldots, x_n) \in D$ に対して，

$$\iota(\boldsymbol{x}) = \left(x_1, x_2, \ldots, x_n, \sqrt{1 - \|\boldsymbol{x}\|^2} \right) \tag{3.84}$$

とおくと，$\iota(\boldsymbol{x})$ ははめ込み $\iota : D \to \mathbf{R}^{n+1}$ を定める．

$j = 1, 2, \ldots, n$ とすると，

$$\iota_* \frac{\partial}{\partial x_j} = \left(\frac{\partial}{\partial y_j} \right)_{\iota(\cdot)} - \frac{x_j}{\sqrt{1 - \|\boldsymbol{x}\|^2}} \left(\frac{\partial}{\partial y_{n+1}} \right)_{\iota(\cdot)} \tag{3.85}$$

である．よって，$i = 1, 2, \ldots, n$ とすると，

$$
\begin{aligned}
\frac{\partial}{\partial x_i} \left(\iota_* \frac{\partial}{\partial x_j} \right) &= -\frac{1}{\sqrt{1 - \|\boldsymbol{x}\|^2}} \left(\delta_{ij} + \frac{x_i x_j}{1 - \|\boldsymbol{x}\|^2} \right) \left(\frac{\partial}{\partial y_{n+1}} \right)_{\iota(\cdot)} \\
&= \left(\delta_{ij} + \frac{x_i x_j}{1 - \|\boldsymbol{x}\|^2} \right) \left\{ \sum_{k=1}^{n} x_k \left(\frac{\partial}{\partial y_k} \right)_{\iota(\cdot)} - \frac{\|\boldsymbol{x}\|^2}{\sqrt{1 - \|\boldsymbol{x}\|^2}} \left(\frac{\partial}{\partial y_{n+1}} \right)_{\iota(\cdot)} \right\} \\
&\quad + \left(\delta_{ij} + \frac{x_i x_j}{1 - \|\boldsymbol{x}\|^2} \right) \left\{ -\sum_{k=1}^{n} x_k \left(\frac{\partial}{\partial y_k} \right)_{\iota(\cdot)} - \sqrt{1 - \|\boldsymbol{x}\|^2} \left(\frac{\partial}{\partial y_{n+1}} \right)_{\iota(\cdot)} \right\}
\end{aligned}
\tag{3.86}
$$

である．(3.85) に注意すると，(3.86) の最後の式は (3.66) のように表されているので，

$$\nabla_{\frac{\partial}{\partial x_i}} \frac{\partial}{\partial x_j} = \sum_{k=1}^{n} x_k \left(\delta_{ij} + \frac{x_i x_j}{1 - \|\boldsymbol{x}\|^2} \right) \frac{\partial}{\partial x_k} \tag{3.87}$$

である．よって，

$$\Gamma_{ij}^k = x_k \left(\delta_{ij} + \frac{x_i x_j}{1 - \|\boldsymbol{x}\|^2} \right) \tag{3.88}$$

である． ◀

クリストッフェルの記号 Γ_{ij}^k は添字 i, j に関して対称である. すなわち, 次がなりたつ.

> **定理 3.7** 任意の $i,j,k = 1,2,\dots,m$ に対して, $\Gamma_{ij}^k = \Gamma_{ji}^k$ である. □

【証明】 定理 3.6(1), (3.82) より,

$$
0 = \left[\frac{\partial}{\partial x_i}, \frac{\partial}{\partial x_j} \right] = \nabla_{\frac{\partial}{\partial x_i}} \frac{\partial}{\partial x_j} - \nabla_{\frac{\partial}{\partial x_j}} \frac{\partial}{\partial x_i}
$$

$$
= \sum_{k=1}^m \left(\Gamma_{ij}^k - \Gamma_{ji}^k \right) \frac{\partial}{\partial x_k} \tag{3.89}
$$

である. よって,

$$
\Gamma_{ij}^k - \Gamma_{ji}^k = 0, \tag{3.90}
$$

すなわち, $\Gamma_{ij}^k = \Gamma_{ji}^k$ である. □

さらに, 次がなりたつ.

> **定理 3.8** $i,j = 1,2,\dots,m$ に対して,
>
> $$
> g_{ij} = g\left(\frac{\partial}{\partial x_i}, \frac{\partial}{\partial x_j} \right) \tag{3.91}
> $$
>
> とおくと,
>
> $$
> \Gamma_{ij}^k = \frac{1}{2} \sum_{l=1}^m g^{lk} \left(\frac{\partial g_{lj}}{\partial x_i} + \frac{\partial g_{il}}{\partial x_j} - \frac{\partial g_{ij}}{\partial x_l} \right) \tag{3.92}
> $$
>
> である. ただし, $\boldsymbol{p} \in D$ に対して, $((g^{ij})(\boldsymbol{p}))_{m \times m}$ は $((g_{ij})(\boldsymbol{p}))_{m \times m}$ の逆行列である. □

【証明】 $i,j,k,l = 1,2,\dots,m$ とする. まず, (3.77) において,

$$
X = \frac{\partial}{\partial x_i}, \quad Y = \frac{\partial}{\partial x_l}, \quad Z = \frac{\partial}{\partial x_j} \tag{3.93}
$$

とすると, (3.82), (3.91) より,

$$
\frac{\partial g_{lj}}{\partial x_i} = \sum_{p=1}^m \Gamma_{il}^p g_{pj} + \sum_{p=1}^m \Gamma_{ij}^p g_{lp} \tag{3.94}
$$

となる．同様に，

$$\frac{\partial g_{il}}{\partial x_j} = \sum_{p=1}^{m} \Gamma_{ji}^p g_{pl} + \sum_{p=1}^{m} \Gamma_{jl}^p g_{ip}, \quad \frac{\partial g_{ji}}{\partial x_l} = \sum_{p=1}^{m} \Gamma_{lj}^p g_{pi} + \sum_{p=1}^{m} \Gamma_{li}^p g_{jp} \qquad (3.95)$$

である．(3.94), (3.95) および $g_{ij} = g_{ji}$，定理 3.7 より，

$$2 \sum_{p=1}^{m} \Gamma_{ij}^p g_{lp} = \frac{\partial g_{lj}}{\partial x_i} + \frac{\partial g_{il}}{\partial x_j} - \frac{\partial g_{ij}}{\partial x_l} \qquad (3.96)$$

である．(3.96) の両辺に g^{lk} をかけて，l について加えると，(3.92) が得られる．
$\qquad\qquad\qquad\qquad\qquad\qquad\qquad\qquad\qquad\qquad\qquad\qquad\qquad\qquad$ □

✎ 注意 3.7   (3.92) は (3.17) において n を m に置き換えた式である．また，定理 3.8 の証明では，∇ が計量的であることと捩れをもたないことが本質的である．よって，$\mathbf{R}^n$ へのはめ込み $\iota : D \to \mathbf{R}^n$ があたえられていなくても，D のリーマン計量 g さえあたえられていれば，定理 3.4 の条件をみたし，計量的であり，捩れをもたない写像 $\nabla : \mathfrak{X}(D) \times \mathfrak{X}(D) \to \mathfrak{X}(D)$ が一意的に存在する．この ∇ を g に関する**レビ-チビタ接続**または**リーマン接続**という．
$\qquad\qquad\qquad\qquad\qquad\qquad\qquad\qquad\qquad\qquad\qquad\qquad\qquad\qquad$ ■

▌ 3.4 アファイン接続と α-接続

§3.3 では，リーマン計量を用いて，ベクトル場に関するベクトル場の共変微分を定めるレビ-チビタ接続について述べた．レビ-チビタ接続のみたす性質（定理 3.4）に注目すると，このような概念は次のように一般化することができる．

定義 3.4 D を $\mathbf{R}^n$ の空でない開集合とし，$(X, Y) \in \mathfrak{X}(D) \times \mathfrak{X}(D)$ に対して，$\nabla_Y X \in \mathfrak{X}(D)$ を対応させる写像 $\nabla : \mathfrak{X}(D) \times \mathfrak{X}(D) \to \mathfrak{X}(D)$ があたえられているとする．任意の $X, Y, Z \in \mathfrak{X}(D)$ および任意の $f \in C^\infty(D)$ に対して，次の (1)〜(4) がなりたつとき，$\nabla_Y X$ を Y に関する X の共変微分という．また，∇ を D の**アファイン接続** (affine connection) という．

(1) $\nabla_{Y+Z} X = \nabla_Y X + \nabla_Z X.$

(2) $\nabla_{fY}X = f\nabla_Y X$.

(3) $\nabla_Z(X+Y) = \nabla_Z X + \nabla_Z Y$.

(4) $\nabla_Y(fX) = (Yf)X + f\nabla_Y X$. $\qquad\square$

✎ 注意 3.8 定義 3.4 において, Y を

$$Y = \sum_{i=1}^{n} \xi_i \frac{\partial}{\partial x_i} \tag{3.97}$$

と表しておくと, 条件 (1), (2) より,

$$\nabla_Y X = \nabla_{\sum_{i=1}^{n}\xi_i\frac{\partial}{\partial x_i}} X = \sum_{i=1}^{n} \xi_i \nabla_{\frac{\partial}{\partial x_i}} X \tag{3.98}$$

となる. よって, $\boldsymbol{p} \in D$ とすると, $\boldsymbol{v} \in T_{\boldsymbol{p}}D$ に対して, $\nabla_{\boldsymbol{v}}X \in T_{\boldsymbol{p}}D$ を対応させる線形変換 $(\nabla X)_{\boldsymbol{p}} : T_{\boldsymbol{p}}D \rightarrow T_{\boldsymbol{p}}D$ を考えることができる. すなわち, $\boldsymbol{v} = (v_1, v_2, \ldots, v_n) \in T_{\boldsymbol{p}}D$ とすると,

$$\nabla_{\boldsymbol{v}}X = \sum_{i=1}^{n} v_i \left(\nabla_{\frac{\partial}{\partial x_i}} X\right)_{\boldsymbol{p}} \tag{3.99}$$

である. $\qquad\blacksquare$

レビ-チビタ接続は捩れがないという性質 (定理 3.6(1)) をみたしたが, 一般のアファイン接続についてはそうとは限らない. そこで, 次のように定める.

定義 3.5 D を $\mathbf{R}^n$ の空でない開集合, ∇ を D のアファイン接続とし, 写像 $T : \mathfrak{X}(D) \times \mathfrak{X}(D) \rightarrow \mathfrak{X}(D)$ を

$$T(X,Y) = \nabla_X Y - \nabla_Y X - [X,Y] \quad (X,Y \in \mathfrak{X}(D)) \tag{3.100}$$

により定める. T を ∇ の**捩率テンソル場** (torsion tensor field) または**捩率** (torsion) という. また, $T = 0$ となるとき, すなわち, 任意の $X,Y \in \mathfrak{X}(D)$ に対して, $T(X,Y) = \boldsymbol{0}$ となるとき, ∇ は**捩れをもたない**または**捩れがない**などという. $\qquad\square$

アファイン接続の捩率について, 次がなりたつ.

$\boxed{\text{定理 3.9}}$　D を $\mathbf{R}^n$ の空でない開集合，∇ を D のアファイン接続，T を ∇ の捩率とし，$X, Y \in \mathfrak{X}(D)$，$f \in C^\infty(D)$ とする．このとき，次の (1)，(2) がなりたつ．

(1) $T(fX, Y) = T(X, fY) = fT(X, Y)$.

(2) $T(X, Y) = -T(Y, X)$.（交代性）　　　　　　　　　　　　□

【証明】　(1)：定理 3.3(4) において，$g = 1$ とすると，

$$[fX, Y] = f[X, Y] - (Yf)X \tag{3.101}$$

となる．定義 3.4 の条件 (2)，(4) および (3.101) より，

$$\begin{aligned}
T(fX, Y) &= \nabla_{fX} Y - \nabla_Y(fX) - [fX, Y] \\
&= f\nabla_X Y - \{(Yf)X + f\nabla_Y X\} - \{f[X, Y] - (Yf)X\} \\
&= f\nabla_X Y - f\nabla_Y X - f[X, Y] = fT(X, Y) \tag{3.102}
\end{aligned}$$

である．同様に計算すると，

$$T(X, fY) = fT(X, Y) \tag{3.103}$$

となる．(3.102)，(3.103) より，(1) がなりたつ．

(2)：定理 3.3(2) より，

$$\begin{aligned}
T(X, Y) &= -\nabla_Y X + \nabla_X Y + [Y, X] \\
&= -(\nabla_Y X - \nabla_X Y - [Y, X]) = -T(Y, X) \tag{3.104}
\end{aligned}$$

である．すなわち，(2) がなりたつ．
□

✐ 注意 3.9　定理 3.9(1) において，注意 3.8 で述べたことと同様に，$p \in D$ とすると，$(v, w) \in T_p D \times T_p D$ に対して，$T(v, w) \in T_p D$ を対応させる双線形写像，すなわち，各成分について線形となる写像 $T_p : T_p D \times T_p D \to T_p D$ を考えることができる．よって，T は $(1, 2)$ 型テンソル場となる [*14]．■

[*14] $\mathbf{R}$ 上のベクトル空間 V 上の双線形写像 $T : V \times V \to V$ に対して，$\tilde{T}(v, w, f) = f(T(v, w))$ $(v, w \in V,\ f \in V^*)$ とおくと，$(1, 2)$ 型テンソル $\tilde{T} : V \times V \times V^* \to \mathbf{R}$ が対応する．

D を $\mathbf{R}^n$ の空でない開集合, ∇ を D のアファイン接続とする. レビ-チビタ接続の場合と同様に, $i, j, k = 1, 2, \ldots, n$ に対して, **クリストッフェルの記号** $\Gamma_{ij}^k \in C^\infty(D)$ を

$$\nabla_{\frac{\partial}{\partial x_i}} \frac{\partial}{\partial x_j} = \sum_{k=1}^n \Gamma_{ij}^k \frac{\partial}{\partial x_k} \tag{3.105}$$

により定める. 定義 3.4 の条件 (1)〜(4) より, 共変微分はクリストッフェルの記号があたえられていれば, 計算することができる. ∇ が捩れをもたないときは, 次の定理がなりたつ. 証明は定理 3.7 のように計算すればよい.

定理 3.10 ∇ が捩れをもたないのは, 任意の $i, j, k = 1, 2, \ldots, n$ に対して, $\Gamma_{ij}^k = \Gamma_{ji}^k$ となるときに限る.   □

アファイン接続に加え, リーマン計量があたえられると, (3.105) で定めたものとは異なる形のクリストッフェルの記号を考えることができる. まず, 線形代数に関する準備をしておこう.

命題 3.3 V を有限次元の $\mathbf{R}$ 上のベクトル空間, V^* を V の双対空間, すなわち, V から $\mathbf{R}$ への線形写像全体からなるベクトル空間とする. このとき, $\dim V = \dim V^*$ である.   □

【証明】 V は有限次元なので, $\dim V = n$ とすると, n 個のベクトルからなる V の基底 $\{\boldsymbol{a}_1, \boldsymbol{a}_2, \ldots, \boldsymbol{a}_n\}$ が存在する. ここで, $i = 1, 2, \ldots, n$ に対して, $f_i \in V^*$ を

$$f_i(\boldsymbol{a}_j) = \delta_{ij} \quad (j = 1, 2, \ldots, n) \tag{3.106}$$

により定める. このとき, $\{f_1, f_2, \ldots, f_n\}$ は V^* の基底となることがわかる.   □

命題 3.4 $(V, \langle\ ,\ \rangle)$ を有限次元の内積空間とし, 写像 $\iota : V \to V^*$ を

$$\iota(\boldsymbol{v}) = \langle \boldsymbol{v}, \cdot \rangle \quad (\boldsymbol{v} \in V) \tag{3.107}$$

により定める. このとき, ι は線形同型写像である.   □

【証明】　まず，内積 $\langle\ ,\ \rangle$ の線形性および双対空間 V^* の定義より，ι は線形写像である．

次に，$\boldsymbol{v} \in \mathrm{Ker}\,\iota$ とすると，とくに，

$$0 = (\iota(\boldsymbol{v}))(\boldsymbol{v}) = \langle \boldsymbol{v}, \boldsymbol{v} \rangle, \tag{3.108}$$

すなわち，$\langle \boldsymbol{v}, \boldsymbol{v} \rangle = 0$ である．よって，内積の正値性より，$\boldsymbol{v} = \boldsymbol{0}$ となり，$\mathrm{Ker}\,\iota = \{\boldsymbol{0}\}$ である．さらに，命題 2.3 より，ι は単射である．また，命題 3.3 および線形写像に対する次元定理より，

$$\begin{aligned} \dim V^* = \dim V &= \dim(\mathrm{Im}\,\iota) + \dim(\mathrm{Ker}\,\iota) \\ &= \dim(\mathrm{Im}\,\iota) + 0 = \dim(\mathrm{Im}\,\iota), \end{aligned} \tag{3.109}$$

すなわち，$\dim(\mathrm{Im}\,\iota) = \dim V^*$ となり，ι は全射である．

したがって，ι は全単射線形写像となるので，線形同型写像である．　□

さて，D を $\mathbf{R}^n$ の空でない開集合，∇ を D のアファイン接続，g を D のリーマン計量とする．このとき，$i, j, k = 1, 2, \ldots, n$ に対して，**クリストッフェルの記号** $\Gamma_{ij,k} \in C^\infty(D)$ を

$$\Gamma_{ij,k} = g\left(\nabla_{\frac{\partial}{\partial x_i}} \frac{\partial}{\partial x_j}, \frac{\partial}{\partial x_k} \right) \tag{3.110}$$

により定める．命題 3.4 より，共変微分はこれらのクリストッフェルの記号があたえられていれば，計算することができる．また，定理 3.10 に対応して，次がなりたつ．

定理 3.11　　∇ が捩れをもたないのは，任意の $i, j, k = 1, 2, \ldots, n$ に対して，$\Gamma_{ij,k} = \Gamma_{ji,k}$ となるときに限る．　□

さらに，$(0,3)$ 型テンソル場があたえられていると，新たなアファイン接続を定めることができる．$\bar{T}$ を D 上の $(0,3)$ 型テンソル場とする．このとき，命題 3.4 より，$X, Y \in \mathfrak{X}(D)$ とすると，任意の $Z \in \mathfrak{X}(D)$ に対して，

$$g(\tilde{\nabla}_Y X, Z) = g(\nabla_Y X, Z) + \bar{T}(X, Y, Z) \tag{3.111}$$

となる $\tilde{\nabla}_Y X \in \mathfrak{X}(D)$ が一意的に存在する^{*15}. よって, $\tilde{\nabla}_Y X \in \mathfrak{X}(D)$ は $(X, Y) \in \mathfrak{X}(D) \times \mathfrak{X}(D)$ に対して, $\tilde{\nabla}_Y X \in \mathfrak{X}(D)$ を対応させる写像 $\tilde{\nabla} : \mathfrak{X}(D) \times \mathfrak{X}(D) \to \mathfrak{X}(D)$ を定める. 次の命題より, $\tilde{\nabla}$ は D のアファイン接続である.

| 命題 3.5 | $\tilde{\nabla}$ は定義 3.4 の条件 (1)〜(4) をみたす.   □

【証明】   (3.111) とアファイン接続 ∇, リーマン計量 g, $(0,3)$ 型テンソル場 $\bar{T}$ の性質を用いて計算する. $X, Y, Z, W \in \mathfrak{X}(D)$, $f \in C^\infty(D)$ とする.

まず,

$$
\begin{aligned}
g(\tilde{\nabla}_{Y+Z} X, W) &= g(\nabla_{Y+Z} X, W) + \bar{T}(X, Y+Z, W) \\
&= g(\nabla_Y X + \nabla_Z X, W) + \bar{T}(X, Y, W) + \bar{T}(X, Z, W) \\
&= g(\nabla_Y X, W) + g(\nabla_Z X, W) + \bar{T}(X, Y, W) + \bar{T}(X, Z, W) \\
&= g(\nabla_Y X, W) + \bar{T}(X, Y, W) + g(\nabla_Z X, W) + \bar{T}(X, Z, W) \\
&= g(\tilde{\nabla}_Y X, W) + g(\tilde{\nabla}_Z X, W) = g(\tilde{\nabla}_Y X + \tilde{\nabla}_Z X, W),
\end{aligned}
\tag{3.112}
$$

すなわち,

$$
g(\tilde{\nabla}_{Y+Z} X, W) = g(\tilde{\nabla}_Y X + \tilde{\nabla}_Z X, W)
\tag{3.113}
$$

である. よって, $\tilde{\nabla}$ は定義 3.4 の条件 (1) をみたす.

次に,

$$
\begin{aligned}
g(\tilde{\nabla}_{fY} X, Z) &= g(\nabla_{fY} X, Z) + \bar{T}(X, fY, Z) \\
&= g(f \nabla_Y X, Z) + f \bar{T}(X, Y, Z) = f(g(\nabla_Y X, Z) + \bar{T}(X, Y, Z)) \\
&= f g(\tilde{\nabla}_Y X, Z) = g(f \tilde{\nabla}_Y X, Z),
\end{aligned}
\tag{3.114}
$$

すなわち,

$$
g(\tilde{\nabla}_{fY} X, Z) = g(f \tilde{\nabla}_Y X, Z)
\tag{3.115}
$$

である. よって, $\tilde{\nabla}$ は定義 3.4 の条件 (2) をみたす.

---

^{*15} リーマン計量を正定値実対称行列に値をとる写像とみなして考えることもできる.

さらに,

$$g(\tilde{\nabla}_Z(X+Y),W) = g(\nabla_Z(X+Y),W) + \bar{T}(X+Y,Z,W)$$
$$= g(\nabla_Z X + \nabla_Z Y, W) + \bar{T}(X,Z,W) + \bar{T}(Y,Z,W)$$
$$= g(\nabla_Z X, W) + g(\nabla_Z Y, W) + \bar{T}(X,Z,W) + \bar{T}(Y,Z,W)$$
$$= g(\nabla_Z X, W) + \bar{T}(X,Z,W) + g(\nabla_Z Y, W) + \bar{T}(Y,Z,W)$$
$$= g(\tilde{\nabla}_Z X, W) + g(\tilde{\nabla}_Z Y, W) = g(\tilde{\nabla}_Z X + \tilde{\nabla}_Z Y, W), \qquad (3.116)$$

すなわち,

$$g(\tilde{\nabla}_Z(X+Y),W) = g(\tilde{\nabla}_Z X + \tilde{\nabla}_Z Y, W) \qquad (3.117)$$

である. よって, $\tilde{\nabla}$ は定義 3.4 の条件 (3) をみたす.

最後に,

$$g(\tilde{\nabla}_Y(fX),Z) = g(\nabla_Y(fX),Z) + \bar{T}(fX,Y,Z)$$
$$= g((Yf)X + f\nabla_Y X, Z) + f\bar{T}(X,Y,Z)$$
$$= g((Yf)X,Z) + fg(\nabla_Y X, Z) + f\bar{T}(X,Y,Z)$$
$$= g((Yf)X,Z) + fg(\tilde{\nabla}_Y X, Z) = g((Yf)X + f\tilde{\nabla}_Y X, Z), \qquad (3.118)$$

すなわち,

$$g(\tilde{\nabla}_Y(fX),Z) = g((Yf)X + f\tilde{\nabla}_Y X, Z) \qquad (3.119)$$

である. よって, $\tilde{\nabla}$ は定義 3.4 の条件 (4) をみたす.   □

以上の準備をもとに, $\mathbf{R}$ の高々可算な部分集合上の統計的モデルに対して, α-接続とよばれるアファイン接続を定めよう. Ω を $\mathbf{R}$ の空でない高々可算な部分集合,

$$S = \{p(\,\cdot\,;\boldsymbol{\xi}) \,|\, \boldsymbol{\xi} \in \Xi\} \qquad (3.120)$$

を Ω 上の n 次元統計的モデルとする. まず, S のリーマン計量として, §2.5 で述べたフィッシャー計量 g を考える. このとき, 注意 3.7 より, フィッシャー計量に関するレビ-チビタ接続を考えることができる. これを ∇ とおく. 次に, $(0,3)$ 型テンソル場に対するチェンツォフの定理 (定理 2.3) の証明に現れた

(2.189) を思い出し，$i, j, k = 1, 2, \ldots, n$ に対して，

$$(\bar{T})_{ijk}(\boldsymbol{\xi}) = \sum_{x \in \Omega} ((\partial_i l_{\boldsymbol{\xi}})(x))((\partial_j l_{\boldsymbol{\xi}})(x))((\partial_k l_{\boldsymbol{\xi}})(x)) p(x; \boldsymbol{\xi}) \tag{3.121}$$

とおくことにより定められる S 上の $(0, 3)$ 型テンソル場 $\bar{T}$ を考える．ただし，

$$l_{\boldsymbol{\xi}}(x) = \log p(x; \boldsymbol{\xi}) \quad (x \in \Omega), \quad \partial_i = \frac{\partial}{\partial \xi_i} \quad (\boldsymbol{\xi} = (\xi_1, \ldots, \xi_n), \ i = 1, \ldots, n) \tag{3.122}$$

である．また，(3.121) の右辺の和は発散しないと仮定する．このとき，命題 3.5 より，$\alpha \in \mathbf{R}$ に対して，S のアファイン接続 $\nabla^{(\alpha)}$ を

$$g(\nabla_Y^{(\alpha)} X, Z) = g(\nabla_Y X, Z) - \frac{\alpha}{2} \bar{T}(X, Y, Z) \quad (X, Y, Z \in \mathfrak{X}(S)) \tag{3.123}$$

により定めることができる．$\nabla^{(\alpha)}$ を **α-接続** (α-connection) という（図 3.5）．とくに，0-接続 $\nabla^{(0)}$ はフィッシャー計量に関するレビ-チビタ接続 ∇ に他ならない．

∇，$\nabla^{(\alpha)}$ に対するクリストッフェルの記号で，(3.110) に対応するものをそれぞれ $\Gamma_{ij,k}$，$\Gamma_{ij,k}^{(\alpha)}$ $(i, j, k = 1, 2, \ldots, n)$ とおく．また，確率関数 $p(\cdot; \boldsymbol{\xi}) \in S$ の定める期待値を $\mathbf{E}_{\boldsymbol{\xi}}[\cdot]$ と表す．このとき，(2.124) より，

$$g_{ij}(\boldsymbol{\xi}) = \mathbf{E}_{\boldsymbol{\xi}}[(\partial_i l_{\boldsymbol{\xi}})(\partial_j l_{\boldsymbol{\xi}})] \quad (i, j = 1, 2, \ldots, n) \tag{3.124}$$

である．また，(3.92)，(3.110) より，

S ： 統計的モデル

○ マルコフはめ込みに関する不変性をみたすリーマン計量 g（フィッシャー計量），$(0, 3)$ 型テンソル場 $\bar{T}$ を考える．

○ ∇ ： g に関するレビ-チビタ接続

○ $g(\nabla_Y^{(\alpha)} X, Z) = g(\nabla_Y X, Z) - \frac{\alpha}{2} \bar{T}(X, Y, Z)$

$\rightsquigarrow$ α-接続 $\nabla^{(\alpha)}$ が定まる．

図 3.5　α-接続

$$\Gamma_{ij,k} = \sum_{l=1}^{n} \Gamma_{ij}^{l} g_{lk} = \frac{1}{2} \sum_{l,m=1}^{n} g^{ml} (\partial_i g_{mj} + \partial_j g_{im} - \partial_m g_{ij}) g_{lk}$$

$$= \frac{1}{2} \sum_{m=1}^{n} (\partial_i g_{mj} + \partial_j g_{im} - \partial_m g_{ij}) \delta_{mk}$$

$$= \frac{1}{2} (\partial_i g_{kj} + \partial_j g_{ik} - \partial_k g_{ij}) \tag{3.125}$$

である. ここで, (3.124) より,

$$\partial_k g_{ij} = \mathbf{E}_{\boldsymbol{\xi}} [(\partial_k \partial_i l_{\boldsymbol{\xi}})(\partial_j l_{\boldsymbol{\xi}})] + \mathbf{E}_{\boldsymbol{\xi}} [(\partial_i l_{\boldsymbol{\xi}})(\partial_k \partial_j l_{\boldsymbol{\xi}})] + \mathbf{E}_{\boldsymbol{\xi}} [(\partial_i l_{\boldsymbol{\xi}})(\partial_j l_{\boldsymbol{\xi}})(\partial_k l_{\boldsymbol{\xi}})] \tag{3.126}$$

である. (3.125), (3.126) より,

$$2\Gamma_{ij,k} = \partial_i g_{kj} + \partial_j g_{ik} - \partial_k g_{ij}$$

$$= \mathbf{E}_{\boldsymbol{\xi}} [(\partial_i \partial_k l_{\boldsymbol{\xi}})(\partial_j l_{\boldsymbol{\xi}})] + \mathbf{E}_{\boldsymbol{\xi}} [(\partial_k l_{\boldsymbol{\xi}})(\partial_i \partial_j l_{\boldsymbol{\xi}})] + \mathbf{E}_{\boldsymbol{\xi}} [(\partial_k l_{\boldsymbol{\xi}})(\partial_j l_{\boldsymbol{\xi}})(\partial_i l_{\boldsymbol{\xi}})]$$

$$+ \mathbf{E}_{\boldsymbol{\xi}} [(\partial_j \partial_i l_{\boldsymbol{\xi}})(\partial_k l_{\boldsymbol{\xi}})] + \mathbf{E}_{\boldsymbol{\xi}} [(\partial_i l_{\boldsymbol{\xi}})(\partial_j \partial_k l_{\boldsymbol{\xi}})] + \mathbf{E}_{\boldsymbol{\xi}} [(\partial_i l_{\boldsymbol{\xi}})(\partial_k l_{\boldsymbol{\xi}})(\partial_j l_{\boldsymbol{\xi}})]$$

$$- \mathbf{E}_{\boldsymbol{\xi}} [(\partial_k \partial_i l_{\boldsymbol{\xi}})(\partial_j l_{\boldsymbol{\xi}})] - \mathbf{E}_{\boldsymbol{\xi}} [(\partial_i l_{\boldsymbol{\xi}})(\partial_k \partial_j l_{\boldsymbol{\xi}})] - \mathbf{E}_{\boldsymbol{\xi}} [(\partial_i l_{\boldsymbol{\xi}})(\partial_j l_{\boldsymbol{\xi}})(\partial_k l_{\boldsymbol{\xi}})]$$

$$= 2\mathbf{E}_{\boldsymbol{\xi}} [(\partial_i \partial_j l_{\boldsymbol{\xi}})(\partial_k l_{\boldsymbol{\xi}})] + \mathbf{E}_{\boldsymbol{\xi}} [(\partial_i l_{\boldsymbol{\xi}})(\partial_j l_{\boldsymbol{\xi}})(\partial_k l_{\boldsymbol{\xi}})], \tag{3.127}$$

すなわち,

$$\Gamma_{ij,k} = \mathbf{E}_{\boldsymbol{\xi}} [(\partial_i \partial_j l_{\boldsymbol{\xi}})(\partial_k l_{\boldsymbol{\xi}})] + \frac{1}{2} \mathbf{E}_{\boldsymbol{\xi}} [(\partial_i l_{\boldsymbol{\xi}})(\partial_j l_{\boldsymbol{\xi}})(\partial_k l_{\boldsymbol{\xi}})]$$

$$= \mathbf{E}_{\boldsymbol{\xi}} \left[\left\{ \partial_i \partial_j l_{\boldsymbol{\xi}} + \frac{1}{2} (\partial_i l_{\boldsymbol{\xi}})(\partial_j l_{\boldsymbol{\xi}}) \right\} (\partial_k l_{\boldsymbol{\xi}}) \right] \tag{3.128}$$

である. よって, (3.121), (3.123) より,

$$\Gamma_{ij,k}^{(\alpha)} = \mathbf{E}_{\boldsymbol{\xi}} \left[\left\{ \partial_i \partial_j l_{\boldsymbol{\xi}} + \frac{1-\alpha}{2} (\partial_i l_{\boldsymbol{\xi}})(\partial_j l_{\boldsymbol{\xi}}) \right\} (\partial_k l_{\boldsymbol{\xi}}) \right] \tag{3.129}$$

である. とくに, 任意の $i, j, k = 1, 2, \dots, n$ に対して,

$$\Gamma_{ij,k}^{(\alpha)} = \Gamma_{ji,k}^{(\alpha)} \tag{3.130}$$

がなりたつ. したがって, 定理 3.11 より, $\nabla^{(\alpha)}$ は捩れをもたない.

▲ 3.5　曲率と e-接続，　m-接続

　§3.5 では，指数型分布族や混合型分布族とよばれる統計的モデルに対して，§3.4 で定めた α-接続がそれぞれ $\alpha = 1$，$\alpha = -1$ のときに平坦性という特徴をもつことを示そう.

　まず，準備として，アファイン接続に対して，曲率というものを定める.

定義 3.6　D を $\mathbf{R}^n$ の空でない開集合，∇ を D のアファイン接続とし，写像 $R : \mathfrak{X}(D) \times \mathfrak{X}(D) \times \mathfrak{X}(D) \to \mathfrak{X}(D)$ を

$$R(X,Y)Z = \nabla_X \nabla_Y Z - \nabla_Y \nabla_X Z - \nabla_{[X,Y]}Z \quad (X,Y,Z \in \mathfrak{X}(D)) \quad (3.131)$$

により定める. R を ∇ の**曲率テンソル場** (curvature tensor field) または**曲率** (curvature) という. □

　アファイン接続の曲率について，次がなりたつ.

定理 3.12　D を $\mathbf{R}^n$ の空でない開集合，∇ を D のアファイン接続，R を ∇ の曲率とし，$X, Y, Z \in \mathfrak{X}(D)$，$f \in C^\infty(D)$ とする. このとき，次の (1), (2) がなりたつ.

(1) $R(fX,Y)Z = R(X,fY)Z = R(X,Y)(fZ) = fR(X,Y)Z$.

(2) $R(X,Y)Z = -R(Y,X)Z$. □

【証明】　アファイン接続の性質（定義 3.4(1)〜(4)）を用いて計算する.

(1)：(3.101) より，

$$\begin{aligned}
R(fX,Y)Z &= \nabla_{fX}\nabla_Y Z - \nabla_Y \nabla_{fX} Z - \nabla_{[fX,Y]}Z \\
&= f\nabla_X \nabla_Y Z - \nabla_Y(f\nabla_X Z) - \nabla_{f[X,Y]-(Yf)X}Z \\
&= f\nabla_X \nabla_Y Z - (Yf)\nabla_X Z - f\nabla_Y \nabla_X Z - \nabla_{f[X,Y]}Z + \nabla_{(Yf)X}Z \\
&= f\nabla_X \nabla_Y Z - (Yf)\nabla_X Z - f\nabla_Y \nabla_X Z - f\nabla_{[X,Y]}Z + (Yf)\nabla_X Z \\
&= fR(X,Y)Z \quad (3.132)
\end{aligned}$$

である. 同様に計算すると，

$$R(X, fY)Z = fR(X,Y)Z \tag{3.133}$$

となる.

また, (3.51) より,

$$R(X,Y)(fZ) = \nabla_X \nabla_Y (fZ) - \nabla_Y \nabla_X (fZ) - \nabla_{[X,Y]}(fZ)$$

$$= \nabla_X((Yf)Z + f\nabla_Y Z) - \nabla_Y((Xf)Z + f\nabla_X Z)$$

$$- ([X,Y]f)Z - f\nabla_{[X,Y]}Z$$

$$= (XYf)Z + (Yf)\nabla_X Z + (Xf)\nabla_Y Z + f\nabla_X\nabla_Y Z - (YXf)Z$$

$$- (Xf)\nabla_Y Z - (Yf)\nabla_X Z - f\nabla_Y\nabla_X Z - ([X,Y]f)Z - f\nabla_{[X,Y]}Z$$

$$= fR(X,Y)Z \tag{3.134}$$

である. (3.132)〜(3.134) より, (1) がなりたつ.

(2) ：定理 3.3(2) より,

$$R(X,Y)Z = -\nabla_Y \nabla_X Z + \nabla_X \nabla_Y Z - \nabla_{-[Y,X]}Z$$

$$= -(\nabla_Y \nabla_X Z - \nabla_X \nabla_Y Z - \nabla_{[Y,X]}Z)$$

$$= -R(Y,X)Z \tag{3.135}$$

である. すなわち, (2) がなりたつ. □

✎ 注意 3.10 注意 3.8, 注意 3.9 で述べたことと同様に, 定理 3.12(1) より, R は $(1,3)$ 型テンソル場となる. ∎

注意 3.10 より, 曲率は $i, j, k = 1, 2, \ldots, n$ に対して, 関数 $R\left(\frac{\partial}{\partial x_i}, \frac{\partial}{\partial x_j}\right)\frac{\partial}{\partial x_k}$ がわかっていれば, 計算することができる. さらに, (3.105) で定めたクリストッフェルの記号を用いると,

$$R\left(\frac{\partial}{\partial x_i}, \frac{\partial}{\partial x_j}\right)\frac{\partial}{\partial x_k} = \nabla_{\frac{\partial}{\partial x_i}}\nabla_{\frac{\partial}{\partial x_j}}\frac{\partial}{\partial x_k} - \nabla_{\frac{\partial}{\partial x_j}}\nabla_{\frac{\partial}{\partial x_i}}\frac{\partial}{\partial x_k} - \nabla_{\left[\frac{\partial}{\partial x_i}, \frac{\partial}{\partial x_j}\right]}\frac{\partial}{\partial x_k}$$

$$= \nabla_{\frac{\partial}{\partial x_i}}\left(\sum_{l=1}^{n}\Gamma_{jk}^l \frac{\partial}{\partial x_l}\right) - \nabla_{\frac{\partial}{\partial x_j}}\left(\sum_{l=1}^{n}\Gamma_{ik}^l \frac{\partial}{\partial x_l}\right) - \nabla_0 \frac{\partial}{\partial x_k}$$

$$= \sum_{l=1}^{n} \left(\frac{\partial \Gamma_{jk}^l}{\partial x_i} \frac{\partial}{\partial x_l} + \Gamma_{jk}^l \nabla_{\frac{\partial}{\partial x_i}} \frac{\partial}{\partial x_l} \right) - \sum_{l=1}^{n} \left(\frac{\partial \Gamma_{ik}^l}{\partial x_j} \frac{\partial}{\partial x_l} + \Gamma_{ik}^l \nabla_{\frac{\partial}{\partial x_j}} \frac{\partial}{\partial x_l} \right) - \mathbf{0}$$

$$= \sum_{l=1}^{n} \left(\frac{\partial \Gamma_{jk}^l}{\partial x_i} - \frac{\partial \Gamma_{ik}^l}{\partial x_j} \right) \frac{\partial}{\partial x_l} + \sum_{l,m=1}^{n} \left(\Gamma_{jk}^l \Gamma_{il}^m - \Gamma_{ik}^l \Gamma_{jl}^m \right) \frac{\partial}{\partial x_m} \tag{3.136}$$

となる.

　捩率が 0 となるアファイン接続は捩れがないというのであった (定義 3.5). さらに, 次のように定めよう (図 3.6).

捩率 : $T(X,Y) = \nabla_X Y - \nabla_Y X - [X,Y]$

曲率 : $R(X,Y)Z = \nabla_X \nabla_Y Z - \nabla_Y \nabla_X Z - \nabla_{[X,Y]} Z$

図 3.6　捩率と曲率

定義 3.7　D を $\mathbf{R}^n$ の空でない開集合, ∇ を D のアファイン接続とする. ∇ の捩率および曲率がともに 0 となるとき [*16], ∇ は**平坦** (flat) であるという. □

▶ **例 3.4**　g を $\mathbf{R}^n$ のユークリッド計量とする (例 2.1). このとき, $i,j = 1,2,\ldots,n$ に対して,

$$g\left(\frac{\partial}{\partial x_i}, \frac{\partial}{\partial x_j} \right) = \delta_{ij} \tag{3.137}$$

である. さらに, ∇ を $(\mathbf{R}^n, g)$ のレビ-チビタ接続とする. このとき, ∇ は捩れをもたない. また, 定理 3.8 より, クリストッフェルの記号はすべて 0 となる. よって, (3.136) より, $i,j,k = 1,2,\ldots,n$ とすると,

$$R\left(\frac{\partial}{\partial x_i}, \frac{\partial}{\partial x_j} \right) \frac{\partial}{\partial x_k} = \mathbf{0} \tag{3.138}$$

である. したがって, ∇ の曲率は 0 となり, ∇ は平坦である.　◀

[*16] 曲率 R が 0 であるとは, 任意の $X,Y,Z \in \mathfrak{X}(D)$ に対して, $R(X,Y)Z = \mathbf{0}$ となることである.

それでは，$\mathbf{R}$ の高々可算な部分集合上の統計的モデルに関して，指数型分布族とよばれるものを次のように定めよう．

定義 3.8　Ω を $\mathbf{R}$ の空でない高々可算な部分集合とし，S を Ω 上の n 次元統計的モデルとする．n 次元統計的モデルとして，関数 $C, F_1, F_2, \ldots, F_n : \Omega \to \mathbf{R}$ および $\psi : \Theta \to \mathbf{R}$ を用いて [*17]，

$$S = \{p(\,\cdot\,;\boldsymbol{\theta}) \,|\, \boldsymbol{\theta} \in \Theta\}, \tag{3.139}$$

$$p(x;\boldsymbol{\theta}) = \exp\left(C(x) + \sum_{i=1}^{n} \theta_i F_i(x) - \psi(\boldsymbol{\theta})\right) \quad (\boldsymbol{\theta} = (\theta_1, \theta_2, \ldots, \theta_n)) \tag{3.140}$$

と表されるとき，S を**指数型分布族** (exponential family) という．このとき，$\boldsymbol{\theta}$ を**自然座標系** (natural coordinate system) という．　　　□

注意 3.11　定義 3.8 において，$p(\,\cdot\,;\boldsymbol{\theta})$ は確率関数なので，

$$\sum_{x \in \Omega} p(x;\boldsymbol{\theta}) = 1 \tag{3.141}$$

である．よって，ψ は

$$\psi(\boldsymbol{\theta}) = \log \sum_{x \in \Omega} \exp\left(C(x) + \sum_{i=1}^{n} \theta_i F_i(x)\right) \tag{3.142}$$

によりあたえられる．　　　■

▶ **例 3.5**　例 1.10 の Ω_n 上の n 次元統計的モデル

$$S_n = \{p(\,\cdot\,;\boldsymbol{\xi}) \,|\, \boldsymbol{\xi} \in \Xi_n\} \tag{3.143}$$

を考えよう．すなわち，

$$\Omega_n = \{0, 1, 2, \ldots, n\}, \tag{3.144}$$

[*17]「Θ」は「シータ」と読むギリシャ文字の大文字である．

$$\Xi_n = \left\{ (\xi_1, \xi_2, \ldots, \xi_n) \ \middle| \ \xi_1, \xi_2, \ldots, \xi_n > 0, \ \sum_{i=1}^n \xi_i < 1 \right\} \tag{3.145}$$

であり, $\boldsymbol{\xi} = (\xi_1, \xi_2, \ldots, \xi_n) \in \Xi_n$ に対して,

$$p(0; \boldsymbol{\xi}) = 1 - \sum_{j=1}^n \xi_j, \quad p(i; \boldsymbol{\xi}) = \xi_i \quad (i = 1, 2, \ldots, n) \tag{3.146}$$

である.

ここで, $j = 1, 2, \ldots, n$ に対して, 関数 $F_j : \Omega_n \to \mathbf{R}$ を

$$F_j(i) = 0 \quad (i \in \Omega_n, \ i \neq j), \quad F_j(j) = 1 \tag{3.147}$$

により定める. このとき,

$$
\begin{aligned}
\log p(i; \boldsymbol{\xi}) &= \sum_{j=1}^n F_j(i) \log p(j; \boldsymbol{\xi}) + \left(1 - \sum_{j=1}^n F_j(i) \right) \log p(0; \boldsymbol{\xi}) \\
&= \sum_{j=1}^n F_j(i) \log \frac{p(j; \boldsymbol{\xi})}{p(0; \boldsymbol{\xi})} + \log p(0; \boldsymbol{\xi}) \\
&= \sum_{j=1}^n F_j(i) \log \frac{\xi_j}{1 - \sum_{k=1}^n \xi_k} + \log \left(1 - \sum_{j=1}^n \xi_j \right)
\end{aligned}
\tag{3.148}
$$

である. よって,

$$C(i) = 0 \quad (i \in \Omega_n), \quad \theta_j = \log \frac{\xi_j}{1 - \sum_{k=1}^n \xi_k} \quad (j = 1, 2, \ldots, n), \tag{3.149}$$

$$\psi(\boldsymbol{\theta}) = \log \left(1 + \sum_{j=1}^n e^{\theta_j} \right) \tag{3.150}$$

とおくと, S_n の元は (3.140) のように表される. したがって, S_n は指数型分布族である. ◀

▶ **例 3.6**（ポアソン分布）　例 1.11 の Ω 上の 1 次元統計的モデル

$$S = \{p(\,\cdot\,;\xi)\,|\,\xi \in \Xi\} \tag{3.151}$$

を考えよう. すなわち,

$$\Omega = \{0,1,2,\dots\}, \quad \Xi = \{\xi\,|\,\xi > 0\} \tag{3.152}$$

であり, $\xi \in \Xi$ に対して,

$$p(k;\xi) = e^{-\xi}\frac{\xi^k}{k!} \quad (k \in \Omega) \tag{3.153}$$

である. このとき,

$$\log p(k;\xi) = -\log k! + k\log \xi - \xi \tag{3.154}$$

である. よって,

$$C(k) = -\log k! \quad (k \in \Omega), \quad F(k) = k, \quad \theta = \log\xi, \quad \psi(\theta) = e^{\theta} \tag{3.155}$$

とおくと, S の元は (3.140) のように表される. したがって, S は指数型分布族である.　◀

S を定義 3.8 で定めた指数型分布族とし, S の α-接続 $\nabla^{(\alpha)}$ を考える. 自然座標系 $\boldsymbol{\theta}$ を用いると, (3.129) より, $\nabla^{(\alpha)}$ に対するクリストッフェルの記号 $\Gamma_{ij,k}^{(\alpha)}$ $(i,j,k = 1,2,\dots,n)$ は

$$\Gamma_{ij,k}^{(\alpha)} = \mathbf{E}_{\boldsymbol{\theta}}\left[\left\{\partial_i\partial_j l_{\boldsymbol{\theta}} + \frac{1-\alpha}{2}(\partial_i l_{\boldsymbol{\theta}})(\partial_j l_{\boldsymbol{\theta}})\right\}(\partial_k l_{\boldsymbol{\theta}})\right] \tag{3.156}$$

によりあたえられる. ここで, (3.140) より, $i = 1,2,\dots,n$ とすると,

$$\partial_i l_{\boldsymbol{\theta}} = \partial_i\left(C(x) + \sum_{j=1}^{n}\theta_j F_j(x) - \psi(\boldsymbol{\theta})\right) = F_i(x) - (\partial_i\psi)(\boldsymbol{\theta}) \tag{3.157}$$

である [*18]. さらに, $j = 1,2,\dots,n$ とすると,

[*18] 変数が x, $\boldsymbol{\theta}$ の 2 種類あるので, 忘れないように代入した形で表すことにする.

$$\partial_i \partial_j l_{\boldsymbol{\theta}} = -(\partial_i \partial_j \psi)(\boldsymbol{\theta}) \tag{3.158}$$

である．よって，(3.156) において，$\alpha = 1$ とすると，(3.141) より，

$$\Gamma_{ij,k}^{(1)} = \mathbf{E}_{\boldsymbol{\theta}}\left[(-(\partial_i \partial_j \psi)(\boldsymbol{\theta}))(\partial_k l_{\boldsymbol{\theta}})\right] = -(\partial_i \partial_j \psi)(\boldsymbol{\theta})\mathbf{E}_{\boldsymbol{\theta}}\left[\partial_k l_{\boldsymbol{\theta}}\right]$$

$$= -(\partial_i \partial_j \psi)(\boldsymbol{\theta}) \sum_{x \in \Omega} \partial_k p(x; \boldsymbol{\theta}) = -(\partial_i \partial_j \psi)(\boldsymbol{\theta})\partial_k \sum_{x \in \Omega} p(x; \boldsymbol{\theta}) = 0 \tag{3.159}$$

である．したがって，$\nabla^{(1)}$ の曲率は 0 となる．すなわち，$\nabla^{(1)}$ は平坦である．

このことより，一般の統計的モデルの α-接続に対して，$\nabla^{(1)}$ を**指数型接続** (exponential connection) または **e-接続** (e-connection) という．また，$\nabla^{(1)}$ を $\nabla^{(\mathrm{e})}$ とも表す．

次に，混合型分布族について述べよう．

定義 3.9　Ω を $\mathbf{R}$ の空でない高々可算な部分集合とし，S を Ω 上の n 次元統計的モデルとする．n 次元統計的モデルとして，確率関数 $p_0, p_1, p_2, \ldots, p_n$：$\Omega \to \mathbf{R}$ が存在し，

$$S = \{p(\,\cdot\,; \boldsymbol{\theta}) \,|\, \boldsymbol{\theta} \in \Theta\}, \tag{3.160}$$

$$p(x; \boldsymbol{\theta}) = \sum_{i=1}^{n} \theta_i p_i(x) + \left(1 - \sum_{i=1}^{n} \theta_i\right) p_0(x) \quad (\boldsymbol{\theta} = (\theta_1, \theta_2, \ldots, \theta_n)) \tag{3.161}$$

と表されるとき，S を**混合型分布族** (mixture family) という．このとき，$\boldsymbol{\theta}$ を**混合座標系** (mixed coordinate system) という．　　　　□

▶ **例 3.7**　0 の値をとる確率関数も考えると，例 3.5 でも述べた Ω_n 上の統計的モデル S_n は混合型分布族でもある．実際，$j = 0, 1, 2, \ldots, n$ に対して，

$$p_j(i) = 0 \quad (i \in \Omega_n,\ i \neq j), \quad p_j(j) = 1 \tag{3.162}$$

とおくと，p_0，p_1，p_2，$\ldots$，p_n は Ω_n 上の確率関数であり，

$$p(i; \boldsymbol{\xi}) = \sum_{j=1}^{n} \xi_j p_j(i) + \left(1 - \sum_{j=1}^{n} \xi_j\right) p_0(i) \tag{3.163}$$

と表されるからである．　　　　◀

S を定義 3.9 で定めた混合型分布族とし，S の α-接続 $\nabla^{(\alpha)}$ および混合座標系 $\boldsymbol{\theta}$ を考える．このとき，$\nabla^{(\alpha)}$ に対するクリストッフェルの記号 $\Gamma_{ij,k}^{(\alpha)}$ $(i,j,k = 1,2,\ldots,n)$ は (3.156) によりあたえられる．ここで，(3.161) より，$i = 1,2,\ldots,n$ とすると，

$$\partial_i l_{\boldsymbol{\theta}} = \frac{p_i(x) - p_0(x)}{p(x;\boldsymbol{\theta})} \tag{3.164}$$

である．さらに，$j = 1,2,\ldots,n$ とすると，

$$\partial_i \partial_j l_{\boldsymbol{\theta}} = -\frac{(p_i(x) - p_0(x))(p_j(x) - p_0(x))}{(p(x;\boldsymbol{\theta}))^2} \tag{3.165}$$

である．よって，(3.156) において，$\alpha = -1$ とすると，

$$\Gamma_{ij,k}^{(-1)} = \mathbf{E}_{\boldsymbol{\theta}}\left[\{\partial_i \partial_j l_{\boldsymbol{\theta}} + (\partial_i l_{\boldsymbol{\theta}})(\partial_j l_{\boldsymbol{\theta}})\}(\partial_k l_{\boldsymbol{\theta}})\right] = 0 \tag{3.166}$$

である．したがって，$\nabla^{(-1)}$ の曲率は 0 となる．すなわち，$\nabla^{(-1)}$ は平坦である．

このことより，一般の統計的モデルの α-接続に対して，$\nabla^{(-1)}$ を**混合型接続** (mixture connection) または **m-接続** (m-connection) という．また，$\nabla^{(-1)}$ を $\nabla^{(\mathrm{m})}$ とも表す．

第4章

確率密度関数からなる統計的モデル

4.1 測度空間

第1章から第3章までは，$\mathbf{R}$ の高々可算な部分集合上の統計的モデルについて述べてきた．第4章では，$\mathbf{R}$ 上の統計的モデルを扱う．そのための準備として，§4.1 では，測度空間について簡単に述べていこう．

まず，離散型確率空間の標本空間（§1.2）を次のように可測空間として一般化する．

定義 4.1　Ω を空でない集合，$\mathcal{F}$ を Ω の部分集合系 [*1] とする．次の (1)～(3) がなりたつとき，$\mathcal{F}$ を Ω 上の **σ-加法族** (σ-additive class)，**可算加法族** (countably additive class) または **完全加法族** (completely additive class)，$(\Omega, \mathcal{F})$ を **可測空間** (measurable space) という．また，$\mathcal{F}$ の元を **可測集合** (measurable set) という．

(1) $\Omega \in \mathcal{F}$.

(2) $A \in \mathcal{F}$ ならば，$A^c \in \mathcal{F}$.

(3) $A_n \in \mathcal{F}$ $(n \in \mathbf{N})$ ならば，$\displaystyle\bigcup_{n=1}^{\infty} A_n \in \mathcal{F}$.

ただし，A^c は Ω を全体集合としたときの A の補集合である．　　　　□

自明な σ-加法族の例として，次の2つが挙げられる．

[*1] 集合 Ω の部分集合を元とする集合を Ω の部分集合系という．

▶ **例 4.1**　Ω を空でない集合とする．このとき，Ω の部分集合系 $\{\emptyset, \Omega\}$ は，明らかに定義 4.1 の条件 (1)～(3) をみたす．よって，$(\Omega, \{\emptyset, \Omega\})$ は可測空間である．　◀

▶ **例 4.2**　Ω を集合とし，Ω の部分集合全体からなる集合を 2^Ω と表す．2^Ω を Ω の**べき集合** (power set) という*2．とくに，2^Ω は Ω の部分集合系である．

　ここで，$\Omega \neq \emptyset$ とする．このとき，明らかに，2^Ω は定義 4.1 の条件 (1)～(3) をみたす．よって，$(\Omega, 2^\Omega)$ は可測空間である．とくに，Ω を離散型確率空間の標本空間とすると，Ω は高々可算であり，Ω に対する事象とは Ω の部分集合，すなわち，2^Ω の元のことである．　◀

　部分集合系は必ずしも σ-加法族であるとは限らないが，次のようにして，あたえられた部分集合系を含む最小の σ-加法族を定めることができる*3．Ω を空でない集合，$\mathcal{G}$ を Ω の部分集合系とする．このとき，$\mathcal{G}$ を含む Ω 上の σ-加法族全体からなる集合を Λ とおく．例えば，例 4.2 より，2^Ω は Ω 上の σ-加法族であり，明らかに $\mathcal{G} \subset 2^\Omega$ なので，$2^\Omega \in \Lambda$ である．そこで，

$$\sigma[\mathcal{G}] = \bigcap_{\mathcal{F} \in \Lambda} \mathcal{F} = \{A \subset \Omega \,|\, 任意の \,\mathcal{F} \in \Lambda\, に対して，\, A \in \mathcal{F}\} \tag{4.1}$$

とおく．このとき，次がなりたつ．

  $\boxed{命題 4.1}$　$\sigma[\mathcal{G}]$ は Ω 上の σ-加法族である．　　　　　□

【証明】　まず，任意の $\mathcal{F} \in \Lambda$ に対して，定義 4.1 の条件 (1) より，$\Omega \in \mathcal{F}$ である．よって，(4.1) より，$\Omega \in \sigma[\mathcal{G}]$ である．すなわち，$\sigma[\mathcal{G}]$ は定義 4.1 の条件 (1) をみたす．

　次に，$A \in \sigma[\mathcal{G}]$ とする．このとき，(4.1) より，任意の $\mathcal{F} \in \Lambda$ に対して，$A \in \mathcal{F}$ である．さらに，定義 4.1 の条件 (2) より，$A^c \in \mathcal{F}$ である．よって，$A^c \in \sigma[\mathcal{G}]$ である．すなわち，$\sigma[\mathcal{G}]$ は定義 4.1 の条件 (2) をみたす．

---

*2 Ω が n 個の元からなる有限集合のとき，2^Ω は 2^n 個の元からなることがわかる．このことより，Ω のべき集合を 2^Ω と表す．
*3 一方，べき集合は最大のものとなる．

さらに，$A_n \in \sigma[\mathcal{G}]$ $(n \in \mathbf{N})$ とする．このとき，(4.1) より，任意の $\mathcal{F} \in \Lambda$ に対して，$A_n \in \mathcal{F}$ である．さらに，定義 4.1 の条件 (3) より，$\bigcup_{n=1}^{\infty} A_n \in \mathcal{F}$ である．よって，$\bigcup_{n=1}^{\infty} A_n \in \sigma[\mathcal{G}]$ である．すなわち，$\sigma[\mathcal{G}]$ は定義 4.1 の条件 (3) をみたす．

したがって，$\sigma[\mathcal{G}]$ は Ω 上の σ-加法族である．　　　　□

(4.1) および命題 4.1 より，$\sigma[\mathcal{G}]$ は包含関係に関して，$\mathcal{G}$ を含む最小の Ω 上の σ-加法族であるということができる．$\sigma[\mathcal{G}]$ を $\mathcal{G}$ により**生成される** (generated by) σ-加法族，可算加法族または完全加法族という．

▶ **例 4.3**（$\mathbf{R}^n$ のボレル集合族）　$\mathbf{R}^n$ の開集合全体からなる集合により生成される σ-加法族を $\mathcal{B}(\mathbf{R}^n)$ と表し，$\mathbf{R}^n$ の**ボレル集合族** (Borel family) という．$\mathcal{B}(\mathbf{R}^n)$ の元を**ボレル集合** (Borel set) という．とくに，$(\mathbf{R}^n, \mathcal{B}(\mathbf{R}^n))$ は可測空間である．　　　　◀

次に，正の無限大「$+\infty$」を考え，任意の実数は $+\infty$ よりも小さいとする．このとき，実数または $+\infty$ に値をとる σ-加法族上の関数[*4] を考え，測度空間および確率空間を次のように定める．とくに，確率空間については，離散型確率空間に対する確率の公理（その 1，その 2）（公理 1.1，公理 1.2）を一般化したものとなっている．

定義 4.2　　$(\Omega, \mathcal{F})$ を可測空間，$\mu : \mathcal{F} \to \mathbf{R} \cup \{+\infty\}$ を関数とする．次の (1)，(2) がなりたつとき，μ を $(\Omega, \mathcal{F})$ 上の**測度** (measure)，$(\Omega, \mathcal{F}, \mu)$ を**測度空間** (measure space) という．とくに，$\mu(\Omega) = 1$ のとき，μ を**確率測度** (probability measure)，$(\Omega, \mathcal{F}, \mu)$ を**確率空間** (probability space) という．

(1) 任意の $A \in \mathcal{F}$ に対して，$0 \leq \mu(A) \leq +\infty$．また，$\mu(\emptyset) = 0$．（**非負性** (nonnegativity)）

(2) $A_n \in \mathcal{F}$ $(n \in \mathbf{N})$，$A_n \cap A_m = \emptyset$ $(n, m \in \mathbf{N}, n \neq m)$ ならば，$\mu\left(\bigcup_{n=1}^{\infty} A_n\right) = \sum_{n=1}^{\infty} \mu(A_n)$．（$\boldsymbol{\sigma}$**-加法性** ($\sigma$-additivity)，**可算加法性** (countable additivity) または**完全加法性** (complete additivity)）　　□

[*4] 「関数」という用語は $\mathbf{R}$ のような数からなる集合の部分集合に値をとる写像に対して用いられるが，$+\infty$ の値をとりうる場合も「関数」ということにする．

$\mathbf{R}^n$ はルベーグ測度とよばれる測度を定めることにより，ルベーグ測度空間とよばれる測度空間となる．簡単のため，$n = 1$ の場合に概略を述べておこう．

まず，$a, b \in \mathbf{R}$, $a < b$ とし，

$$(a, b] = \{x \in \mathbf{R} \mid a < x \leq b\}, \quad (-\infty, b] = \{x \in \mathbf{R} \mid x \leq b\}, \qquad (4.2)$$

$$(a, +\infty) = \{x \in \mathbf{R} \mid a < x\} \qquad (4.3)$$

とおく [*5][*6]．とくに，(4.3) は (1.20) で定めた無限開区間の 1 つである．

次に，$\mathcal{J}$ を次の (1)〜(3) の集合全体からなる $\mathbf{R}$ の部分集合系とする．

(1) (4.2) または (4.3) のように表される集合
(2) (1) の集合の直和，すなわち，互いに素な集合の和として表される集合
(3) $\emptyset$ および $\mathbf{R}$

(1) の集合に対して，

$$m((a, b]) = b - a, \quad m((-\infty, b]) = m((a, +\infty)) = +\infty \qquad (4.4)$$

とおく．また，(2) の集合 J が (1) の集合 I_1, I_2, ..., I_n の直和として，

$$J = \bigcup_{i=1}^{n} I_i \qquad (4.5)$$

と表されるとき [*7]，

$$m(J) = \sum_{i=1}^{n} m(I_i) \qquad (4.6)$$

とおく．ただし，(4.6) の右辺に $+\infty$ となる項があるときは $m(J) = +\infty$ と約束する．さらに，(3) の集合について，

$$m(\emptyset) = 0, \quad m(\mathbf{R}) = +\infty \qquad (4.7)$$

[*5] $(a, b]$ を左半開区間という．また，$[a, b) = \{x \in \mathbf{R} \mid a \leq x < b\}$ とおき，これを右半開区間という．

[*6] $[a, +\infty) = \{x \in \mathbf{R} \mid a \leq x\}$ とおき，$(-\infty, b]$ と合わせて，無限閉区間という．

[*7] $A \cup B$ が 2 つの集合 A と B の直和であることを $A \sqcup B$ や $A \amalg B$ とも表す．3 個以上の集合の直和についても同様である．

とおく. このとき, m は $\mathcal{J}$ で定義された 0 以上の実数または $+\infty$ に値をとる関数を定める.

さらに, $A \subset \mathbf{R}$ に対して,

$$\lambda^*(A) = \inf\left\{\sum_{n=1}^{\infty} m(J_n) \,\middle|\, A \subset \bigcup_{n=1}^{\infty} J_n,\ J_n \in \mathcal{J}\ (n \in \mathbf{N})\right\} \tag{4.8}$$

とおく. このとき, λ^* は $2^{\mathbf{R}}$ で定義された 0 以上の実数または $+\infty$ に値をとる関数を定める. とくに, $J \in \mathcal{J}$ のとき,

$$\lambda^*(J) = m(J) \tag{4.9}$$

であることがわかる. λ^* を $\mathbf{R}$ のルベーグ外測度 (Lebesgue exterior measure) という. λ^* について, 次がなりたつことがわかる.

定理 4.1　$\mathbf{R}$ のルベーグ外測度 λ^* について, 次の $(1)\sim(3)$ がなりたつ [*8].

(1) 任意の $A \subset \mathbf{R}$ に対して, $0 \leq \lambda^*(A) \leq +\infty$. また, $\lambda^*(\emptyset) = 0$. (非負性)

(2) $A \subset B \subset \mathbf{R}$ ならば, $\lambda^*(A) \leq \lambda^*(B)$. (単調性)

(3) $A_n \subset \mathbf{R}\ (n \in \mathbf{N})$ ならば, $\lambda^*\left(\bigcup_{n=1}^{\infty} A_n\right) \leq \sum_{n=1}^{\infty} \lambda^*(A_n)$. (劣加法性)

$\square$

さらに, λ^* をもとにルベーグ測度を定めるために, ルベーグ可測集合とよばれるものを次のように定める.

定義 4.3　$A \subset \mathbf{R}$ とする. 任意の $B \subset \mathbf{R}$ に対して,

$$\lambda^*(B) = \lambda^*(B \cap A) + \lambda^*(B \cap A^c) \tag{4.10}$$

となるとき, A は**ルベーグ可測** (Lebesgue measurable) であるという [*9] (図 4.1).

$\square$

[*8] 一般に, 空でない集合 Ω に対して, 条件 $(1)\sim(3)$ をみたす関数 $\mu^*: 2^{\Omega} \to \mathbf{R} \cup \{+\infty\}$ をカラテオドリの外測度または外測度という.

[*9] 選択公理とよばれるものを用いると, ルベーグ可測ではない $\mathbf{R}$ の部分集合の存在を示すことができる.

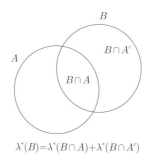

$$\lambda^*(B) = \lambda^*(B \cap A) + \lambda^*(B \cap A^c)$$

図 4.1　ルベーグ可測集合 A

$\mathbf{R}$ のルベーグ可測集合全体の集合を $\mathcal{F}$ と表す．このとき，

$$\mathcal{J} \subset \sigma[\mathcal{J}] = \mathcal{B}(\mathbf{R}) \subset \mathcal{F} \tag{4.11}$$

となることがわかる．さらに，λ^* の $\mathcal{F}$ への制限を λ と表す．すなわち，

$$\lambda(A) = \lambda^*(A) \quad (A \in \mathcal{F}) \tag{4.12}$$

である．このとき，次がなりたつことがわかる．

定理 4.2　$\mathcal{F}$ は $\mathbf{R}$ 上の σ-加法族であり，λ は可測空間 $(\mathbf{R}, \mathcal{F})$ 上の測度である．　　　　　　　　　　　　　　　　　　　　　　　　　　　□

定理 4.2 によって得られた測度 λ を $\mathbf{R}$ の**ルベーグ測度** (Lebesgue measure)，測度空間 $(\mathbf{R}, \mathcal{F}, \lambda)$ を**ルベーグ測度空間** (Lebesgue measure space) という．また，上と同様に，$\mathbf{R}^n$ に対しても，ルベーグ可測集合，ルベーグ測度，ルベーグ測度空間を定めることができる．

▌4.2　可測関数と積分

可測空間に対して可測関数をいうものを考えることができる．さらに，測度があたえられると，可測関数の測度に関する積分を考えることができる．§4.2 では，これらのことを簡単に述べておこう．

正の無限大「$+\infty$」および負の無限大「$-\infty$」を考え，任意の実数は $-\infty$ よりも大きく，$+\infty$ よりも小さいと約束する．このとき，実数または $\pm\infty$ に値をとる可測空間上の関数を考え，次のように定める．

定義 4.4　　$(\Omega, \mathcal{F})$ を可測空間，$f : \Omega \to \mathbf{R} \cup \{\pm\infty\}$ を関数とする．任意の $a \in \mathbf{R}$ に対して，

$$f^{-1}((a, +\infty) \cup \{+\infty\}) \in \mathcal{F} \tag{4.13}$$

となるとき，f を **$\mathcal{F}$-可測関数** ($\mathcal{F}$-measurable function) または**可測関数** (measurable function) という．　　　　□

可測関数について，次がなりたつ．

命題 4.2　　$(\Omega, \mathcal{F})$ を可測空間，$f : \Omega \to \mathbf{R} \cup \{\pm\infty\}$ を関数とすると，次の (1)〜(5) は互いに同値である．

(1) f は $\mathcal{F}$-可測関数である．

(2) 任意の $a \in \mathbf{R}$ に対して，$f^{-1}([a, +\infty) \cup \{+\infty\}) \in \mathcal{F}$.

(3) 任意の $a \in \mathbf{R}$ に対して，$f^{-1}(\{-\infty\} \cup (-\infty, a)) \in \mathcal{F}$.

(4) 任意の $a \in \mathbf{R}$ に対して，$f^{-1}(\{-\infty\} \cup (-\infty, a]) \in \mathcal{F}$.

(5) 任意の $A \in \mathcal{B}(\mathbf{R})$，すなわち，ボレル集合 $A \subset \mathbf{R}$ に対して，$f^{-1}(A) \in \mathcal{F}$.
　　また，$f^{-1}(\{+\infty\}) \in \mathcal{F}$.　　　　□

【証明】　　(1)⇒(2)：(1) を仮定すると，定義 4.1 の条件 (2)，(3)，定義 4.4 およびド・モルガンの法則 [10] より，

$$f^{-1}([a, +\infty) \cup \{+\infty\}) = \bigcap_{n=1}^{\infty} f^{-1}\left(\left(a - \frac{1}{n}, +\infty\right) \cup \{+\infty\}\right)$$

$$= \left(\bigcup_{n=1}^{\infty} \left(f^{-1}\left(\left(a - \frac{1}{n}, +\infty\right) \cup \{+\infty\}\right)\right)^c\right)^c \in \mathcal{F} \tag{4.14}$$

---

[10] 全体集合 X の部分集合 A_n $(n \in \mathbf{N})$ に対して，$\left(\bigcup_{n=1}^{\infty} A_n\right)^c = \bigcap_{n=1}^{\infty} A_n^c$, $\left(\bigcap_{n=1}^{\infty} A_n\right)^c = \bigcup_{n=1}^{\infty} A_n^c$ がなりたつ．

である. よって, (2) がなりたつ.

(2)⇒(3)：(2) を仮定すると, 定義 4.1 の条件 (2) より,

$$f^{-1}(\{-\infty\} \cup (-\infty, a)) = \left(f^{-1}([a, +\infty) \cup \{+\infty\})\right)^c \in \mathcal{F} \qquad (4.15)$$

である. よって, (3) がなりたつ.

(3)⇒(4)：(1)⇒(2) の証明と同様である.

(4)⇒(1)：(2)⇒(3) の証明と同様である.

(1)〜(4)⇒(5)：まず,

$$f^{-1}(\{+\infty\}) = \bigcap_{n=1}^{\infty} f^{-1}((n, +\infty) \cup \{+\infty\}) \in \mathcal{F} \qquad (4.16)$$

となる. 同様に, $f^{-1}(\{-\infty\}) \in \mathcal{F}$ である. 次に, $\mathbf{R}$ の部分集合系 $\mathcal{G}$ を

$$\mathcal{G} = \{A \subset \mathbf{R} \mid f^{-1}(A) \in \mathcal{F}\} \qquad (4.17)$$

により定める. このとき, $\emptyset \in \mathcal{G}$ である. また, $A \in \mathcal{G}$ とすると,

$$f^{-1}(A^c) = (f^{-1}(A))^c \setminus \left(f^{-1}(\{+\infty\}) \cup f^{-1}(\{-\infty\})\right) \in \mathcal{F} \qquad (4.18)$$

となるので, $A^c \in \mathcal{G}$ である. さらに, $A_n \in \mathcal{G}\ (n \in \mathbf{N})$ とすると,

$$f^{-1}\left(\bigcup_{n=1}^{\infty} A_n\right) = \bigcup_{n=1}^{\infty} f^{-1}(A_n) \in \mathcal{F} \qquad (4.19)$$

となるので, $\displaystyle\bigcup_{n=1}^{\infty} A_n \in \mathcal{G}$ である. よって, $\mathcal{G}$ は $\mathbf{R}$ 上の σ-加法族である.

(1)〜(4) および (4.11) より, $\mathcal{B}(\mathbf{R}) \subset \mathcal{G}$ となる. したがって, (5) がなりたつ.

(5)⇒(1)：(5) を仮定すると,

$$f^{-1}((a, +\infty) \cup \{+\infty\}) = f^{-1}((a, +\infty)) \cup f^{-1}(\{+\infty\}) \in \mathcal{F} \qquad (4.20)$$

となる. よって, (1) がなりたつ.

以上より，(1)〜(5) は互いに同値である．　　　　　　　　　　　□

可測関数の例を挙げていこう．

▶ **例 4.4**（ボレル可測関数）　　例 4.3 で述べた可測空間 $(\mathbf{R}^n, \mathcal{B}(\mathbf{R}^n))$ を考える．このとき，$\mathcal{B}(\mathbf{R}^n)$-可測関数を**ボレル可測関数** (Borel measurable function) という．　　　　　　　　　　　　　　　　　　　　　　　　　　◀

▶ **例 4.5**（ルベーグ可測関数）　　$\mathcal{F}$ を $\mathbf{R}^n$ のルベーグ可測集合全体からなる集合とし，可測空間 $(\mathbf{R}^n, \mathcal{F})$ を考える．このとき，$\mathcal{F}$-可測関数を**ルベーグ可測関数** (Lebesgue measurable function) という．　　　　　　　　　◀

▶ **例 4.6**（可測集合の定義関数）　　$(\Omega, \mathcal{F})$ を可測空間とし，$A \in \mathcal{F}$ とする．このとき，A の定義関数 $\chi_A : \Omega \to \mathbf{R} \cup \{\pm\infty\}$ を考える [*11]．すなわち，

$$\chi_A(x) = \begin{cases} 1 & (x \in A), \\ 0 & (x \in \Omega \setminus A) \end{cases} \tag{4.21}$$

である．ここで，$a \in \mathbf{R}$ とすると，

$$\chi_A^{-1}((a, +\infty) \cup \{+\infty\}) = \begin{cases} \Omega & (a < 0), \\ A & (0 \le a < 1), \\ \emptyset & (a \ge 1) \end{cases} \tag{4.22}$$

となるので，$\chi_A^{-1}((a, +\infty) \cup \{+\infty\}) \in \mathcal{F}$ である．よって，χ_A は $\mathcal{F}$-可測関数である．　　　　　　　　　　　　　　　　　　　　　　　　　　　　◀

例 4.6 は次のように一般化することができる．

▶ **例 4.7**（単関数）　　有限個の実数の値しかとらない関数を**単関数**，**単純関数** (simple function) または**階段関数** (step function) という．$(\Omega, \mathcal{F})$ を可測空間とし，$f : \Omega \to \mathbf{R} \cup \{\pm\infty\}$ を単関数とする．このとき，f は互いに異なる $a_0, a_1, a_2, \ldots, a_n \in \mathbf{R}$ および互いに素な $A_0, A_1, A_2, \ldots, A_n \subset \Omega$ を用いて，

[*11]「χ」は「カイ」と読むギリシャ文字の小文字である．

$$f(x) = \sum_{i=0}^{n} a_i \chi_{A_i}(x) \quad (x \in \Omega) \tag{4.23}$$

と表すことができる. とくに, f が $\mathcal{F}$-可測関数のときは $A_0, A_1, A_2, \ldots, A_n \in \mathcal{F}$ である. ◀

非負 [*12] 可測関数は各点で単調増加な非負可測単関数列で近似することができる. すなわち, 次がなりたつ.

定理 4.3 　　$(\Omega, \mathcal{F})$ を可測空間, $f : \Omega \to \mathbf{R} \cup \{\pm\infty\}$ を非負可測関数とする. このとき, ある非負可測単関数 $f_n : \Omega \to \mathbf{R} \cup \{\pm\infty\}$ （$n \in \mathbf{N}$）が存在し, 任意の $x \in \Omega$ に対して,

$$f_n(x) \le f_{n+1}(x), \quad \lim_{n \to \infty} f_n(x) = f(x) \tag{4.24}$$

となる. □

【証明】　$n \in \mathbf{N}$ に対して. 非負単関数 $f_n : \Omega \to \mathbf{R} \cup \{\pm\infty\}$ を

$$f_n(x) = \sum_{i=1}^{n2^n} \frac{i-1}{2^n} \chi_{f^{-1}\left(\left[\frac{i-1}{2^n}, \frac{i}{2^n}\right)\right)}(x) + n\chi_{f^{-1}([n,+\infty)\cup\{+\infty\})}(x) \quad (x \in \Omega) \tag{4.25}$$

により定める. このとき, f_n は $\mathcal{F}$-可測関数となり, (4.24) の第 1 式をみたすことがわかる（図 4.2）.

ここで, $f(x) = +\infty$ のとき,

$$\lim_{n \to \infty} f_n(x) = \lim_{n \to \infty} n = +\infty \tag{4.26}$$

である. また, $f(x) \in \mathbf{R}$ のとき, ある $N \in \mathbf{N}$ が存在し, $n \in \mathbf{N}$, $n \ge N$ ならば, $f(x) < n$ となる. このとき, (4.25) より,

$$|f_n(x) - f(x)| < \frac{1}{2^n} \tag{4.27}$$

となる. よって, (4.24) の第 2 式がなりたつ. □

[*12] 0 以上の実数または $+\infty$ に値をとることを意味する.

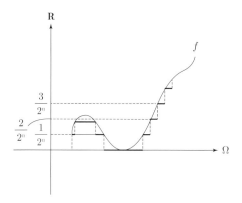

図 4.2　単関数による近似

　$(\Omega, \mathcal{F})$ を可測空間，$f, g : \Omega \to \mathbf{R} \cup \{\pm\infty\}$ を関数とし，$x \in \Omega$ に対して，$f(x)$ と $g(x)$ のうちの小さくない方を $\max\{f(x), g(x)\}$ と表す．このとき，関数 $\max\{f, g\} : \Omega \to \mathbf{R} \cup \{\pm\infty\}$ を

$$(\max\{f, g\})(x) = \max\{f(x), g(x)\} \quad (x \in \Omega) \tag{4.28}$$

により定める．また，$f(x)$ と $g(x)$ のうちの大きくない方を $\min\{f(x), g(x)\}$ と表す．このとき，関数 $\min\{f, g\} : \Omega \to \mathbf{R} \cup \{\pm\infty\}$ を

$$(\min\{f, g\})(x) = \min\{f(x), g(x)\} \quad (x \in \Omega) \tag{4.29}$$

により定める．$\max\{f, g\}$ および $\min\{f, g\}$ に関して，次がなりたつことがわかる．

命題 4.3　$(\Omega, \mathcal{F})$ を可測空間，$f, g : \Omega \to \mathbf{R} \cup \{\pm\infty\}$ を $\mathcal{F}$-可測関数とする．このとき，$\max\{f, g\}$，$\min\{f, g\}$ は $\mathcal{F}$-可測関数である．　　　　□

　それでは，可測関数の測度に関する積分を 3 つの段階に分けて述べていこう．$(\Omega, \mathcal{F}, \mu)$ を測度空間，$f : \Omega \to \mathbf{R} \cup \{\pm\infty\}$ を $\mathcal{F}$-可測関数とする．

　まず，非負可測単関数に対して積分を定める．f が非負単関数であるとし，f を (4.23) のように表しておく．ただし，$a_0 = 0$, $a_1, a_2, \ldots, a_n > 0$ とする．こ

のとき，

$$\int_\Omega f \, d\mu = \int_\Omega f(x) \, d\mu(x) = \int_\Omega f(x)\mu(dx)$$
$$= \sum_{i=1}^{n} a_i \mu(A_i) \in [0, +\infty) \cup \{+\infty\} \qquad (4.30)$$

とおき，これを μ に関する非負可測単関数 f の**積分** (integral) という．

次に，非負可測関数に対して積分を定める．f が非負関数であるとすると，定理 4.3 より，ある非負可測単関数 $f_n : \Omega \to \mathbf{R} \cup \{\pm\infty\}$ ($n \in \mathbf{N}$) が存在し，任意の $x \in \Omega$ に対して，(4.24) がなりたつ．このとき，非負可測単関数に対する積分の定義より，μ に関する f_n の積分は n について単調増加となる．このことより，

$$\int_\Omega f \, d\mu = \int_\Omega f(x) \, d\mu(x) = \int_\Omega f(x)\mu(dx)$$
$$= \lim_{n \to \infty} \int_\Omega f_n \, d\mu \in [0, +\infty) \cup \{+\infty\} \qquad (4.31)$$

とおき，これを μ に関する非負可測関数 f の**積分**という．(4.31) の値は f_n の選び方に依存しないことがわかる．すなわち，上の積分の定義は well-defined である [13]．

さらに，可積分な可測関数とよばれるものに対して積分を定める．命題 4.3 より，非負可測関数 $f^+, f^- : \Omega \to \mathbf{R} \cup \{\pm\infty\}$ を

$$f^+(x) = \max\{f(x), 0\}, \quad f^-(x) = \max\{-f(x), 0\} \quad (x \in \Omega) \qquad (4.32)$$

により定めることができる．このとき，任意の $x \in \Omega$ に対して，f は

$$f(x) = f^+(x) - f^-(x) \qquad (4.33)$$

と表される [14]．また，非負関数 $|f| : \Omega \to \mathbf{R} \cup \{\pm\infty\}$ を

---

[13] 数学では，すでに定められた概念から新たな概念を定める際に，いったん別の概念を経由することがあるが，このときに別の概念が複数定まってしまうことがある．それにも関わらず，最終的に定まる概念がきちんと 1 つに確定するとき，定義は well-defined であるという．

[14] $a \in \mathbf{R}$ に対して，$+\infty - a = +\infty$ などと約束する．

$$|f|(x) = |f(x)| \quad (x \in \Omega) \tag{4.34}$$

により定める. このとき,

$$|f(x)| = f^+(x) + f^-(x) \quad (x \in \Omega) \tag{4.35}$$

であり, $|f|$ は $\mathcal{F}$-可測関数となる. そこで, 非負可測関数に対する積分の定義を用いて, 次のように定める.

定義 4.5 f が

$$\int_\Omega |f| \, d\mu < +\infty \tag{4.36}$$

をみたすとき, f は **μ-可積分** (μ-integrable), **可積分**または**積分可能**であるという. □

f が μ-可積分であるとすると, (4.35) より, f^+, f^- は μ-可積分となる. そこで, (4.33) に注意し,

$$\int_\Omega f \, d\mu = \int_\Omega f(x) \, d\mu(x) = \int_\Omega f(x)\mu(dx) = \int_\Omega f^+ \, d\mu - \int_\Omega f^- \, d\mu \tag{4.37}$$

とおき, これを μ に関する可積分な可測関数 f の**積分**という. このとき, 次がなりたつことがわかる.

定理 4.4 $(\Omega, \mathcal{F}, \mu)$ を測度空間, $f, g : \Omega \to \mathbf{R} \cup \{\pm\infty\}$ を μ-可積分関数とする. このとき, 次の (1), (2) がなりたつ.

(1) $a, b \in \mathbf{R}$ とすると, 関数 $af + bg : \Omega \to \mathbf{R} \cup \{\pm\infty\}$ は μ-可積分となり [*15],

$$\int_\Omega (af + bg) \, d\mu = a \int_\Omega f \, d\mu + b \int_\Omega g \, d\mu \tag{4.38}$$

がなりたつ (**線形性**).

(2) 任意の $x \in \Omega$ に対して, $f(x) \le g(x)$ ならば,

$$\int_\Omega f \, d\mu \le \int_\Omega g \, d\mu \tag{4.39}$$

[*15] $x \in \Omega$ に対して, $(af + bg)(x) = af(x) + bg(x)$ であるが, 右辺が $+\infty - (+\infty)$ のようになる場合は左辺の値をどのように定めても積分の値は変わらないことがわかる.

がなりたつ（**単調性**）.　　　　　　　　　　　　　　　　　□

また，可測集合上の積分を次のように定める.

定義 4.6　$(\Omega, \mathcal{F}, \mu)$ を測度空間，$f : \Omega \to \mathbf{R} \cup \{\pm\infty\}$ を $\mathcal{F}$-可測関数とし，$A \in \mathcal{F}$ とする. $\chi_A f$ が μ-可積分となるとき [*16]，

$$\int_A f \, d\mu = \int_A f(x) \, d\mu(x) = \int_A f(x)\mu(dx) = \int_\Omega \chi_A f \, d\mu \qquad (4.40)$$

とおき，これを f の A 上の**積分**という. また，f は A 上 **μ-可積分**，**可積分**または**積分可能**であるという.　　　　　　　　　　　□

　$\mathbf{R}^n$ のルベーグ測度に関して可積分な可測関数は**ルベーグ可積分**または**ルベーグ積分可能** (Lebesgue integrable) であるという. 微分積分で学ぶリーマン積分とルベーグ測度に関する積分に関して，次がなりたつことがわかる.

定理 4.5　$f : [a, b] \to \mathbf{R}$ を有界閉区間 $[a, b]$ 上リーマン積分可能な関数とする. このとき，f は $[a, b]$ 上ルベーグ積分可能である. さらに，これらの積分の値は一致する.　　　　　　　　　　　　　　　　　　□

4.3　統計的モデル（その 2）

　§4.3 では，$\mathbf{R}$ 上の統計的モデルを定めよう. まず，離散型確率空間上の確率変数を次のように一般化する.

定義 4.7　$(\Omega, \mathcal{F}, \mathbf{P})$ を確率空間，$X : \Omega \to \mathbf{R}$ を関数とする. X が $\mathcal{F}$-可測関数のとき，X を $(\Omega, \mathcal{F}, \mathbf{P})$ 上の**確率変数** (random variable) という.　　　□

　(1.50) のように定められた，離散確率空間上の確率変数に対する分布は，次のように一般化される. $(\Omega, \mathcal{F}, \mathbf{P})$ を確率空間，$X : \Omega \to \mathbf{R}$ を $(\Omega, \mathcal{F}, \mathbf{P})$ 上の

[*16] $x \in \Omega$ に対して，$(\chi_A f)(x) = ((\chi_A)(x))(f(x))$ である. $A \in \mathcal{F}$ であり，f が $\mathcal{F}$-可測関数ならば，$\chi_A f$ は $\mathcal{F}$-可測関数となる.

確率変数とする．このとき，命題 4.2 の (5) に注意すると，関数 $\mu_X : \mathcal{B}(\mathbf{R}) \to \mathbf{R}$ を

$$\mu_X(A) = \mathbf{P}(X^{-1}(A)) \quad (A \in \mathcal{B}(\mathbf{R})) \tag{4.41}$$

により定めることができる．μ_X を X の**分布**という．このとき，次がなりたつ．

命題 4.4　μ_X は $(\mathbf{R}, \mathcal{B}(\mathbf{R}))$ 上の確率測度である．　　　□

【証明】　定義 4.2 の条件を確認する．

まず，$\mathbf{P}$ は確率測度なので，(4.41) より，任意の $A \in \mathcal{B}(\mathbf{R})$ に対して，

$$0 \leq \mu_X(A) \leq 1 \tag{4.42}$$

である．また，

$$\mu_X(\mathbf{R}) = \mathbf{P}(X^{-1}(\mathbf{R})) = \mathbf{P}(\Omega) = 1 \tag{4.43}$$

である．

次に，$A_n \in \mathcal{B}(\mathbf{R})$ $(n \in \mathbf{N})$ とし，

$$B_n = X^{-1}(A_n) \tag{4.44}$$

とおく．このとき，X は確率変数なので，$B_n \in \mathcal{F}$ である．さらに，

$$A_n \cap A_m = \emptyset \quad (n \neq m) \tag{4.45}$$

とする．このとき，

$$B_n \cap B_m = \emptyset \quad (n \neq m) \tag{4.46}$$

である．ここで，$\mathbf{P}$ は確率測度なので，

$$\mu_X\left(\bigcup_{n=1}^{\infty} A_n\right) = \mathbf{P}\left(X^{-1}\left(\bigcup_{n=1}^{\infty} A_n\right)\right) = \mathbf{P}\left(\bigcup_{n=1}^{\infty} B_n\right) = \sum_{n=1}^{\infty} \mathbf{P}(B_n)$$
$$= \sum_{n=1}^{\infty} \mu_X(A_n) \tag{4.47}$$

である．

よって，μ_X は $(\mathbf{R}, \mathcal{B}(\mathbf{R}))$ 上の確率測度である.   □

確率変数のとりうる値全体の集合が高々可算である場合は，(1.32) や (1.52) で定めたようにして，確率関数を定めることができる. 以下では，確率変数のとりうる値全体の集合が可算ではない，すなわち，非可算である場合を考えよう [*17].

まず，準備として，ラドン-ニコディムの定理について，簡単に述べておく.

定義 4.8 $(\Omega, \mathcal{F})$ を可測空間，$\Phi : \mathcal{F} \to \mathbf{R}$ を関数とする. $A_n \in \mathcal{F}$ $(n \in \mathbf{N})$, $A_n \cap A_m = \emptyset$ $(n, m \in \mathbf{N}, \ n \neq m)$ ならば，$\displaystyle\sum_{n=1}^{\infty} \Phi(A_n)$ は絶対収束し [*18]，$\Phi\left(\displaystyle\bigcup_{n=1}^{\infty} A_n\right)$ に一致するとき，Φ を $(\Omega, \mathcal{F})$ 上の **加法的集合関数** (additive set function) という [*19].   □

加法的集合関数に関して，次のように定める.

定義 4.9 $(\Omega, \mathcal{F}, \mu)$ を測度空間，$\Phi : \mathcal{F} \to \mathbf{R}$ を $(\Omega, \mathcal{F})$ 上の加法的集合関数とする.

$A \in \mathcal{F}$, $\mu(A) = 0$ ならば，$\Phi(A) = 0$ となるとき，Φ は μ に関して **絶対連続** (absolutely continuous) であるという.

$\mu(A_0) = 0$ となる $A_0 \in \mathcal{F}$ が存在し，$A \in \mathcal{F}$, $A \subset A_0^c$ ならば，$\Phi(A) = 0$ となるとき，Φ は μ に関して **特異** (singular) であるという.   □

また，次のように定める.

定義 4.10 $(\Omega, \mathcal{F}, \mu)$ を測度空間とする. ある $\Omega_n \in \mathcal{F}$ $(n \in \mathbf{N})$ が存在し，

$$\mu(\Omega_n) < +\infty \quad (n \in \mathbf{N}), \quad \Omega = \bigcup_{n=1}^{\infty} \Omega_n \tag{4.48}$$

[*17] 例えば，カントールの対角線論法とよばれる方法を用いて，$\mathbf{R}$ は非可算であることを示すことができる.

[*18] 数列 $\{a_n\}_{n=1}^{\infty}$ に対して，$\displaystyle\sum_{n=1}^{\infty} |a_n|$ が収束するとき，$\displaystyle\sum_{n=1}^{\infty} a_n$ は絶対収束するという.

[*19] 加法的集合関数は測度と異なり，負の値をとってもよいが，$\pm\infty$ の値はとらない.

となるとき，μ は **σ-有限** (σ-finite) であるという．　　□

　σ-有限な測度をもつ可測空間上の加法的集合関数に関して，次のラドン-ニコ
ディムの定理がなりたつことがわかる．

定理 4.6（**ラドン-ニコディムの定理**：Radon-Nikodym theorem）　$(\Omega, \mathcal{F}, \mu)$
を測度空間とし，μ は σ-有限であるとする．また，$\Phi : \mathcal{F} \to \mathbf{R}$ を $(\Omega, \mathcal{F})$ 上の
加法的集合関数とする．このとき，μ に関してそれぞれ絶対連続，特異な $(\Omega, \mathcal{F})$
上のある加法的集合関数 $F, \Psi : \mathcal{F} \to \mathbf{R}$ が一意的に存在し，

$$\Phi(A) = F(A) + \Psi(A) \quad (A \in \mathcal{F}) \tag{4.49}$$

となる．さらに，ある μ-可積分関数 $f : \Omega \to \mathbf{R} \cup \{\pm\infty\}$ が存在し，

$$F(A) = \int_A f \, d\mu \quad (A \in \mathcal{F}) \tag{4.50}$$

となる．　　□

　定理 4.6 における f を F の μ に関する**ラドン-ニコディムの密度関数** (Radon-
Nikodym density function) という．
　さて，$(\Omega, \mathcal{F}, \mathbf{P})$ を確率空間，$X : \Omega \to \mathbf{R}$ を $(\Omega, \mathcal{F}, \mathbf{P})$ 上の確率変数，μ_X を
X の分布とする．とくに，命題 4.4 より，μ_X は $(\mathbf{R}, \mathcal{B}(\mathbf{R}))$ 上の加法的集合関
数である．また，λ を $\mathbf{R}$ のルベーグ測度とし，測度空間 $(\mathbf{R}, \mathcal{B}(\mathbf{R}), \lambda)$ を考え
る．とくに，λ は σ-有限である[20]．ここで，μ_X は λ に関して絶対連続である
と仮定する．このとき，ラドン-ニコディムの定理より，あるルベーグ可積分関
数 $p : \mathbf{R} \to \mathbf{R} \cup \{\pm\infty\}$ が存在し，

$$\mu_X(A) = \int_A p \, d\lambda \quad (A \in \mathcal{B}(\mathbf{R})) \tag{4.51}$$

となる．p を X に対する**確率密度関数** (probability density function) とい
う[21]．とくに，$\mu_X(\mathbf{R}) = 1$ より，

---

[20] 例えば，有界閉区間の増大列を考えればよい．
[21] 離散型確率空間上の確率変数に対する確率関数を確率密度関数，確率質量関数または確率
　　分布関数ということもある．

$$\int_{\mathbf{R}} p \, d\lambda = 1 \tag{4.52}$$

である．また，

$$\lambda(\{x \in \mathbf{R} \mid p(x) < 0\}) = 0 \tag{4.53}$$

であることがわかる．このことを p は**ほとんど至るところ** (almost everywhere) 非負であるという．

　そこで，確率密度関数の族を考え，$\mathbf{R}$ 上の統計的モデルを次のように定める．なお，簡単のため，とくに断らない限り，確率密度関数のとりうる値は常に正であるとする．

定義 4.11　　開集合 $\Xi \subset \mathbf{R}^n$ を用いて，

$$S = \left\{ p(\,\cdot\,; \boldsymbol{\xi}) \,\middle|\, \begin{array}{l} \text{任意の } x \in \mathbf{R} \text{ および任意の } \boldsymbol{\xi} \in \Xi \text{ に対して,} \\ p(x; \boldsymbol{\xi}) > 0 \text{ であり, } \int_{\mathbf{R}} p(\,\cdot\,; \boldsymbol{\xi}) \, d\lambda = 1 \end{array} \right\} \tag{4.54}$$

と表される確率密度関数の族 S を $\mathbf{R}$ 上の n 次元**統計的モデル**という．　　□

▶ **例 4.8**（正規分布）　　開集合 $\Xi \subset \mathbf{R}^2$ を

$$\Xi = \{(\mu, \sigma) \mid \mu \in \mathbf{R}, \ \sigma > 0\} \tag{4.55}$$

により定め，$\boldsymbol{\xi} = (\mu, \sigma) \in \Xi$ に対して，

$$p(x; \boldsymbol{\xi}) = \frac{1}{\sqrt{2\pi}\sigma} \exp\left\{ -\frac{(x - \mu)^2}{2\sigma^2} \right\} \quad (x \in \mathbf{R}) \tag{4.56}$$

とおく（図 4.3）．

　このとき，$p(\,\cdot\,; \boldsymbol{\xi})$ は確率密度関数を定める．実際，$p(\,\cdot\,; \boldsymbol{\xi}) > 0$ であり，変数変換

$$t = \frac{x - \mu}{\sqrt{2}\sigma} \tag{4.57}$$

および等式

$$\int_{\mathbf{R}} e^{-t^2} dt = \sqrt{\pi} \tag{4.58}$$

を用いると，

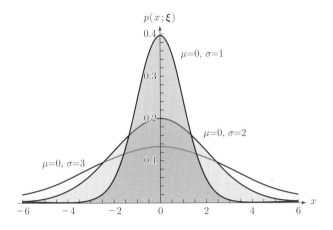

図 4.3　正規分布に対応する確率密度関数

$$\int_{\mathbf{R}} p(\,\cdot\,;\boldsymbol{\xi})\,d\lambda = \int_{\mathbf{R}} \frac{1}{\sqrt{2\pi}\sigma} e^{-t^2} \cdot \sqrt{2}\sigma\,dt = \frac{1}{\sqrt{\pi}} \int_{\mathbf{R}} e^{-t^2}\,dt = \frac{1}{\sqrt{\pi}} \cdot \sqrt{\pi} = 1 \tag{4.59}$$

となるからである [*22]. よって,

$$S = \{p(\,\cdot\,;\boldsymbol{\xi})\,|\,\boldsymbol{\xi} \in \Xi\} \tag{4.60}$$

とおくと，S は $\mathbf{R}$ 上の 2 次元統計的モデルである．なお，S の各元 $p(\,\cdot\,;\boldsymbol{\xi})$ に対応する分布を**正規分布** (normal distribution) という． ◀

定義 1.4 と同様に，確率空間上の確率変数に対して，期待値や分散を定めることができる．

定義 4.12　$(\Omega, \mathcal{F}, \mathbf{P})$ を確率空間，X を $(\Omega, \mathcal{F}, \mathbf{P})$ 上の確率変数とする．
X が $\mathbf{P}$-可積分のとき，$\mathbf{E}[X] \in \mathbf{R}$ を

$$\mathbf{E}[X] = \int_{\Omega} X\,d\mathbf{P} \tag{4.61}$$

により定め，これを X の**期待値**または**平均値**という．

[*22] 微分積分で学ぶ広義積分として計算してよいことがわかる.

X および X^2 が $\mathbf{P}$-可積分のとき,$\mathbf{V}[X] \geq 0$ を

$$\mathbf{V}[X] = \int_\Omega (X - \mathbf{E}[X])^2 \, d\mathbf{P} \tag{4.62}$$

により定め,これを X の**分散**という. □

また,命題 1.1 と同様に,次がなりたつ.

命題 4.5 定義 4.12 において,等式

$$\mathbf{V}[X] = \mathbf{E}[X^2] - (\mathbf{E}[X])^2 \tag{4.63}$$

がなりたつ. □

確率変数とボレル可測関数の合成は確率変数となることに注意すると,定理 1.5 と同様に,次がなりたつ.

定理 4.7 $(\Omega, \mathcal{F}, \mathbf{P})$ を確率空間,$X : \Omega \to \mathbf{R}$ を $(\Omega, \mathcal{F}, \mathbf{P})$ 上の確率変数,μ_X を X の分布,p を X に対する確率密度関数,$f : \mathbf{R} \to \mathbf{R} \cup \{\pm\infty\}$ をボレル可測関数とする.$f(X)$ が $\mathbf{P}$-可積分のとき,f は μ_X-可積分であり,

$$\mathbf{E}[f(X)] = \int_\mathbf{R} f \, d\mu_X = \int_\Omega fp \, d\lambda \tag{4.64}$$

がなりたつ. □

【証明】 $f \geq 0$ のとき,f を (4.25) のように,非負可測単関数 $f_n : \mathbf{R} \to \mathbf{R} \cup \{\pm\infty\}$ $(n \in \mathbf{N})$ を用いて近似する.すなわち,

$$f_n(x) = \sum_{i=1}^{n2^n} \frac{i-1}{2^n} \chi_{f^{-1}\left(\left[\frac{i-1}{2^n}, \frac{i}{2^n}\right)\right)}(x) + n\chi_{f^{-1}([n, +\infty) \cup \{+\infty\})}(x) \quad (x \in \mathbf{R}) \tag{4.65}$$

である.このとき,(4.41), (4.61),非負可測単関数に対する積分の定義 (4.30) および (4.51) より,

$$\mathbf{E}[f_n(X)] = \sum_{i=0}^{n2^n} \frac{i-1}{2^n} \mathbf{P}\left((f \circ X)^{-1}\left(\left[\frac{i-1}{2^n}, \frac{i}{2^n}\right)\right)\right)$$

$$+ n\mathbf{P}\left((f \circ X)^{-1}([n, +\infty) \cup \{+\infty\})\right)$$

$$= \sum_{i=0}^{n2^n} \frac{i-1}{2^n} \mu_X\left(f^{-1}\left(\left[\frac{i-1}{2^n}, \frac{i}{2^n}\right)\right)\right) + n\mu_X\left(f^{-1}([n, +\infty) \cup \{+\infty\})\right)$$

$$= \int_{\mathbf{R}} f_n \, d\mu_X = \int_\Omega f_n p \, d\lambda \tag{4.66}$$

となる．したがって，$n \to \infty$ とすると，非負可測関数に対する積分の定義 (4.31) より，(4.64) が得られる．

$f \geq 0$ とは限らないときは，f を非負可測関数の差として表して考えればよい． □

系 1.1 と同様に，次がなりたつ．

系 4.1 $(\Omega, \mathcal{F}, \mathbf{P})$ を確率空間，$X : \Omega \to \mathbf{R}$ を $(\Omega, \mathcal{F}, \mathbf{P})$ 上の確率変数，μ_X を X の分布，p を X に対する確率密度関数とする．このとき，次の (1)，(2) がなりたつ．

(1) X が $\mathbf{P}$-可積分のとき，

$$\mathbf{E}[X] = \int_{\mathbf{R}} x \, d\mu_X(x) = \int_\Omega x p(x) \, d\lambda(x) \tag{4.67}$$

である．

(2) X および X^2 が $\mathbf{P}$-可積分のとき，

$$\mathbf{V}[X] = \int_{\mathbf{R}} (x - \mathbf{E}[X])^2 \, d\mu_X(x) = \int_\Omega (x - \mathbf{E}[X])^2 p(x) \, d\lambda(x) \tag{4.68}$$

である． □

⚡ **注意 4.1** 定理 4.7 より，確率密度関数に対しても期待値や分散を定めることができる．例えば，例 4.8 において，$p(\cdot\, ; \boldsymbol{\xi}) \in S$ の期待値は

$$\int_{\mathbf{R}} x p(x;\boldsymbol{\xi})\, d\lambda(x) = \int_{\mathbf{R}} x \cdot \frac{1}{\sqrt{2\pi}\sigma} \exp\left\{-\frac{(x-\mu)^2}{2\sigma^2}\right\} dx$$

$$= \frac{1}{\sqrt{2\pi}\sigma} \int_{\mathbf{R}} (x-\mu) \exp\left\{-\frac{(x-\mu)^2}{2\sigma^2}\right\} dx + \frac{1}{\sqrt{2\pi}\sigma} \int_{\mathbf{R}} \mu \exp\left\{-\frac{(x-\mu)^2}{2\sigma^2}\right\} dx$$

$$= \frac{1}{\sqrt{2\pi}\sigma} \left[-\sigma^2 \exp\left\{-\frac{(x-\mu)^2}{2\sigma^2}\right\}\right]_{-\infty}^{+\infty} + \mu \cdot \frac{1}{\sqrt{2\pi}\sigma} \int_{\mathbf{R}} \exp\left\{-\frac{(x-\mu)^2}{2\sigma^2}\right\} dx$$

$$= 0 + \mu \cdot 1 = \mu \tag{4.69}$$

である．また，$p(\,\cdot\,;\boldsymbol{\xi}) \in S$ の分散は

$$\int_{\mathbf{R}} (x-\mu)^2 p(x;\boldsymbol{\xi})\, d\lambda(x) = \int_{\mathbf{R}} (x-\mu)^2 \frac{1}{\sqrt{2\pi}\sigma} \exp\left\{-\frac{(x-\mu)^2}{2\sigma^2}\right\} dx$$

$$= \frac{1}{\sqrt{2\pi}\sigma} \left[-\sigma^2 (x-\mu) \exp\left\{-\frac{(x-\mu)^2}{2\sigma^2}\right\}\right]_{-\infty}^{+\infty}$$

$$+ \sigma^2 \cdot \frac{1}{\sqrt{2\pi}\sigma} \int_{\mathbf{R}} \exp\left\{-\frac{(x-\mu)^2}{2\sigma^2}\right\} dx$$

$$= \sigma^2 \cdot 1 = \sigma^2 \tag{4.70}$$

である． ∎

▌4.4 フィッシャー計量と α-接続

$\mathbf{R}$ の高々可算な部分集合上の統計的モデルの場合と同様に，$\mathbf{R}$ 上の統計的モデルに対してもフィッシャー計量や α-接続を考えることができる．

まず，

$$S = \{p(\,\cdot\,;\boldsymbol{\xi}) \,|\, \boldsymbol{\xi} \in \Xi\} \tag{4.71}$$

を $\mathbf{R}$ 上の n 次元統計的モデルとし，$i,j = 1,2,\ldots,n$ に対して，

$$g_{ij}(\boldsymbol{\xi}) = \mathbf{E}_{\boldsymbol{\xi}}[(\partial_i l_{\boldsymbol{\xi}})(\partial_j l_{\boldsymbol{\xi}})]$$

$$= \int_{\mathbf{R}} \left(\frac{\partial}{\partial \xi_i} \log p(\,\cdot\,;\boldsymbol{\xi})\right) \left(\frac{\partial}{\partial \xi_j} \log p(\,\cdot\,;\boldsymbol{\xi})\right) p(\,\cdot\,;\boldsymbol{\xi})\, d\lambda \tag{4.72}$$

とおく．ただし，

$$l_{\boldsymbol{\xi}}(x) = \log p(x; \boldsymbol{\xi}) \quad (x \in \mathbf{R}),$$

$$\partial_i = \frac{\partial}{\partial \xi_i} \quad (\boldsymbol{\xi} = (\xi_1, \ldots, \xi_n); \ i = 1, \ldots, n) \tag{4.73}$$

であり, $p(\,\cdot\,; \boldsymbol{\xi}) \in S$ の定める期待値を $\mathbf{E}_{\boldsymbol{\xi}}[\,\cdot\,]$ と表す. また, 簡単のため, $p(\,\cdot\,; \boldsymbol{\xi})$ は $\boldsymbol{\xi}$ の関数として C^∞ 級であり, $(\partial_i l_{\boldsymbol{\xi}})(\partial_j l_{\boldsymbol{\xi}})$ はルベーグ可積分であると仮定する.

　$(g_{ij}(\boldsymbol{\xi}))_{n \times n}$ を S の $\boldsymbol{\xi}$ における**フィッシャー情報行列**という. $n = 1$ のときは, フィッシャー情報行列を**フィッシャー情報量**ともいう. $g_{ij}(\boldsymbol{\xi})$ の定義より, $(g_{ij}(\boldsymbol{\xi}))_{n \times n}$ は n 次半正定値実対称行列となる. 正定値なフィッシャー情報行列は Ξ 上のリーマン計量を定める. このとき, 点 $\boldsymbol{\xi} \in \Xi$ を確率密度関数 $p(\,\cdot\,; \boldsymbol{\xi}) \in S$ とみなすことにより, フィッシャー情報行列は統計的モデル S 上のリーマン計量を定めるとみなすことができる. このリーマン計量を**フィッシャー計量**という. 以下では, 正定値なフィッシャー情報行列, フィッシャー計量を考える.

▶ **例 4.9**（正規分布）　例 4.8 で述べた正規分布に対応する統計的モデルを考えよう. まず,

$$\Xi = \{(\mu, \sigma) \,|\, \mu \in \mathbf{R}, \ \sigma > 0\} \tag{4.74}$$

とおく. さらに, $\boldsymbol{\xi} = (\mu, \sigma) \in \Xi$ に対して,

$$p(x; \boldsymbol{\xi}) = \frac{1}{\sqrt{2\pi}\sigma} \exp\left\{ -\frac{(x - \mu)^2}{2\sigma^2} \right\} \quad (x \in \mathbf{R}) \tag{4.75}$$

とおく. このとき, $\mathbf{R}$ 上の 2 次元統計的モデル S を

$$S = \{p(\,\cdot\,\boldsymbol{\xi}) \,|\, \boldsymbol{\xi} \in \Xi\} \tag{4.76}$$

により定める.

　S のフィッシャー情報行列を計算しよう. (4.75) より,

$$\partial_1 l_{\boldsymbol{\xi}}(x) = \frac{x - \mu}{\sigma^2}, \quad \partial_2 l_{\boldsymbol{\xi}}(x) = -\frac{1}{\sigma} + \frac{(x - \mu)^2}{\sigma^3} \tag{4.77}$$

である. 注意 4.1 より, $p(\,\cdot\,; \boldsymbol{\xi})$ の期待値および分散はそれぞれ μ, σ^2 であるこ

とに注意すると，

$$g_{11}(\boldsymbol{\xi}) = \int_{\mathbf{R}} \left(\frac{x-\mu}{\sigma^2} \right)^2 p(x;\boldsymbol{\xi})\,dx = \frac{1}{\sigma^4}\sigma^2 = \frac{1}{\sigma^2} \tag{4.78}$$

である．また，

$$\int_{\mathbf{R}} (x-\mu)^4 p(x;\boldsymbol{\xi})\,dx = -\sigma^2 \int_{\mathbf{R}} (x-\mu)^3 \frac{dp}{dx}\,dx$$
$$= -\sigma^2 \left[(x-\mu)^3 p(x;\boldsymbol{\xi}) \right]_{-\infty}^{+\infty} + \sigma^2 \int_{\mathbf{R}} 3(x-\mu)^2 p(x;\boldsymbol{\xi})\,dx$$
$$= 0 + 3\sigma^2 \cdot \sigma^2 = 3\sigma^4 \tag{4.79}$$

なので，

$$g_{22}(\boldsymbol{\xi}) = \int_{\mathbf{R}} \left\{ -\frac{1}{\sigma} + \frac{(x-\mu)^2}{\sigma^3} \right\}^2 p(x;\boldsymbol{\xi})\,dx$$
$$= \int_{\mathbf{R}} \left\{ \frac{1}{\sigma^2} - \frac{2(x-\mu)^2}{\sigma^4} + \frac{(x-\mu)^4}{\sigma^6} \right\} p(x;\boldsymbol{\xi})\,dx$$
$$= \frac{1}{\sigma^2} - \frac{2}{\sigma^4}\sigma^2 + \frac{1}{\sigma^6} \cdot 3\sigma^4 = \frac{2}{\sigma^2} \tag{4.80}$$

である．さらに，$g_{12}(\boldsymbol{\xi})$, $g_{21}(\boldsymbol{\xi})$ の被積分関数は $x - \mu$ について奇関数であるので，

$$g_{12}(\boldsymbol{\xi}) = g_{21}(\boldsymbol{\xi}) = 0 \tag{4.81}$$

である．よって，フィッシャー情報行列 $(g_{ij}(\boldsymbol{\xi}))_{2\times 2}$ は正定値である．　◀

　$\mathbf{R}$ 上の統計的モデルのフィッシャー計量についても単調性がなりたち，不変性は十分統計量によって特徴付けられる．まず，$\mathbf{R}$ 上の統計的モデルに関する十分統計量について述べておこう．(4.71) によりあたえられた $\mathbf{R}$ 上の n 次元統計的モデル S を考える．また，$F : \mathbf{R} \to \mathbf{R}$ を $\mathcal{B}(\mathbf{R})$-可測関数とし，$p(\,\cdot\,;\boldsymbol{\xi}) \in S$ に対して，

$$\Phi(A) = \int_{F^{-1}(A)} p(\,\cdot\,;\boldsymbol{\xi})\,d\lambda \quad (A \in \mathcal{B}(\mathbf{R})) \tag{4.82}$$

とおく．このとき，Φ は $(\mathbf{R}, \mathcal{B}(\mathbf{R}))$ 上の加法的集合関数となる．ここで，Φ が $\mathbf{R}$ のルベーグ測度に関して絶対連続であると仮定する．このとき，ラドン-ニコ

ディムの定理（定理 4.6）より，ある確率密度関数 $q(\,\cdot\,;\boldsymbol{\xi})$ が存在し，

$$\Phi(A) = \int_A q(\,\cdot\,;\boldsymbol{\xi})\,d\lambda \tag{4.83}$$

となる．さらに，任意の $y \in \mathbf{R}$ および任意の $\boldsymbol{\xi} \in \Xi$ に対して，$q(y;\boldsymbol{\xi}) > 0$ であると仮定する．このとき，$\mathbf{R}$ 上の n 次元統計的モデル S_F を

$$S_F = \{q(\,\cdot\,;\boldsymbol{\xi}) \,|\, \boldsymbol{\xi} \in \Xi\} \tag{4.84}$$

により定めることができる．そこで，

$$r(x;\boldsymbol{\xi}) = \frac{p(x;\boldsymbol{\xi})}{q(F(x);\boldsymbol{\xi})} \quad (x \in \mathbf{R},\ \boldsymbol{\xi} \in \Xi) \tag{4.85}$$

とおく．任意の $\boldsymbol{\xi} \in \Xi$ に対して，$r(\,\cdot\,;\boldsymbol{\xi})$ が $\boldsymbol{\xi}$ に依存しない関数となるとき，F を S に関する**十分統計量**という．

ここで，$(g_{ij}(\boldsymbol{\xi}))_{n\times n}$，$(g_{ij}^F(\boldsymbol{\xi}))_{n\times n}$ をそれぞれ S，S_F のフィッシャー情報行列とし，

$$\Delta g_{ij}(\boldsymbol{\xi}) = g_{ij}(\boldsymbol{\xi}) - g_{ij}^F(\boldsymbol{\xi}) \quad (i,j = 1,2,\ldots,n) \tag{4.86}$$

とおく．このとき，フィッシャー計量の単調性と不変性について，次がなりたつ．

> **定理 4.8**　等式
>
> $$\Delta g_{ij}(\boldsymbol{\xi}) = \mathbf{E}_{\boldsymbol{\xi}}[(\partial_i \log r(\,\cdot\,;\boldsymbol{\xi}))(\partial_j \log r(\,\cdot\,;\boldsymbol{\xi}))] \tag{4.87}$$

がなりたつ．とくに，n 次実対称行列 $(\Delta g_{ij}(\boldsymbol{\xi}))_{n\times n}$ は半正定値であり，任意の $\boldsymbol{\xi} \in \Xi$ に対して，$(\Delta g_{ij}(\boldsymbol{\xi}))_{n\times n}$ が零行列となるのは，F が S に関する十分統計量のときである．　　　　　　□

定理 4.8 の証明は本質的には定理 2.2 と同じである．ただし，定理 2.2 の証明において，Ω の元に関する和と Ω' の元に関する和の置き換えに相当する部分では，測度論における積分の変数変換公式を用いる．

次に，α-接続について述べよう．(4.71) によりあたえられた $\mathbf{R}$ 上の n 次元統計的モデル S を考える．また，g を S のフィッシャー計量，∇ を g に関するレビ-チビタ接続とする（図 4.4）．このとき，$i,j,k = 1,2,\ldots,n$ に対して，

> $\nabla : g$ に関するレビ-チビタ接続
>
> $\Updownarrow$
>
> ○ 計量的 ： $Xg(Y,Z) = g(\nabla_X Y, Z) + g(Y, \nabla_X Z)$
>
> ○ 撓れをもたない ： $\nabla_X Y - \nabla_Y X - [X,Y] = \mathbf{0}$

図 4.4　レビ-チビタ接続

$$(\bar{T})_{ijk}(\boldsymbol{\xi}) = \mathbf{E}_{\boldsymbol{\xi}}[(\partial_i l_{\boldsymbol{\xi}})(\partial_j l_{\boldsymbol{\xi}})(\partial_k l_{\boldsymbol{\xi}})] \tag{4.88}$$

とおくことにより定められる S 上の $(0,3)$ 型テンソル場 $\bar{T}$ を考えることができる．ただし，$(\partial_i l_{\boldsymbol{\xi}})(\partial_j l_{\boldsymbol{\xi}})(\partial_k l_{\boldsymbol{\xi}})$ はルベーグ可積分であると仮定する．このとき，$\alpha \in \mathbf{R}$ に対して，S のアファイン接続 $\nabla^{(\alpha)}$ を

$$g(\nabla_Y^{(\alpha)} X, Z) = g(\nabla_Y X, Z) - \frac{\alpha}{2}\bar{T}(X,Y,Z) \quad (X,Y,Z \in \mathfrak{X}(\Xi)) \tag{4.89}$$

により定めることができる．$\nabla^{(\alpha)}$ を $\boldsymbol{\alpha}$-接続という．とくに，0-接続 $\nabla^{(0)}$ はフィッシャー計量に関するレビ-チビタ接続 ∇ に他ならない．

α-接続に対するクリストッフェルの記号 $\Gamma_{ij,k}^{(\alpha)}$ $(i,j,k = 1,2,\ldots,n)$ についても，(3.129) とまったく同じであり，

$$\Gamma_{ij,k}^{(\alpha)} = \mathbf{E}_{\boldsymbol{\xi}}\left[\left\{\partial_i \partial_j l_{\boldsymbol{\xi}} + \frac{1-\alpha}{2}(\partial_i l_{\boldsymbol{\xi}})(\partial_j l_{\boldsymbol{\xi}})\right\}(\partial_k l_{\boldsymbol{\xi}})\right] \tag{4.90}$$

となる．とくに，任意の $i,j,k = 1,2,\ldots,n$ に対して，

$$\Gamma_{ij,k}^{(\alpha)} = \Gamma_{ji,k}^{(\alpha)} \tag{4.91}$$

がなりたち，$\nabla^{(\alpha)}$ は撓れをもたない．

さらに，$\mathbf{R}$ 上の統計的モデルについても，指数型分布族，混合型分布族を定めることができる．

定義 4.13 S を $\mathbf{R}$ 上の n 次元統計的モデルとする. n 次元統計的モデルとして,関数 $C, F_1, F_2, \ldots, F_n : \mathbf{R} \to \mathbf{R}$ および $\psi : \Theta \to \mathbf{R}$ を用いて,

$$S = \{p(\,\cdot\,;\boldsymbol{\theta}) \,|\, \boldsymbol{\theta} \in \Theta\}, \tag{4.92}$$

$$p(x;\boldsymbol{\theta}) = \exp\left(C(x) + \sum_{i=1}^{n} \theta_i F_i(x) - \psi(\boldsymbol{\theta})\right) \quad (\boldsymbol{\theta} = (\theta_1, \theta_2, \ldots, \theta_n)) \tag{4.93}$$

と表されるとき,S を**指数型分布族**という.このとき,$\boldsymbol{\theta}$ を**自然座標系**という.

□

✎ 注意 4.2 定義 4.13 において,$p(\,\cdot\,;\boldsymbol{\theta})$ は確率密度関数であることより,ψ は

$$\psi(\boldsymbol{\theta}) = \log \int_{\mathbf{R}} \exp\left(C(x) + \sum_{i=1}^{n} \theta_i F_i(x)\right) d\lambda(x) \tag{4.94}$$

によりあたえられる.

■

▶ 例 4.10（正規分布） 例 4.8,例 4.9 で述べた正規分布に対応する統計的モデルを考え,これらの例と同じ記号を用いる.$x \in \mathbf{R}$ とすると,

$$\begin{aligned}
\log p(x;\boldsymbol{\xi}) &= \log\left[\frac{1}{\sqrt{2\pi}\sigma} \exp\left\{-\frac{(x-\mu)^2}{2\sigma^2}\right\}\right] = -\log\sqrt{2\pi}\sigma - \frac{(x-\mu)^2}{2\sigma^2} \\
&= -\frac{1}{2\sigma^2}x^2 + \frac{\mu}{\sigma^2}x - \left(\frac{\mu^2}{2\sigma^2} + \log\sqrt{2\pi}\sigma\right)
\end{aligned} \tag{4.95}$$

である.よって,

$$C(x) = 0, \quad \theta_1 = -\frac{1}{2\sigma^2}, \quad \theta_2 = \frac{\mu}{\sigma^2}, \quad F_1(x) = x^2, \quad F_2(x) = x, \tag{4.96}$$

$$\psi(\theta_1, \theta_2) = -\frac{\theta_2^2}{4\theta_1} + \frac{1}{2}\log\left(-\frac{\pi}{\theta_1}\right) \tag{4.97}$$

とおくと,S の元は (4.93) のように表される.したがって,S は指数型分布族である.◀

S を定義 4.13 で定めた指数型分布族とし，S の α-接続 $\nabla^{(\alpha)}$ を考える．自然座標系 $\boldsymbol{\theta}$ を用いると，§3.5 の計算とまったく同様に，e-接続 $\nabla^{(1)}$ は平坦となる．

最後に，混合型分布族についても定めておこう．

定義 4.14 S を $\mathbf{R}$ 上の n 次元統計的モデルとする．n 次元統計的モデルとして，確率密度関数 $p_0, p_1, p_2, \ldots, p_n : \mathbf{R} \to \mathbf{R}$ が存在し，

$$S = \{ p(\,\cdot\,; \boldsymbol{\theta}) \mid \boldsymbol{\theta} \in \Theta \}, \tag{4.98}$$

$$p(x; \boldsymbol{\theta}) = \sum_{i=1}^{n} \theta_i p_i(x) + \left(1 - \sum_{i=1}^{n} \theta_i \right) p_0(x) \quad (\boldsymbol{\theta} = (\theta_1, \theta_2, \ldots, \theta_n)) \tag{4.99}$$

と表されるとき，S を**混合型分布族**という．このとき，$\boldsymbol{\theta}$ を**混合座標系**という．

$\square$

S を定義 4.14 で定めた混合型分布族とし，S の α-接続 $\nabla^{(\alpha)}$ を考える．混合座標系 $\boldsymbol{\theta}$ を用いると，§3.5 の計算とまったく同様に，m-接続 $\nabla^{(-1)}$ は平坦となる．

統計多様体

5.1 距離空間と位相空間

第5章では，第1章から第4章までに述べてきた統計的モデルのもつ微分幾何学的な構造を一般化し，統計多様体というものを定める．そのための準備として，§5.1では，距離空間と位相空間について簡単に述べていこう．

§1.1で述べたユークリッド空間 $\mathbf{R}^n$ はユークリッド距離を考えることにより，典型的な距離空間の例となる．まず，ユークリッド距離のみたす性質（定理1.3）に注目し，一般の集合に対しても距離というものを次のように定める．

定義 5.1 X を空でない集合，$d : X \times X \to \mathbf{R}$ を関数とする．任意の $x, y, z \in X$ に対して，次の $(1) \sim (3)$ がなりたつとき，d を X の**距離関数** (distance function) または**距離** (distance)，$d(x, y)$ を x と y の距離という．

(1) $d(x, y) \geq 0$ であり，$d(x, y) = 0$ となるのは $x = y$ のときに限る．（**正値性**）

(2) $d(x, y) = d(y, x)$．（**対称性**）

(3) $d(x, z) \leq d(x, y) + d(y, z)$．（**三角不等式**）

このとき，(X, d) または X を**距離空間** (metric space) という．また，X の元を点ともいう． $\square$

▶ **例 5.1**　d を $\mathbf{R}^n$ のユークリッド距離とする．このとき，定理 1.3 より，$(\mathbf{R}^n, d)$ は距離空間である．　◀

▶ **例 5.2**　$(V, \langle\ ,\ \rangle)$ を内積空間とする．このとき，V のノルム $\| \ \| : V \to \mathbf{R}$ が

$$\|\boldsymbol{x}\| = \sqrt{\langle \boldsymbol{x}, \boldsymbol{x} \rangle} \quad (\boldsymbol{x} \in V) \tag{5.1}$$

により定められる．さらに，関数 $d : V \times V \to \mathbf{R}$ を

$$d(\boldsymbol{x}, \boldsymbol{y}) = \|\boldsymbol{x} - \boldsymbol{y}\| \quad (\boldsymbol{x}, \boldsymbol{y} \in V) \tag{5.2}$$

により定める．このとき，d は定義 5.1 の条件 (1)〜(3) をみたし，V の距離となる．よって，内積空間は距離空間となる．とくに，$\mathbf{R}^n$ の標準内積を考えると，例 5.1 の距離空間 $(\mathbf{R}^n, d)$ が得られる．　◀

▶ **例 5.3**（離散距離空間）　X を空でない集合とし，関数 $d : X \times X \to \mathbf{R}$ を

$$d(x, y) = \begin{cases} 0 & (x = y), \\ 1 & (x \neq y) \end{cases} \tag{5.3}$$

により定める．このとき，d は明らかに，正値性および対称性をみたす．

　ここで，$x, y, z \in X$ とする．まず，$x = z$ のとき，

$$d(x, z) = 0 \leq d(x, y) + d(y, z) \tag{5.4}$$

である．また，$x \neq z$ のとき，$x \neq y$ または $y \neq z$ なので，$d(x, y) = 1$ または $d(y, z) = 1$ である．よって，

$$d(x, z) = 1 \leq d(x, y) + d(y, z) \tag{5.5}$$

である．(5.4), (5.5) より，d は三角不等式をみたす．

　したがって，d は X の距離である．d を**離散距離** (discrete distance) という．また，(X, d) を**離散距離空間** (discrete metric space) または**離散空間** (discrete space) という．　◀

▶**例 5.4**（部分距離空間）　(X, d) を距離空間，A を X の空でない部分集合とする．このとき，d の $A \times A$ への制限 $d|_{A \times A}$ を考えることができる．すなわち，

$$d|_{A \times A}(x, y) = d(x, y) \quad ((x, y) \in A \times A) \tag{5.6}$$

である．d が X の距離であることより，$d|_{A \times A}$ は A の距離となる．$(A, d|_{A \times A})$ を X の**部分距離空間** (metric subspace) または**部分空間** (subspace) という．◀

定義 1.1 では，ユークリッド距離を用いて $\mathbf{R}^n$ の点列の収束について定めた．距離空間に対しても，距離を用いて点列の収束について定めることができる．

定義 5.2　(X, d) を距離空間とする．

各 $n \in \mathbf{N}$ に対して，$a_n \in X$ が対応しているとき，これを $\{a_n\}_{n=1}^{\infty}$ と表し，X の**点列** (sequence of points) という．

$\{a_n\}_{n=1}^{\infty}$ を X の点列とし，$a \in X$ とする．任意の $\varepsilon > 0$ に対して，ある $N \in \mathbf{N}$ が存在し，$n \in \mathbf{N}$，$n \geq N$ ならば，$d(a_n, a) < \varepsilon$ となるとき，$\{a_n\}_{n=1}^{\infty}$ は a に**収束する**という．このとき，$\lim_{n \to \infty} a_n = a$ または $a_n \to a \ (n \to \infty)$ と表し，a を $\{a_n\}_{n=1}^{\infty}$ の**極限**という．　□

距離空間の点列の収束について，次がなりたつ．

定理 5.1　距離空間の点列が収束するならば，その極限は一意的である．　□

【証明】　(X, d) を距離空間，$\{a_n\}_{n=1}^{\infty}$ を $a, b \in X$ に収束する X の点列とし，$\varepsilon > 0$ とする．まず，$\lim_{n \to \infty} a_n = a$ なので，ある $N_1 \in \mathbf{N}$ が存在し，$n \in \mathbf{N}$，$n \geq N_1$ ならば，

$$d(a_n, a) < \frac{\varepsilon}{2} \tag{5.7}$$

となる．また，$\lim_{n \to \infty} a_n = b$ なので，ある $N_2 \in \mathbf{N}$ が存在し，$n \in \mathbf{N}$，$n \geq N_2$ ならば，

$$d(a_n, b) < \frac{\varepsilon}{2} \tag{5.8}$$

となる．ここで，$N \in \mathbf{N}$ を $N = \max\{N_1, N_2\}$ により定める．このとき，

$n \in \mathbf{N}$，$n \geq N$ ならば，距離空間の性質および (5.7)，(5.8) より，

$$0 \leq d(a,b) \leq d(a,a_n) + d(a_n,b)$$
$$= d(a_n,a) + d(a_n,b) < \frac{\varepsilon}{2} + \frac{\varepsilon}{2} = \varepsilon, \tag{5.9}$$

すなわち，

$$0 \leq d(a,b) < \varepsilon \tag{5.10}$$

となる．さらに，ε は任意の正の数なので，$d(a,b) = 0$ となり，距離の正値性より，$a = b$ である．すなわち，距離空間の点列が収束するならば，その極限は一意的である．　　　　□

　また，定義 1.2 では，ユークリッド距離を用いて $\mathbf{R}^n$ の開集合を定めた．距離空間に対しても，開集合を定めることができる．

定義 5.3　　(X,d) を距離空間とする．

　$a \in X$，$\varepsilon > 0$ とする．このとき，$B(a;\varepsilon) \subset X$ を

$$B(a;\varepsilon) = \{x \in X \mid d(x,a) < \varepsilon\} \tag{5.11}$$

により定める．$B(a;\varepsilon)$ を a の **ε-近傍**，または，a を**中心**，ε を**半径**とする**開球体**という．

　$O \subset X$ とする．任意の $a \in O$ に対して，ある $\varepsilon > 0$ が存在し，$B(a;\varepsilon) \subset O$ となるとき，O を X の**開集合**という（図 5.1）．ただし，空集合 $\emptyset$ は任意の距離空間の開集合であると約束する．　　　　□

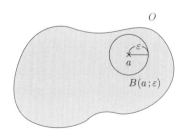

図 5.1　開集合

▶ **例 5.5** (X, d) を距離空間とする. このとき, 例 1.4 と同様に, X は X の開集合である. また, 定理 1.4 と同様に, X の開球体は X の開集合である. ◀

次に示すように, 距離空間の点列の収束は開集合を用いて特徴付けることができる.

定理 5.2 (X, d) を距離空間, $\{a_n\}_{n=1}^{\infty}$ を X の点列とし, $a \in X$ とする. このとき, 次の (1), (2) は同値である.

(1) $\{a_n\}_{n=1}^{\infty}$ は a に収束する.

(2) $a \in O$ となる X の任意の開集合 O に対して, ある $N \in \mathbf{N}$ が存在し, $n \in \mathbf{N}$, $n \geq N$ ならば, $a_n \in O$ となる. □

【証明】 (1)⇒(2) : 開集合の定義より, ある $\varepsilon > 0$ が存在し, $B(a; \varepsilon) \subset O$ となる. 一方, $\{a_n\}_{n=1}^{\infty}$ は a に収束するので, ある $N \in \mathbf{N}$ が存在し, $n \in \mathbf{N}$, $n \geq N$ ならば, $d(a_n, a) < \varepsilon$, すなわち, $a_n \in B(a; \varepsilon)$ となる. よって, $n \in \mathbf{N}$, $n \geq N$ ならば,

$$a_n \in B(a; \varepsilon) \subset O, \tag{5.12}$$

すなわち, $a_n \in O$ である.

(2)⇒(1) : $\varepsilon > 0$ とする. 例 5.5 より, $B(a; \varepsilon)$ は X の開集合なので, $O = B(a; \varepsilon)$ とすることにより, ある $N \in \mathbf{N}$ が存在し, $n \in \mathbf{N}$, $n \geq N$ ならば, $a_n \in B(a; \varepsilon)$, すなわち, $d(a_n, a) < \varepsilon$ となる. よって, $\{a_n\}_{n=1}^{\infty}$ は a に収束する. □

さらに, X を距離空間とし, X の開集合全体からなる集合系を $\mathfrak{O}$ と表す[*1]. $\mathfrak{O}$ を X の **開集合系** (system of open sets) という. このとき, 次がなりたつ.

定理 5.3 X を距離空間とすると, 次の (1)〜(3) がなりたつ.

(1) $\emptyset, X \in \mathfrak{O}$.

(2) $O_1, O_2 \in \mathfrak{O}$ ならば, $O_1 \cap O_2 \in \mathfrak{O}$.

(3) $(O_\lambda)_{\lambda \in \Lambda}$ を $\mathfrak{O}$ の元からなる集合族とすると, $\displaystyle\bigcup_{\lambda \in \Lambda} O_\lambda \in \mathfrak{O}$. □

[*1] 「$\mathfrak{O}$」はラテン文字「O」に対応するドイツ文字である.

【証明】　(1)：開集合の定義および例 5.5 より，明らかである．

(2)：$a \in O_1 \cap O_2$ とする．このとき，$a \in O_1$ である．$O_1 \in \mathfrak{O}$ および開集合の定義より，ある $\varepsilon_1 > 0$ が存在し，$B(a; \varepsilon_1) \subset O_1$ となる．同様に，ある $\varepsilon_2 > 0$ が存在し，$B(a; \varepsilon_2) \subset O_2$ となる．

ここで，$\varepsilon > 0$ を $\varepsilon = \min\{\varepsilon_1, \varepsilon_2\}$ により定める．このとき，$B(a; \varepsilon) \subset B(a; \varepsilon_1)$ かつ $B(a; \varepsilon) \subset B(a; \varepsilon_2)$ なので，

$$B(a; \varepsilon) \subset B(a; \varepsilon_1) \cap B(a; \varepsilon_2) \subset O_1 \cap O_2, \tag{5.13}$$

すなわち，$B(a; \varepsilon) \subset O_1 \cap O_2$ である．よって，開集合の定義より，$O_1 \cap O_2$ は X の開集合，すなわち，$O_1 \cap O_2 \in \mathfrak{O}$ である．

(3)：$a \in \bigcup_{\lambda \in \Lambda} O_\lambda$ とする．このとき，ある $\lambda_0 \in \Lambda$ が存在し，$a \in O_{\lambda_0}$ となる．$O_{\lambda_0} \in \mathfrak{O}$ なので，開集合の定義より，ある $\varepsilon > 0$ が存在し，$B(a; \varepsilon) \subset O_{\lambda_0}$ となる．さらに，$O_{\lambda_0} \subset \bigcup_{\lambda \in \Lambda} O_\lambda$ なので，$B(a; \varepsilon) \subset \bigcup_{\lambda \in \Lambda} O_\lambda$ である．よって，開集合の定義より，$\bigcup_{\lambda \in \Lambda} O_\lambda$ は X の開集合，すなわち，$\bigcup_{\lambda \in \Lambda} O_\lambda \in \mathfrak{O}$ である．　□

定理 5.3 に注目し，一般の集合に対して，位相という構造を考えることができる．

定義 5.4　X を空でない集合，$\mathfrak{O}$ を X の部分集合系とする．次の (1)〜(3) がなりたつとき，$\mathfrak{O}$ を X の**位相** (topology) という．

(1) $\emptyset, X \in \mathfrak{O}$.

(2) $O_1, O_2 \in \mathfrak{O}$ ならば，$O_1 \cap O_2 \in \mathfrak{O}$.

(3) $(O_\lambda)_{\lambda \in \Lambda}$ を $\mathfrak{O}$ の元からなる集合族とすると，$\bigcup_{\lambda \in \Lambda} O_\lambda \in \mathfrak{O}$.

このとき，$(X, \mathfrak{O})$ または X を**位相空間** (topological space) という．また，X の元を点ともいう．さらに，$\mathfrak{O}$ の元を X の**開集合**という．また，$\mathfrak{O}$ を X の**開集合系**ともいう．　□

▶ **例 5.6**　(X, d) を距離空間とする．このとき，定理 5.3 より，d により定まる X の開集合系は X の位相となる．よって，距離空間は位相空間である．

逆に，位相空間 $(X, \mathfrak{O})$ に対して，X のある距離 d が存在し，d により定まる X の開集合系が $\mathfrak{O}$ と一致する場合がある．このとき，$(X, \mathfrak{O})$ または $\mathfrak{O}$ は d により **距離付け可能** (metrizable) であるという．　◀

▶ **例 5.7**（密着空間）　X を空でない集合とする．このとき，X の部分集合系 $\{\emptyset, X\}$ は X の位相となる．この位相を **密着位相** (indiscrete topology) という．密着位相を考えた位相空間 $(X, \{\emptyset, X\})$ を **密着位相空間** (indiscrete topological space) または **密着空間** (indiscrete space) という．

2 個以上の点を含む密着空間は距離付け可能ではない．実際，X を異なる 2 個の点 p，q を含み，距離 d により距離付け可能な密着空間であると仮定すると，例 5.5 より，$B\left(p; \frac{1}{2}d(p,q)\right)$ は p を含むが q は含まない X の開集合となり，これは密着空間の開集合が $\emptyset$ と X のみであることに矛盾するからである．　◀

▶ **例 5.8**（離散空間）　X を空でない集合とする．このとき，X のべき集合 2^X は X の位相となる．この位相を **離散位相** (discrete topology) という．離散位相を考えた位相空間 $(X, 2^X)$ を **離散位相空間** (discrete topological space) または **離散空間** という．例 5.3 より，離散空間は離散距離により距離付け可能である．　◀

例 5.4 で述べた部分距離空間を位相空間に対して一般化し，相対位相というものを考えることができる．$(X, \mathfrak{O})$ を位相空間，A を X の空でない部分集合とする．また，A の部分集合系 $\mathfrak{O}_A$ を

$$\mathfrak{O}_A = \{O \cap A \mid O \in \mathfrak{O}\} \tag{5.14}$$

により定める（図 5.2）．このとき，次がなりたつ．

| 命題 5.1 | $\mathfrak{O}_A$ は A の位相である．　　　　　　　　　　　　　　□

【証明】　定義 5.4 の条件 (1)〜(3) を確認する．

まず，$\emptyset = \emptyset \cap A$ であり，$\emptyset \in \mathfrak{O}$ なので，$\emptyset \in \mathfrak{O}_A$ である．また，$A = X \cap A$ であり，$X \in \mathfrak{O}$ なので，$A \in \mathfrak{O}_A$ である．よって，$\mathfrak{O}_A$ は定義 5.4 の条件 (1)

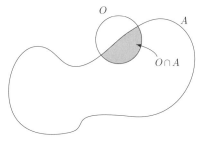

図 5.2　$\mathfrak{O}_A$ の元 $O \cap A$

をみたす.

　次に，$O_1, O_2 \in \mathfrak{O}_A$ とする．このとき，ある $O_1', O_2' \in \mathfrak{O}$ が存在し，$O_1 = O_1' \cap A$，$O_2 = O_2' \cap A$ となる．よって，

$$O_1 \cap O_2 = (O_1' \cap A) \cap (O_2' \cap A) = (O_1' \cap O_2') \cap A \qquad (5.15)$$

である．ここで，$O_1', O_2' \in \mathfrak{O}$ および定義 5.4 の条件 (2) より，$O_1' \cap O_2' \in \mathfrak{O}$ である．したがって，$O_1 \cap O_2 \in \mathfrak{O}_A$ となり，$\mathfrak{O}_A$ は定義 5.4 の条件 (2) をみたす.

　さらに，$(O_\lambda)_{\lambda \in \Lambda}$ を $\mathfrak{O}_A$ の元からなる集合族とする．このとき，各 $\lambda \in \Lambda$ に対して，ある $O_\lambda' \in \mathfrak{O}$ が存在し，$O_\lambda = O_\lambda' \cap A$ となる．よって，

$$\bigcup_{\lambda \in \Lambda} O_\lambda = \bigcup_{\lambda \in \Lambda} (O_\lambda' \cap A) = \left(\bigcup_{\lambda \in \Lambda} O_\lambda' \right) \cap A \qquad (5.16)$$

である．ここで，$O_\lambda' \in \mathfrak{O}$ および定義 5.4 の条件 (3) より，$\bigcup_{\lambda \in \Lambda} O_\lambda' \in \mathfrak{O}$ である．したがって，$\bigcup_{\lambda \in \Lambda} O_\lambda \in \mathfrak{O}_A$ となり，$\mathfrak{O}_A$ は定義 5.4 の条件 (3) をみたす.　□

　上で定めた $\mathfrak{O}_A$ を A の $\mathfrak{O}$ に関する**相対位相** (relative topology)，$(A, \mathfrak{O}_A)$ を X の**部分位相空間** (topological subspace) または**部分空間**という.

　定理 5.2 に注目すると，位相空間に対しても，点列の収束を定めることができる.

定義 5.5 $(X, \mathfrak{O})$ を位相空間とする.

各 $n \in \mathbf{N}$ に対して,$a_n \in X$ が対応しているとき,これを $\{a_n\}_{n=1}^{\infty}$ と表し,X の**点列**という.

$\{a_n\}_{n=1}^{\infty}$ を X の点列とし,$a \in X$ とする.$a \in O$ となる任意の $O \in \mathfrak{O}$ に対して,ある $N \in \mathbf{N}$ が存在し,$n \in \mathbf{N}$,$n \geq N$ ならば,$a_n \in O$ となるとき,$\{a_n\}_{n=1}^{\infty}$ は a に**収束する**という.このとき,$\displaystyle\lim_{n \to \infty} a_n = a$ または $a_n \to a$ $(n \to \infty)$ と表し,a を $\{a_n\}_{n=1}^{\infty}$ の**極限**という. $\square$

✎ **注意 5.1** 距離空間の点列の極限は一意的であった(定理 5.1).しかし,位相空間については,必ずしもそうであるとは限らない.例えば,密着空間の任意の点列は任意の点に収束する. ∎

5.2 連続写像とハウスドルフ空間

距離空間や位相空間の間の写像を扱う際には,距離や位相といった構造を反映した連続なものを考える.

まず,距離空間の間の連続写像について述べよう.(X, d_X),(Y, d_Y) を距離空間,$f : X \to Y$ を写像とし,$a \in X$ とする.f が a で連続であるとは,X の点 x が a に限りなく近づくとき,$f(x)$ が $f(a)$ に限りなく近づくということである.これは距離 d_X,d_Y を用いて,次のように述べることができる.

定義 5.6 (X, d_X),(Y, d_Y) を距離空間,$f : X \to Y$ を写像とする.

$a \in X$ とする.任意の $\varepsilon > 0$ に対して,ある $\delta > 0$ が存在し,$x \in X$,$d_X(x, a) < \delta$ ならば,$d_Y(f(x), f(a)) < \varepsilon$ となるとき,f は a で**連続** (continuous) であるという.

f が任意の $a \in X$ で連続なとき,f は**連続**であるという. $\square$

✎ **注意 5.2** 定義 5.6 において,距離空間から,$\mathbf{R}$ のような数からなる距離空間への連続写像を**連続関数** (continuous function) ともいう. ∎

▶ 例 **5.9**   **R** のユークリッド距離 d を考える. このとき,

$$d(x, y) = |x - y| \quad (x, y \in \mathbf{R}) \tag{5.17}$$

である. また, $n \in \mathbf{N}$ とし, 関数 $f : \mathbf{R} \to \mathbf{R}$ を

$$f(x) = x^n \quad (x \in \mathbf{R}) \tag{5.18}$$

により定める. f が連続であることを示そう.

$a \in \mathbf{R}$ を固定しておき, $x \in \mathbf{R}$ とする. このとき, 三角不等式より,

$$
\begin{aligned}
|x^n - a^n| &= |(x - a)(x^{n-1} + ax^{n-2} + a^2 x^{n-3} + \cdots + a^{n-2}x + a^{n-1})| \\
&\leq |x - a| \sum_{k=0}^{n-1} |a^k x^{n-1-k}| = |x - a| \sum_{k=0}^{n-1} |a|^k |x|^{n-1-k} \\
&\leq |x - a| \left(|a| + |x| \right)^{n-1} = |x - a| \left(|a| + |(x - a) + a| \right)^{n-1} \\
&\leq |x - a| \left(2|a| + |x - a| \right)^{n-1}
\end{aligned}
\tag{5.19}
$$

となるので,

$$|f(x) - f(a)| \leq |x - a| \left(2|a| + |x - a| \right)^{n-1} \tag{5.20}$$

である. ここで, $\varepsilon > 0$ とし, $\delta > 0$ を

$$\delta = \min \left\{ 1, \frac{\varepsilon}{(2|a| + 1)^{n-1}} \right\} \tag{5.21}$$

により定める. このとき, $|x - a| < \delta$ とすると,

$$|f(x) - f(a)| < \delta \left(2|a| + 1 \right)^{n-1} \leq \varepsilon \tag{5.22}$$

である. よって, 定義 5.6 より, f は a で連続である. さらに, a は任意なので, f は連続である. ◀

距離空間の間の連続写像は開集合を用いて特徴付けることができる.

定理 **5.4** X, Y を距離空間, $f : X \to Y$ を写像とすると, 次の (1), (2) は同値である.

(1) f は連続である.

(2) f による Y の任意の開集合の逆像は X の開集合である.   □

【証明】　(1)⇒(2)：O を Y の開集合とする.

$O = \emptyset$ のとき，$f^{-1}(O) = \emptyset$ なので，定義 5.3 より，$f^{-1}(O)$ は X の開集合である.

$O \neq \emptyset$ のとき，$a \in f^{-1}(O)$ とすると，$f(a) \in O$ である. O は Y の開集合なので，開集合の定義より，ある $\varepsilon > 0$ が存在し，$B_Y(f(a);\varepsilon) \subset O$ となる. ただし，$B_Y(f(a);\varepsilon)$ は $f(a)$ の ε-近傍である. ここで，f は連続なので，定義 5.6 より，ある $\delta > 0$ が存在し，

$$f(B_X(a;\delta)) \subset B_Y(f(a);\varepsilon) \tag{5.23}$$

となる. ただし，$B_X(a;\delta)$ は a の δ-近傍である. よって，

$$B_X(a;\delta) \subset f^{-1}(B_Y(f(a);\varepsilon)) \subset f^{-1}(O), \tag{5.24}$$

すなわち，$B_X(a;\delta) \subset f^{-1}(O)$ となる. したがって，開集合の定義より，$f^{-1}(O)$ は X の開集合である.

以上より，(2) がなりたつ.

(2)⇒(1)：$a \in X$，$\varepsilon > 0$ とする. $B_Y(f(a);\varepsilon)$ は Y の開集合なので，開集合の定義および (2) より，ある $\delta > 0$ が存在し，$B_X(a;\delta) \subset f^{-1}(B_Y(f(a);\varepsilon))$ となる. よって，

$$f(B_X(a;\delta)) \subset B_Y(f(a);\varepsilon) \tag{5.25}$$

である. したがって，定義 5.6 より，f は a で連続である. さらに，a は任意なので，f は連続である.   □

定理 5.4 に注目すると，位相空間の間の写像に対する連続性を定めることができる.

定義 5.7　X，Y を位相空間，$f : X \to Y$ を写像とする.

$a \in X$ とする. $f(a) \in O$ となる Y の任意の開集合 O に対して，$a \in O' \subset$

$f^{-1}(O)$ となる X の開集合 O' が存在するとき，f は a で**連続**であるという．

f が任意の $a \in X$ で連続なとき，f は**連続**であるという．　　　□

🖊 **注意 5.3**　注意 5.2 と同様に，定義 5.7 において，位相空間から，$\mathbf{R}$ のような数からなる距離空間への連続写像を**連続関数**ともいう．　　　■

定理 5.4 と同様に，次がなりたつ．

──────────
| 定理 5.5 |　X，Y を位相空間，$f : X \to Y$ を写像とすると，次の (1)，(2) は同値である．

(1) f は連続である．

(2) f による Y の任意の開集合の逆像は X の開集合である．　　　□

また，位相空間の間の写像の合成を考えると，定義 5.7 より，次がなりたつ．

| 定理 5.6 |　X，Y，Z を位相空間，$f : X \to Y$，$g : Y \to Z$ を写像とし，$a \in X$ とする．f が a で連続であり，g が $f(a)$ で連続ならば，f と g の合成 $g \circ f : X \to Z$ は a で連続である．とくに，f，g が連続ならば，$g \circ f$ は連続である．　　　□

▶ **例 5.10**　離散空間（例 5.8）から任意の位相空間への任意の写像は連続であることを示そう．$(X, \mathfrak{O}_X)$ を離散空間，$(Y, \mathfrak{O}_Y)$ を位相空間，$f : X \to Y$ を写像とする．ここで，$O \in \mathfrak{O}_Y$ とすると，$f^{-1}(O)$ は X の部分集合なので，離散位相の定義より，$f^{-1}(O) \in \mathfrak{O}_X$ である．よって，定理 5.5 より，f は連続である．　　　◀

▶ **例 5.11**　任意の位相空間から密着空間（例 5.7）への任意の写像は連続であることを示そう．$(X, \mathfrak{O}_X)$ を位相空間，$(Y, \mathfrak{O}_Y)$ を密着空間，$f : X \to Y$ を写像とする．まず，密着位相の定義より，$\mathfrak{O}_Y = \{\emptyset, Y\}$ である．また，

$$f^{-1}(\emptyset) = \emptyset \in \mathfrak{O}_X, \quad f^{-1}(Y) = X \in \mathfrak{O}_X \tag{5.26}$$

である．よって，定理 5.5 より，f は連続である．　　　◀

▶ **例 5.12**　X, Y を空でない集合とし，$y_0 \in Y$ を固定しておく．このとき，写像 $f : X \to Y$ を

$$f(x) = y_0 \quad (x \in X) \tag{5.27}$$

により定める．f を**定値写像** (constant mapping) という *2.

　さらに，$\mathfrak{O}_X$, $\mathfrak{O}_Y$ をそれぞれ X, Y の位相とする．このとき，f は連続となる．実際，$O \in \mathfrak{O}_Y$ とすると，

$$f^{-1}(O) = \begin{cases} X \in \mathfrak{O}_X & (y_0 \in O), \\ \emptyset \in \mathfrak{O}_X & (y_0 \notin O) \end{cases} \tag{5.28}$$

となるからである．　　　　　　　　　　　　　　　　　　　　　◀

　2 つの位相空間の間に全単射が存在し，その全単射を通して点列が収束するか否かが一致する場合，これらの位相空間を同じものとみなすことは自然である．そこで，次のように定める．

定義 5.8　　X, Y を位相空間とする．

　$f : X \to Y$ を写像とする．f が全単射であり，f および f の逆写像 $f^{-1} : Y \to X$ が連続なとき，f を**同相写像** (homeomorphism) という．

　X から Y への同相写像が存在するとき，X と Y は**同相** (homeomorphic) であるという．　　　　　　　　　　　　　　　　　　　　　□

▶ **例 5.13**　X を空でない集合とする．このとき，X の任意の元 x に対して，x を対応させることにより得られる X から X への写像を id_X または 1_X と表し，X 上の**恒等写像** (identity mapping) という．

　ここで，$\mathfrak{O}$ を X の位相とする．このとき，1_X は連続となる．実際，$O \in \mathfrak{O}$ とすると，

$$1_X^{-1}(O) = O \in \mathfrak{O} \tag{5.29}$$

となるからである．さらに，1_X は全単射であり，$1_X^{-1} = 1_X$ である．よって，定義 5.8 より，1_X は同相写像であり，X と X は同相である．

---

*2 微分積分でもよく現れる定数関数の一般化である．

なお，同じ集合に対して，異なる位相を考えると，恒等写像は同相写像になるとは限らない．例えば，離散位相と密着位相を考えればよい． ◀

点列の収束や位相空間の間の写像に対する連続性は，近傍という概念を用いても特徴付けることができる．

定義 5.9　X を位相空間とし，$x \in X$，$U \subset X$ とする．

X のある開集合 O が存在し，$x \in O \subset U$ となるとき，x を U の**内点** (interior point) という（図 5.3）．

x が U の内点のとき，U を x の**近傍** (neighbourhood) という（図 5.3）． □

定義 5.5，定義 5.9 より，次がなりたつ．

命題 5.2　X を位相空間，$\{a_n\}_{n=1}^\infty$ を X の点列とし，$a \in X$ とすると，次の (1)，(2) は同値である．

(1) $\{a_n\}_{n=1}^\infty$ は a に収束する．

(2) a の任意の近傍 U に対して，ある $N \in \mathbf{N}$ が存在し，$n \in \mathbf{N}$，$n \geq N$ ならば，$a_n \in U$ である． □

また，定義 5.7，定義 5.9 より，次がなりたつ．

命題 5.3　X，Y を位相空間，$f : X \to Y$ を写像とし，$a \in X$ とすると，次の (1)，(2) は同値である．

(1) f は a で連続である．

(2) f による $f(a)$ の任意の近傍の逆像は a の近傍である． □

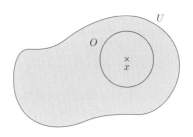

図 5.3　内点と近傍

距離空間の点列の極限は一意的であったが，一般の位相空間については，必ずしもそうであるとは限らない（注意 5.1）．位相空間の点列の極限が一意的となるようにするには，次のような条件を考えるとよい．

定義 5.10 X を位相空間とする．

$x, y \in X$，$x \neq y$ とする．X のある開集合 O_x，O_y が存在し，

$$x \in O_x, \quad y \in O_y, \quad O_x \cap O_y = \emptyset \tag{5.30}$$

となるとき，x と y は開集合により**分離される** (separated) という（図 5.4）．

X の任意の異なる 2 個の点が開集合により分離されるとき，X は**ハウスドルフ** (Hausdorff) であるという．このとき，X は**ハウスドルフの分離公理** (Hausdorff's axiom of separation) をみたすという．ハウスドルフな位相空間を**ハウスドルフ空間** (Hausdorff space) という．   □

ハウスドルフ空間の点列の収束について，次がなりたつ．

命題 5.4   ハウスドルフ空間の点列が収束するならば，その極限は一意的である．   □

【証明】   背理法により示す．

X をハウスドルフ空間，$\{a_n\}_{n=1}^{\infty}$ を X の収束する点列，$a, b \in X$ を $\{a_n\}_{n=1}^{\infty}$ の極限とし，$a \neq b$ であると仮定する．このとき，X のハウスドルフ性より，X のある開集合 O_a，O_b が存在し，

$$a \in O_a, \quad b \in O_b, \quad O_a \cap O_b = \emptyset \tag{5.31}$$

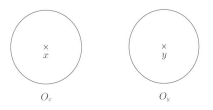

図 5.4   異なる 2 個の点の開集合による分離

となる. ここで, $\{a_n\}_{n=1}^{\infty}$ は a に収束するので, ある $N_a \in \mathbf{N}$ が存在し, $n \in \mathbf{N}$, $n \geq N_a$ ならば, $a_n \in O_a$ となる. また, $\{a_n\}_{n=1}^{\infty}$ は b にも収束するので, ある $N_b \in \mathbf{N}$ が存在し, $n \in \mathbf{N}$, $n \geq N_b$ ならば, $a_n \in O_b$ となる. よって, $a_{\max\{N_a, N_b\}} \in O_a \cap O_b$ となり, これは (5.31) 第 3 式に矛盾する. したがって, $a = b$ である. すなわち, ハウスドルフ空間の点列が収束するならば, その極限は一意的である. $\qquad\square$

ハウスドルフ空間の例について考えよう.

▶ **例 5.14** 距離空間はハウスドルフである. 実際, 距離空間 (X, d) の異なる 2 個の点 $x, y \in X$ に対して, $\varepsilon = d(x, y)$ とおくと, 距離の正値性より, $\varepsilon > 0$ であり, このとき,

$$x \in B\left(x; \frac{\varepsilon}{2}\right), \quad y \in B\left(y; \frac{\varepsilon}{2}\right), \quad B\left(x; \frac{\varepsilon}{2}\right) \cap B\left(y; \frac{\varepsilon}{2}\right) = \emptyset \qquad (5.32)$$

となり, x と y は開集合により分離されるからである. $\qquad\blacktriangleleft$

▶ **例 5.15** 2 個以上の点を含む密着空間は定義 5.10 の条件をみたさないので, ハウスドルフではない. $\qquad\blacktriangleleft$

▶ **例 5.16** 離散空間はハウスドルフであることを示そう. X を離散空間とし, $x, y \in X$, $x \neq y$ とする. 離散位相の定義より, $\{x\}$, $\{y\}$ は X の開集合であり,

$$x \in \{x\}, \quad y \in \{y\}, \quad \{x\} \cap \{y\} = \emptyset \qquad (5.33)$$

である. よって, x と y は開集合により分離される. したがって, X はハウスドルフである. $\qquad\blacktriangleleft$

◣ 5.3 多様体

§5.3 では, 多様体というものを定義し, さらに, 多様体の間の写像について述べよう. 以下では, $\mathbf{R}^n$ に対して, ユークリッド距離から定まる位相を考え

る．また，$\mathbf{R}^n$ の部分集合の位相については，相対位相を考える．

まず，位相多様体の定義から始める．

定義 5.11 M をハウスドルフ空間とし，$n \in \mathbf{N}$ とする．M の任意の点が $\mathbf{R}^n$ の開集合と同相な近傍をもつとき，すなわち，任意の $p \in M$ に対して，p の近傍 U，$\mathbf{R}^n$ の開集合 U' および同相写像 $\varphi : U \to U'$ が存在するとき，M を**位相多様体** (topological manifold) という [*3] (図 5.5)．このとき，$\dim M = n$ と表し，n を M の**次元** (dimension) という．また，(U, φ) を M の**座標近傍** (coordinate neighbourhood)，φ を U 上の**局所座標系** (system of local coordinates) という．さらに，φ を関数 $x_1, x_2, \ldots, x_n : U \to \mathbf{R}$ を用いて

$$\varphi = (x_1, x_2, \ldots, x_n) \tag{5.34}$$

と表しておくとき，$p \in U$ に対して，$(x_1(p), x_2(p), \ldots, x_n(p)) \in \mathbf{R}^n$ を p の**局所座標** (local coordinate) という．　　　　　　　　　　　　　　　　　□

✎ 注意 5.4　定義 5.11 において，ハウスドルフ性を仮定しなくとも，同様の概念を定めることはできるが，点列の収束先が 1 点とは限らないなど，ユークリッド空間のみたすような局所的性質をみたさないものまでも扱う必要が生じてしまう (注意 5.1)．■

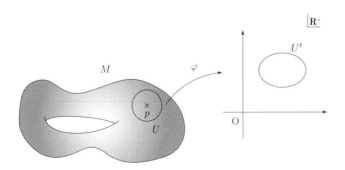

図 5.5　位相多様体

[*3] U' は U と同相となるので，U は p を含む開集合である．一般に，開集合となる近傍を**開近傍**という．

M を n 次元位相多様体とする．このとき，位相多様体の定義より，M の座標近傍からなる集合族 $\{(U_\alpha, \varphi_\alpha)\}_{\alpha \in \mathrm{A}}$ が存在し [*4]，

$$M = \bigcup_{\alpha \in \mathrm{A}} U_\alpha \tag{5.35}$$

と表すことができる．$\{(U_\alpha, \varphi_\alpha)\}_{\alpha \in \mathrm{A}}$ を M の**座標近傍系** (system of coordinate neighbourhoods) という．

ここで，(U, φ)，(V, ψ) を M の座標近傍とし，$U \cap V \neq \emptyset$ であると仮定しよう．このとき，φ の定義域および値域をそれぞれ $U \cap V$，$\varphi(U \cap V)$ に制限することにより，同相写像

$$\varphi|_{U \cap V} : U \cap V \to \varphi(U \cap V) \tag{5.36}$$

が得られる．同様に，同相写像

$$\psi|_{U \cap V} : U \cap V \to \psi(U \cap V) \tag{5.37}$$

が得られる．さらに，定理 5.6 より，同相写像

$$\psi|_{U \cap V} \circ \varphi|_{U \cap V}^{-1} : \varphi(U \cap V) \to \psi(U \cap V) \tag{5.38}$$

が得られる．$\psi|_{U \cap V} \circ \varphi|_{U \cap V}^{-1}$ を (U, φ) から (V, ψ) への**座標変換** (coordinate transformation) という（図 5.6）．

座標変換は $\mathbf{R}^n$ の開集合から $\mathbf{R}^n$ の開集合への写像なので，微分可能性を考えることができる．このことから，微分可能多様体を次のように定める．

定義 5.12　M を位相多様体，$\{(U_\alpha, \varphi_\alpha)\}_{\alpha \in \mathrm{A}}$ を M の座標近傍系とし，$r \in \mathbf{N} \cup \{\infty\}$ とする．$U_\alpha \cap U_\beta \neq \emptyset$ となる任意の $\alpha, \beta \in \mathrm{A}$ に対して，座標変換

$$\varphi_\beta|_{U_\alpha \cap U_\beta} \circ \varphi_\alpha|_{U_\alpha \cap U_\beta}^{-1} : \varphi_\alpha(U_\alpha \cap U_\beta) \to \varphi_\beta(U_\alpha \cap U_\beta) \tag{5.39}$$

が C^r 級となるとき，$\mathcal{S} = \{(U_\alpha, \varphi_\alpha)\}_{\alpha \in \mathrm{A}}$ とおき，$(M, \mathcal{S})$ または M を C^r **級微分可能多様体** (differentiable manifold of class C^r) または C^r **級多様体**

[*4]「A」はギリシャ文字「α」の大文字である．

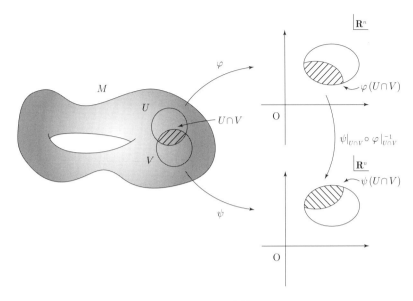

図 5.6　座標変換

$(C^r\text{-manifold})$ という．また，$\mathcal{S}$ を $\boldsymbol{C^r}$ **級座標近傍系** (system of coordinate neighbourhoods of class C^r) という．さらに，位相多様体としての次元を C^r 級多様体の次元として定める． □

▶ **例 5.17**　$\mathbf{R}^n$ は n 次元 C^∞ 級多様体となる．実際，$\mathbf{R}^n$ は距離空間なので，例 5.14 より，ハウスドルフであり，$1_{\mathbf{R}^n}$ を $\mathbf{R}^n$ 上の恒等写像とすると，$\{(\mathbf{R}^n, 1_{\mathbf{R}^n})\}$ が $\mathbf{R}^n$ の C^∞ 級座標近傍系となるからである． ◀

▶ **例 5.18**（単位円）　$S^1 \subset \mathbf{R}^2$ を単位円とする．すなわち，

$$S^1 = \{(x, y) \in \mathbf{R}^2 \mid x^2 + y^2 = 1\} \tag{5.40}$$

である．S^1 は距離空間 $\mathbf{R}^2$ の部分距離空間（例 5.4）となるので，ハウスドルフである．S^1 は 1 次元 C^∞ 級多様体となることを示そう．

まず，$\mathrm{N} = (0, 1)$ とおく．このとき，

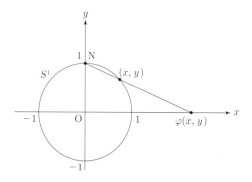

図 5.7　立体射影

$$S^1 \setminus \{\mathrm{N}\} = (\mathbf{R}^2 \setminus \{\mathrm{N}\}) \cap S^1 \tag{5.41}$$

なので，相対位相の定義より，$S^1 \setminus \{\mathrm{N}\}$ は S^1 の開集合となる．ここで，$(x, y) \in S^1 \setminus \{\mathrm{N}\}$ とし，N と (x, y) を通る直線と x 軸の交点の x 座標を $\varphi(x, y)$ とする（図 5.7）．このとき，ある $t \in \mathbf{R}$ が存在し，

$$(\varphi(x, y), 0) = (0, 1) + t\{(x, y) - (0, 1)\} = (tx, 1 + t(y - 1)) \tag{5.42}$$

となる．$y \neq 1$ に注意し，(5.42) の最初と最後の式の y 成分を比較すると，

$$t = \frac{1}{1 - y} \tag{5.43}$$

である．よって，

$$\varphi(x, y) = \frac{x}{1 - y} \tag{5.44}$$

である．さらに，$u = \varphi(x, y)$ とおくと，(5.40)，(5.44) より，

$$\begin{aligned}
0 = (x^2 + y^2) - 1 &= \{u(1 - y)\}^2 + y^2 - 1 \\
&= (y - 1)\{(u^2 + 1)y - (u^2 - 1)\}
\end{aligned} \tag{5.45}$$

である．したがって，$y \neq 1$ に注意すると，

$$y = \frac{u^2 - 1}{u^2 + 1}, \quad x = \frac{2u}{u^2 + 1} \tag{5.46}$$

となる. (5.44), (5.46) より, φ は同相写像 $\varphi : S^1 \setminus \{\mathrm{N}\} \to \mathbf{R}$ を定める. φ を北極を中心とする立体射影 (stereographic projection centered at the north pole) という. 次に, $\mathrm{S} = (0, -1)$ とおく. このとき, 上と同様に, $S^1 \setminus \{\mathrm{S}\}$ は S^1 の開集合となり, 同相写像 $\psi : S^1 \setminus \{\mathrm{S}\} \to \mathbf{R}$ が

$$\psi(x, y) = \frac{x}{1 + y} \tag{5.47}$$

により定められる. ψ を南極を中心とする立体射影 (stereographic projection centered at the south pole) という. ここで,

$$S^1 = (S^1 \setminus \{\mathrm{N}\}) \cup (S^1 \setminus \{\mathrm{S}\}) \tag{5.48}$$

である. 以上より, S^1 は 1 次元位相多様体となる.

さらに, 座標変換を計算しよう. まず, $\varphi(0, -1) = 0$, すなわち, $\varphi^{-1}(0) = (0, -1)$ に注意し, $u \in \mathbf{R} \setminus \{0\}$ とする. このとき, (5.46), (5.47) より,

$$(\psi \circ \varphi^{-1})(u) = \frac{\frac{2u}{u^2 + 1}}{1 + \frac{u^2 - 1}{u^2 + 1}} = \frac{1}{u} \tag{5.49}$$

である. よって, $u \in \mathbf{R} \setminus \{0\}$ に注意すると, 座標変換 $\psi \circ \varphi^{-1}$ は C^∞ 級である. 同様に, $\varphi \circ \psi^{-1}$ は C^∞ 級である. したがって, S^1 は 1 次元 C^∞ 級多様体となる. ◀

例 5.18 は次のように一般化することができる.

▶ **例 5.19**（単位球面）　$n \in \mathbf{N}$ とし, $S^n \subset \mathbf{R}^{n+1}$ を

$$S^n = \{\boldsymbol{x} \in \mathbf{R}^{n+1} \mid \|\boldsymbol{x}\| = 1\} \tag{5.50}$$

により定める. ただし, $\| \ \|$ は $\mathbf{R}^n$ の標準内積から定まるノルムである. S^n を**単位球面** (unit sphere) という. 例 5.18 と同様に考えると, S^n は n 次元 C^∞ 級多様体となることがわかる. ◀

ユークリッド空間の部分集合としてはあたえられていないが, 多様体となる例についても, 簡単に述べておこう.

▶ **例 5.20**（実射影空間）　$n \in \mathbf{N}$ とし，$\mathbf{R}^{n+1}$ の原点を通る直線全体の集合を $\mathbf{R}P^n$ とおく．$\mathbf{R}P^n$ を**実射影空間** (real projective space) という．$\mathbf{R}P^n$ は n 次元 C^∞ 級多様体となることがわかる．　　　　　　　　　　◀

　さらに，例をもう 1 つ挙げておこう．

▶ **例 5.21**（開部分多様体）　M を n 次元 C^r 級多様体，N を M の空でない開集合とする．このとき，N は自然に n 次元 C^r 級多様体となる．実際，N の位相としては，相対位相を考え，$\{(U_\alpha, \varphi_\alpha)\}_{\alpha \in \mathrm{A}}$ を M の座標近傍系とすると，N の座標近傍系としては $\{(U_\alpha \cap N, \varphi_\alpha|_{U_\alpha \cap N})\}_{\alpha \in \mathrm{A}}$ を考えればよいからである [5]．N を M の**開部分多様体** (open submanifold) という．とくに，$\mathbf{R}^n$ の空でない開集合は $\mathbf{R}^n$ の開部分多様体として，n 次元 C^∞ 級多様体となる．◀

　以下では，簡単のため，多様体は C^∞ 級であるとする．このとき，多様体の間の写像に対して，その微分可能性を考えることができる．まず，写像の値域が $\mathbf{R}$，すなわち，多様体上の関数の場合から始めよう．なお，関数や写像についても，C^∞ 級のものを考える．

定義 5.13　$(M, \mathcal{S})$ を多様体，$f : M \to \mathbf{R}$ を関数とする．任意の $(U, \varphi) \in \mathcal{S}$ に対して，関数

$$f \circ \varphi^{-1} : \varphi(U) \to \mathbf{R} \tag{5.51}$$

が C^∞ 級となるとき，f は **C^∞ 級**であるという（図 5.8）．M 上の C^∞ 級関数全体の集合を $C^\infty(M)$ と表す．　　　　　　　　　　□

✎ **注意 5.5**　多様体は C^∞ 級であるとしていることより，定義 5.13 は well-defined である．すなわち，f に対する条件は座標近傍の選び方に依存しない．実際，$(U, \varphi), (V, \psi) \in \mathcal{S}$，$U \cap V \neq \emptyset$ とすると，

$$f \circ \varphi|_{U \cap V}^{-1} = f \circ (\psi|_{U \cap V}^{-1} \circ \psi|_{U \cap V}) \circ \varphi|_{U \cap V}^{-1}$$
$$= (f \circ \psi|_{U \cap V}^{-1}) \circ (\psi|_{U \cap V} \circ \varphi|_{U \cap V}^{-1}) \tag{5.52}$$

---

[5] $U_\alpha \cap N = \emptyset$ となるものは取り除く．

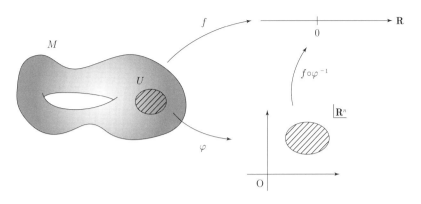

図 5.8　多様体上の関数

であるが，座標変換は C^∞ 級であり，ユークリッド空間の開集合の間の C^∞ 級写像
と C^∞ 級写像の合成は C^∞ 級となるからである．　　■

　C^∞ 級関数と同様に，座標近傍を用いてユークリッド空間の開集合の間の写
像を考えることにより，多様体の間の C^∞ 級写像というものを考えることがで
きる．ただし，関数の値域である $\mathbf{R}$ は 1 つの座標近傍で覆われるのに対して，
一般の多様体はそうとは限らないので，C^∞ 級写像の定義には少し工夫が必要
である．

定義 5.14　$(M, \mathcal{S})$，$(N, \mathcal{T})$ を多様体，$f : M \to N$ を写像とする．
　$p \in M$ とする．$f(p) \in V$ となる任意の $(V, \psi) \in \mathcal{T}$ と $p \in U \subset f^{-1}(V)$ と
なる任意の $(U, \varphi) \in \mathcal{S}$ に対して，写像

$$\psi \circ f \circ \varphi^{-1} : \varphi(U) \to \psi(V) \tag{5.53}$$

が $\varphi(p)$ において C^∞ 級となるとき，f は p において $\boldsymbol{C^\infty}$ 級であるという（図
5.9）．

　任意の $p \in M$ に対して，f が p において C^∞ 級となるとき，f は $\boldsymbol{C^\infty}$ 級で
あるという．M から N への C^∞ 級写像全体の集合を $C^\infty(M, N)$ と表す．　□

🖉 **注意 5.6**　注意 5.5 と同様に，定義 5.14 は well-defined である．　　■

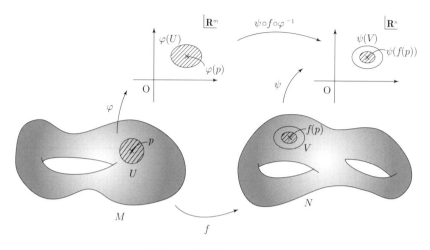

図 5.9　多様体の間の写像

　ユークリッド空間の開集合の間の C^∞ 級写像どうしの合成は再び C^∞ 級となるが，この事実は次のように一般化される．

| 命題 5.5 | M_1, M_2, M_3 を多様体とし，$f \in C^\infty(M_1, M_2)$，$g \in C^\infty(M_2, M_3)$ とすると，$g \circ f \in C^\infty(M_1, M_3)$ である．　　　　　　　　　□

🖉 **注意 5.7**　M を多様体とすると，$\mathbf{R}$ は 1 次元 C^∞ 級多様体なので，M から $\mathbf{R}$ への C^∞ 級写像を考えることができる．これは M 上の C^∞ 級関数に他ならない．すなわち，

$$C^\infty(M, \mathbf{R}) = C^\infty(M) \tag{5.54}$$

である．　　　　　　　　　　　　　　　　　　　　　　　　　　　　　■

▶ **例 5.22**（曲線）　有界開区間 (a, b) を考える．(a, b) は 1 次元 C^∞ 級多様体 $\mathbf{R}$ の開集合であることより，開部分多様体とみなせるので，1 次元 C^∞ 級多様体である．また，M を C^∞ 級多様体とする．(a, b) から M への写像を M 内の**曲線** (curve) という（図 5.10）．　　　　　　　　　　　　　　◀

　以下では，簡単のため，曲線は C^∞ 級であるとする．

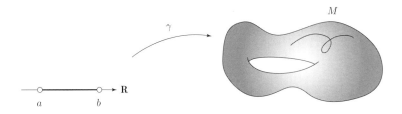

図 5.10　曲線 $\gamma : (a, b) \to M$

▶ 5.4 接ベクトルと写像の微分

§2.2 では，曲線を微分することによって，$\mathbf{R}^n$ の開集合の各点における接ベクトルを定めたが，接ベクトルは多様体に対しても考えることができる．ただし，$\mathbf{R}^n$ が 1 つの座標近傍で覆われるのに対して，一般の多様体はそうとは限らないので，接ベクトルは (3.39) のように方向微分として定める．

$(M, \mathcal{S})$ を多様体とし，$p \in M$ とする．さらに，$(U, \varphi) \in \mathcal{S}$ を $p \in U$ となるように選んでおく．また，I を有界開区間とし，$t_0 \in I$ とする．さらに，$\gamma : I \to M$ を $\gamma(t_0) = p$，$\gamma(I) \subset U$ となる M 内の曲線とする．γ は $t = t_0$ において p を通る曲線である．ここで，$f \in C^\infty(U)$，すなわち，f を U で定義された C^∞ 級関数とする [*6]．このとき，$\boldsymbol{v}_\gamma(f) \in \mathbf{R}$ を

$$\boldsymbol{v}_\gamma(f) = \left. \frac{d}{dt} \right|_{t=t_0} (f \circ \gamma) \tag{5.55}$$

により定めることができる（図 5.11）．f から $\boldsymbol{v}_\gamma(f)$ への対応を γ に沿う $t = t_0$ における**方向微分**という．また，$\boldsymbol{v}_\gamma(f)$ を f の $t = t_0$ における γ 方向の**微分係数**という．これらは座標近傍には依存しない概念であることに注意しよう．

定理 3.1 と同様に，上のように定めた方向微分について，次がなりたつ．

| 定理 5.7 | $a, b \in \mathbf{R}$，$f, g \in C^\infty(U)$ とすると，次の (1)，(2) がなりたつ．

(1) $\boldsymbol{v}_\gamma(af + bg) = a\boldsymbol{v}_\gamma(f) + b\boldsymbol{v}_\gamma(g)$.

[*6] 多様体の開集合で定義された関数に対しても，座標近傍を用いることにより，微分可能性を定めることができる．

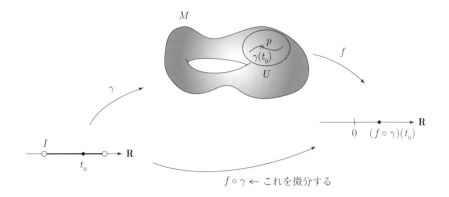

図 5.11　方向微分

(2) $\boldsymbol{v}_\gamma(fg) = \boldsymbol{v}_\gamma(f)g(p) + f(p)\boldsymbol{v}_\gamma(g).$　　　　　□

局所座標系を用いて $\boldsymbol{v}_\gamma(f)$ を表してみよう．$n = \dim M$ とし，φ を関数 $x_1, x_2, \ldots, x_n : U \to \mathbf{R}$ を用いて

$$\varphi = (x_1, x_2, \ldots, x_n) \tag{5.56}$$

と表しておく．また，

$$f \circ \gamma = (f \circ \varphi^{-1}) \circ (\varphi \circ \gamma) \tag{5.57}$$

である．よって，合成関数の微分法より，(5.55) は

$$\boldsymbol{v}_\gamma(f) = \sum_{i=1}^{n} \frac{\partial(f \circ \varphi^{-1})}{\partial x_i}(\varphi(p))(x_i \circ \gamma)'(t_0) \tag{5.58}$$

となる．そこで，γ に沿う $t = t_0$ における方向微分を

$$\boldsymbol{v}_\gamma = \sum_{i=1}^{n} (x_i \circ \gamma)'(t_0) \left(\frac{\partial}{\partial x_i} \right)_p \tag{5.59}$$

と表す．このとき，$\boldsymbol{v}_\gamma(f)$ は

$$\boldsymbol{v}_\gamma(f) = \left(\sum_{i=1}^{n} (x_i \circ \gamma)'(t_0) \left(\frac{\partial}{\partial x_i} \right)_p \right) f = \sum_{i=1}^{n} (x_i \circ \gamma)'(t_0) \frac{\partial f}{\partial x_i}(p) \tag{5.60}$$

と表される. そこで, $v_1, v_2, \ldots, v_n \in \mathbf{R}$ に対して,

$$\sum_{i=1}^{n} v_i \left(\frac{\partial}{\partial x_i} \right)_p \tag{5.61}$$

を p における**接ベクトル**という. なお, 曲線を用いなくとも, (5.61) の接ベクトルがあたえられると, f から

$$\sum_{i=1}^{n} v_i \frac{\partial f}{\partial x_i}(p) = \sum_{i=1}^{n} v_i \frac{\partial (f \circ \varphi^{-1})}{\partial x_i}(\varphi(p)) \tag{5.62}$$

への対応を考えることによって, 方向微分を定めることができる.

さらに, p における接ベクトル全体の集合を $T_p M$ と表す. すなわち,

$$T_p M = \left\{ \sum_{i=1}^{n} v_i \left(\frac{\partial}{\partial x_i} \right)_p \ \middle| \ v_1, v_2, \ldots, v_n \in \mathbf{R} \right\} \tag{5.63}$$

である. $T_p M$ は自然にベクトル空間となる. $T_p M$ を p における**接ベクトル空間**または**接空間**という. このとき, 次がなりたつ.

定理 5.8 $\left(\dfrac{\partial}{\partial x_1} \right)_p$, $\left(\dfrac{\partial}{\partial x_2} \right)_p$, $\ldots$, $\left(\dfrac{\partial}{\partial x_n} \right)_p$ は 1 次独立である. とくに, これらは $T_p M$ の基底となり, $T_p M$ は n 次元ベクトル空間である. □

【証明】 $v_1, v_2, \ldots, v_n \in \mathbf{R}$ に対して,

$$\sum_{i=1}^{n} v_i \left(\frac{\partial}{\partial x_i} \right)_p = \mathbf{0} \tag{5.64}$$

と仮定する. このとき,

$$v_1 = v_2 = \cdots = v_n = 0 \tag{5.65}$$

であることを示せばよい.

f を p の近傍で定義された関数とすると, (5.64) より,

$$\sum_{i=1}^{n} v_i \frac{\partial f}{\partial x_i}(p) = 0 \tag{5.66}$$

である. とくに, $j = 1, 2, \ldots, n$ に対して, $f = x_j$ とすると,

$$\frac{\partial f}{\partial x_i}(p) = \delta_{ij} \tag{5.67}$$

である. よって, (5.65) が得られる.   □

　§2.2 で述べたことと同様にして, 多様体の間の写像の微分を接空間の間の線形写像として定めることができる. $(M, \mathcal{S})$ を多様体とし, $p \in M$ とする. さらに, $(U, \varphi) \in \mathcal{S}$ を $p \in U$ となるように選んでおく. また, I を有界開区間とし, $t_0 \in I$ とする. さらに, $\gamma : I \to M$ を $\gamma(t_0) = p$, $\gamma(I) \subset U$ となる M 内の曲線とする. このとき, p における接ベクトル $\boldsymbol{v}_\gamma$ が定まるのであった.

　ここで, $(N, \mathcal{T})$ を多様体とし, $f \in C^\infty(M, N)$ とする. このとき, γ と f の合成により得られる N 内の曲線 $f \circ \gamma : I \to N$ を考えることができる. $f \circ \gamma : I \to N$ から定まる $f(p)$ における接ベクトル $\boldsymbol{v}_{f \circ \gamma}$ を計算してみよう. $m = \dim M$ とし, φ を関数 $x_1, x_2, \ldots, x_m : U \to \mathbf{R}$ を用いて

$$\varphi = (x_1, x_2, \ldots, x_m) \tag{5.68}$$

と表しておく. このとき,

$$\boldsymbol{v}_\gamma = \sum_{i=1}^m (x_i \circ \gamma)'(t_0) \left(\frac{\partial}{\partial x_i} \right)_p \tag{5.69}$$

である. また, $(V, \psi) \in \mathcal{T}$ を $f(p) \in V$ となるように選んでおく. 必要ならば, U および I を十分小さく選んでおき, $f(U) \subset V$ となるようにしておく. このとき,

$$\psi \circ (f|_U \circ \gamma) = (\psi \circ f|_U \circ \varphi^{-1}) \circ (\varphi \circ \gamma) \tag{5.70}$$

である（図5.12）.

　$n = \dim N$ とし, ψ を関数 $y_1, y_2, \ldots, y_n : V \to \mathbf{R}$ を用いて

$$\psi = (y_1, y_2, \ldots, y_n) \tag{5.71}$$

と表しておく. また, $\psi \circ f|_U$ を関数 $f_1, f_2, \ldots, f_n : U \to \mathbf{R}$ を用いて

$$\psi \circ f|_U = (f_1, f_2, \ldots, f_n) \tag{5.72}$$

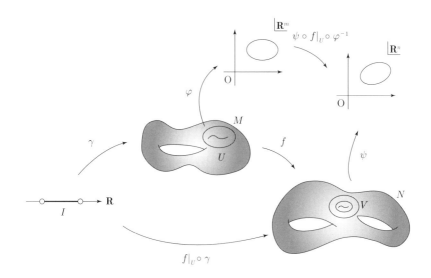

図 5.12　γ および f と局所座標系

と表しておく．このとき，(5.70) および合成関数の微分法より，$j = 1, 2, \ldots, n$ とすると，

$$\frac{d(y_j \circ (f \circ \gamma))}{dt}(t) = \sum_{i=1}^{m} \frac{\partial (f_j \circ \varphi^{-1})}{\partial x_i}(\varphi(\gamma(t)))\frac{d(x_i \circ \gamma)}{dt}(t) \qquad (5.73)$$

である．よって，

$$\begin{aligned}
\boldsymbol{v}_{f\circ\gamma} &= \sum_{j=1}^{n}(y_j \circ (f \circ \gamma))'(t_0)\left(\frac{\partial}{\partial y_j}\right)_{f(p)} \\
&= \sum_{j=1}^{n}\sum_{i=1}^{m}\frac{\partial (f_j \circ \varphi^{-1})}{\partial x_i}(\varphi(p))(x_i \circ \gamma)'(t_0)\left(\frac{\partial}{\partial y_j}\right)_{f(p)} \\
&= \sum_{j=1}^{n}\sum_{i=1}^{m}(x_i \circ \gamma)'(t_0)\frac{\partial f_j}{\partial x_i}(p)\left(\frac{\partial}{\partial y_j}\right)_{f(p)},
\end{aligned} \qquad (5.74)$$

すなわち，

$$\boldsymbol{v}_{f\circ\gamma} = \sum_{j=1}^{n}\sum_{i=1}^{m}(x_i \circ \gamma)'(t_0)\frac{\partial f_j}{\partial x_i}(p)\left(\frac{\partial}{\partial y_j}\right)_{f(p)} \qquad (5.75)$$

である.(5.69), (5.75) より,$\boldsymbol{v}_\gamma$ から $\boldsymbol{v}_{f\circ\gamma}$ への対応は T_pM から $T_{f(p)}N$ への線形写像を定める.この対応を $(df)_p$ と表し,p における f の**微分**という.とくに,$i = 1, 2, \ldots, m$ とすると,

$$(df)_p\left(\left(\frac{\partial}{\partial x_i}\right)_p\right) = \sum_{j=1}^n \frac{\partial f_j}{\partial x_i}(p)\left(\frac{\partial}{\partial y_j}\right)_{f(p)} \tag{5.76}$$

である.

さらに,多様体から多様体へのはめ込みについても定めることができる.

定義 5.15 M,N を多様体とし,$f \in C^\infty(M, N)$ とする.任意の $p \in M$ に対して,$(df)_p : T_pM \to T_{f(p)}N$ が単射となるとき,f を**はめ込み**という.□

✏ **注意 5.8** 定義 5.15 において,$(df)_p$ は線形写像なので,f がはめ込みであるとは,任意の p に対して,$\boldsymbol{v} \in T_pM$,$(df)_p(\boldsymbol{v}) = \boldsymbol{0}$ ならば,$\boldsymbol{v} = \boldsymbol{0}$ となることである.■

▶ **例 5.23** M を多様体,N を M の開部分多様体とし(例 5.21),包含写像 $\iota : N \to M$ を考える.すなわち,ι は

$$\iota(p) = p \quad (p \in N) \tag{5.77}$$

により定められる写像である.このとき,任意の $p \in N$ に対して,(5.76) において,

$$m = n, \quad y_j = x_j \quad f_j = x_j \quad (j = 1, 2, \ldots, n) \tag{5.78}$$

とおくことにより,

$$(d\iota)_p\left(\left(\frac{\partial}{\partial x_i}\right)_p\right) = \left(\frac{\partial}{\partial x_i}\right)_{\iota(p)} \quad (i = 1, 2, \ldots, n) \tag{5.79}$$

となる.よって,ι ははめ込みである.◀

5.5 ベクトル場とアファイン接続

§3.2 で述べたユークリッド空間の開集合の場合と同様に, 多様体の各点において接ベクトルを対応させることによって, ベクトル場を考えることができる.

定義 5.16 $(M, \mathcal{S})$ を多様体とする. 各 $p \in M$ に対して, $X_p \in T_p M$ があたえられているとき, この対応を X と表し, M 上の**ベクトル場**という. $\square$

$(M, \mathcal{S})$ を多様体とし, X を M 上のベクトル場とする. $p \in M$ とし, $(U, \varphi) \in \mathcal{S}$ を $p \in U$ となるように選んでおく. $n = \dim M$ とし, φ を関数 $x_1, x_2, \ldots, x_n : U \to \mathbf{R}$ を用いて

$$\varphi = (x_1, x_2, \ldots, x_n) \tag{5.80}$$

と表しておく. このとき, p における接ベクトルは (5.61) のように表されるので, X は U 上では関数 $\xi_1, \xi_2, \ldots, \xi_n : U \to \mathbf{R}$ を用いて

$$X|_U = \sum_{i=1}^{n} \xi_i \frac{\partial}{\partial x_i} \tag{5.81}$$

と表すことができる.

$(V, \psi) \in S$ も $p \in V$ となるように選んでおき, ψ を関数 $y_1, y_2, \ldots, y_n : V \to \mathbf{R}$ を用いて

$$\psi = (y_1, y_2, \ldots, y_n) \tag{5.82}$$

と表しておくと, 変換則

$$\left(\frac{\partial}{\partial y_j} \right)_p = \sum_{i=1}^{n} \frac{\partial x_i}{\partial y_j}(p) \left(\frac{\partial}{\partial x_i} \right)_p \tag{5.83}$$

がなりたつ. 実際, x_1, x_2, $\ldots$, x_n を (5.83) の両辺の接ベクトルで方向微分することにより, (5.83) の左辺は右辺のような 1 次結合として表されることが確認できるからである. ここで, M は C^∞ 級多様体であるとしているので, $U \cap V$ で定義された関数 $\dfrac{\partial x_i}{\partial y_j}$ は C^∞ 級である. よって, ベクトル場の微分可能性について, 次の定義は well-defined である.

定義 5.17 $(M, \mathcal{S})$ を n 次元多様体，X を M 上のベクトル場とする．任意の $(U, \varphi) \in \mathcal{S}$ に対して，X を U 上で (5.81) のように表しておくと，ξ_1, $\xi_2, \ldots, \xi_n \in C^\infty(U)$ となるとき，X は C^∞ 級であるという．M 上の C^∞ 級ベクトル場全体の集合を $\mathfrak{X}(M)$ と表す．   □

多様体上のベクトル場に対しても，ユークリッド空間の開集合上のベクトル場の場合と同様の演算を定めることができる．M を多様体とする．まず，各 $p \in M$ に対して，T_pM の零ベクトルを対応させるベクトル場は C^∞ 級である．このベクトル場を $\mathbf{0}$ と表す．次に，$X \in \mathfrak{X}(M)$ とし，各 $p \in M$ に対して，X_p の逆ベクトル $-X_p$ を対応させるベクトル場は C^∞ 級である．このベクトル場を $-X$ と表す．また，$X, Y \in \mathfrak{X}(M)$ に対して，X と Y の和 $X + Y \in \mathfrak{X}(M)$ を

$$(X + Y)_p = X_p + Y_p \quad (p \in M) \tag{5.84}$$

により定めることができる．さらに，$X \in \mathfrak{X}(M)$，$f \in C^\infty(M)$ に対して，X の f 倍 $fX \in \mathfrak{X}(M)$ を

$$(fX)_p = f(p)X_p \quad (p \in M) \tag{5.85}$$

により定めることができる．このとき，命題 3.2 と同様に，次がなりたつ．

命題 5.6 M を多様体とし，$X, Y, Z \in \mathfrak{X}(M)$，$f, g \in C^\infty(M)$ とする．このとき，次の (1)〜(7) がなりたつ．

(1) $X + Y = Y + X$．（和の交換律）

(2) $(X + Y) + Z = X + (Y + Z)$．（和の結合律）

(3) $X + \mathbf{0} = X$．

(4) $X + (-X) = \mathbf{0}$．

(5) $(fg)X = f(gX)$．（関数倍の結合律）

(6) $(f + g)X = fX + gX$，$f(X + Y) = fX + fY$．（分配律）

(7) $1X = X$．   □

また，$X \in \mathfrak{X}(M)$，$f \in C^{\infty}(M)$ とすると，$Xf \in C^{\infty}(M)$ を

$$(Xf)(p) = X_p(f) \quad (p \in M) \tag{5.86}$$

により定めることができる．Xf を X による f の**微分**という．定理 5.7 より，ベクトル場による関数の微分について，次がなりたつ．

定理 5.9　M を多様体とし，$X \in \mathfrak{X}(M)$，$a, b \in \mathbf{R}$，$f, g \in C^{\infty}(M)$ とする．このとき，次の (1)，(2) がなりたつ．

(1) $X(af + bg) = aXf + bXg$.
(2) $X(fg) = (Xf)g + f(Xg)$. □

さらに，括弧積についても定めることができる．M を多様体とし，$X, Y \in \mathfrak{X}(M)$，$f \in C^{\infty}(M)$ とする．また，$(U, \varphi) \in \mathcal{S}$ とし，φ を (5.80) のように表しておく．さらに，X，Y を U 上で

$$X|_U = \sum_{i=1}^{n} \xi_i \frac{\partial}{\partial x_i}, \quad Y|_U = \sum_{j=1}^{n} \eta_j \frac{\partial}{\partial x_j} \quad (\xi_1, \ldots, \xi_n, \eta_1, \ldots, \eta_n \in C^{\infty}(U)) \tag{5.87}$$

と表しておく．このとき，(3.50) と同様に，U 上で

$$X|_U(Y|_U f|_U) - Y|_U(X|_U f|_U) = \sum_{i=1}^{n}\sum_{j=1}^{n}\left(\xi_j \frac{\partial \eta_i}{\partial x_j} - \eta_j \frac{\partial \xi_i}{\partial x_j}\right)\frac{\partial f}{\partial x_i} \tag{5.88}$$

となる．ここで，

$$[X, Y]f = (XY - YX)f = X(Yf) - Y(Xf) \tag{5.89}$$

と表すと，(5.88) より，$[X, Y] \in \mathfrak{X}(M)$ とみなすことができる．$[X, Y]$ は U 上では

$$[X, Y]|_U = \sum_{i=1}^{n}\sum_{j=1}^{n}\left(\xi_j \frac{\partial \eta_i}{\partial x_j} - \eta_j \frac{\partial \xi_i}{\partial x_j}\right)\frac{\partial}{\partial x_i} \tag{5.90}$$

と表される．$[X, Y]$ を X と Y の**括弧積**または**交換子積**という．定理 3.3 と同様に，括弧積に関して，次がなりたつ．

定理 5.10　M を多様体とし，$X, Y, Z \in \mathfrak{X}(M)$，$f, g \in C^{\infty}(M)$ とする．このとき，次の (1)〜(4) がなりたつ．

(1) $[X + Y, Z] = [X, Z] + [Y, Z]$，$[X, Y + Z] = [X, Y] + [X, Z]$.

(2) $[X, Y] = -[Y, X]$.（交代性）

(3) $[[X, Y], Z] + [[Y, Z], X] + [[Z, X], Y] = \mathbf{0}$.（ヤコビの恒等式）

(4) $[fX, gY] = fg[X, Y] + f(Xg)Y - g(Yf)X$. □

✎ 注意 5.9　注意 3.3 と同様に，定理 5.10 において，

$$[cX, Y] = [X, cY] = c[X, Y] \quad (c \in \mathbf{R}) \tag{5.91}$$

がなりたつ．すなわち，定理 5.10(1)，(5.91) より，括弧積は双線形性をみたす．∎

§3.4 では，ユークリッド空間の開集合合上のベクトル場に関するベクトル場の共変微分を定めるアファイン接続について述べたが，アファイン接続は多様体に対しても考えることができる．

定義 5.18　M を多様体とし，$(X, Y) \in \mathfrak{X}(M) \times \mathfrak{X}(M)$ に対して，$\nabla_Y X \in \mathfrak{X}(M)$ を対応させる写像 $\nabla : \mathfrak{X}(M) \times \mathfrak{X}(M) \to \mathfrak{X}(M)$ があたえられているとする．任意の $X, Y, Z \in \mathfrak{X}(M)$ および任意の $f \in C^{\infty}(M)$ に対して，次の (1)〜(4) がなりたつとき，$\nabla_Y X$ を Y に関する X の共変微分という．また，∇ を M のアファイン接続という．

(1) $\nabla_{Y+Z} X = \nabla_Y X + \nabla_Z X$.

(2) $\nabla_{fY} X = f \nabla_Y X$.

(3) $\nabla_Z (X + Y) = \nabla_Z X + \nabla_Z Y$.

(4) $\nabla_Y (fX) = (Yf)X + f \nabla_Y X$. □

✎ 注意 5.10　注意 3.8 と同様に，定義 5.18 において，$p \in M$ とすると，$\boldsymbol{v} \in T_p M$ に対して，$\nabla_{\boldsymbol{v}} X \in T_p M$ を対応させる線形変換 $(\nabla X)_p : T_p M \to T_p M$ を考えることができる．∎

定義 3.5 と同様に，アファイン接続の捩率を次のように定める．

定義 5.19　M を多様体，∇ を M のアファイン接続とし，写像 $T : \mathfrak{X}(M) \times \mathfrak{X}(M) \to \mathfrak{X}(M)$ を

$$T(X, Y) = \nabla_X Y - \nabla_Y X - [X, Y] \quad (X, Y \in \mathfrak{X}(M)) \tag{5.92}$$

により定める．T を ∇ の**捩率テンソル場**または**捩率**という．また，$T = 0$ となるとき，∇ は**捩れをもたない**または**捩れがない**などという．　□

定理 3.9 と同様に，アファイン接続の捩率について，次がなりたつ．

定理 5.11　M を多様体，∇ を M のアファイン接続，T を ∇ の捩率とし，$X, Y \in \mathfrak{X}(M)$，$f \in C^\infty(M)$ とする．このとき，次の (1), (2) がなりたつ．

(1) $T(fX, Y) = T(X, fY) = fT(X, Y)$.
(2) $T(X, Y) = -T(Y, X)$. （**交代性**）　□

⚠ 注意 5.11　注意 3.9 と同様に，定理 5.11(1) において，$p \in M$ とすると，$(\boldsymbol{v}, \boldsymbol{w}) \in T_pM \times T_pM$ に対して，$T(\boldsymbol{v}, \boldsymbol{w}) \in T_pM$ を対応させる双線形写像を考えることができる．すなわち，T は $(1, 2)$ 型テンソル場となる．　■

$(M, \mathcal{S})$ を n 次元多様体，∇ を M のアファイン接続とする．また，$(U, \varphi) \in \mathcal{S}$ とし，φ を (5.80) のように表しておく．このとき，ユークリッド空間の開集合の場合と同様に，$i, j, k = 1, 2, \ldots, n$ に対して，**クリストッフェルの記号** $\Gamma_{ij}^k \in C^\infty(U)$ を

$$\nabla_{\frac{\partial}{\partial x_i}} \frac{\partial}{\partial x_j} = \sum_{k=1}^n \Gamma_{ij}^k \frac{\partial}{\partial x_k} \tag{5.93}$$

により定めることができる．また，次がなりたつ．

定理 5.12　∇ が捩れをもたないのは，任意の $(U, \varphi) \in \mathcal{S}$ および任意の $i, j, k = 1, 2, \ldots, n$ に対して，$\Gamma_{ij}^k = \Gamma_{ji}^k$ となるときに限る．　□

§2.1 で述べたことと同様に，多様体の各点における接空間に内積をあたえ，リーマン計量を考えることができる．さらに，§3.3 で述べたことと同様に，レビ-チビタ接続を定めることができる．まず，リーマン計量について述べよう．

定義 5.20　M を C^∞ 級多様体とする．各 $p \in M$ に対して，T_pM の内積 $g_p : T_pM \times T_pM \to \mathbf{R}$ があたえられているとする．このとき，p から g_p への対応を g と表し，g を M の**リーマン計量**，(M, g) を**リーマン多様体** (Riemannian manifold) という．任意の $X, Y \in \mathfrak{X}(M)$ に対して，$g(X, Y) \in C^\infty(M)$ となるとき，g は C^∞ **級**であるという．　　　　　　　□

以下では，簡単のため，リーマン計量は C^∞ 級であるとする．

リーマン計量を局所座標系を用いて表してみよう．(M, g) を n 次元リーマン多様体とし，$p \in M$，$\boldsymbol{v}, \boldsymbol{w} \in T_pM$ とする．また，(U, φ) を $p \in U$ となる座標近傍とし，φ を (5.80) のように表しておく．さらに，$\boldsymbol{v}$，$\boldsymbol{w}$ を

$$\boldsymbol{v} = \sum_{i=1}^n v_i \left(\frac{\partial}{\partial x_i} \right)_p, \quad \boldsymbol{w} = \sum_{j=1}^n w_j \left(\frac{\partial}{\partial x_j} \right)_p$$
$$(v_1, \ldots, v_n, w_1, \ldots, w_n \in \mathbf{R}) \quad (5.94)$$

と表しておく．このとき，内積の線形性より，

$$\begin{aligned}
g_p(\boldsymbol{v}, \boldsymbol{w}) &= g_p \left(\sum_{i=1}^n v_i \left(\frac{\partial}{\partial x_i} \right)_p, \sum_{j=1}^n w_j \left(\frac{\partial}{\partial x_j} \right)_p \right) \\
&= \sum_{i,j=1}^n v_i w_j g_p \left(\left(\frac{\partial}{\partial x_i} \right)_p, \left(\frac{\partial}{\partial x_j} \right)_p \right)
\end{aligned} \quad (5.95)$$

である．よって，

$$g_{ij}(p) = g_p \left(\left(\frac{\partial}{\partial x_i} \right)_p, \left(\frac{\partial}{\partial x_j} \right)_p \right) \quad (5.96)$$

とおくと，

$$g_p(\boldsymbol{v}, \boldsymbol{w}) = \sum_{i,j=1}^n v_i w_j g_{ij}(p) \quad (5.97)$$

である．また，$g_{ij}(p)$ は関数 $g_{ij} : U \to \mathbf{R}$ を定め，g は C^∞ 級であるとしていることより，$g_{ij} \in C^\infty(U)$ である．さらに，内積 g_p の対称性より，n 次正方行列 $(g_{ij}(p))_{n \times n}$ は実対称行列であり，内積 g_p の正値性より，$(g_{ij}(p))_{n \times n}$ は正定値である．

▶ **例 5.24** 例 2.1 で述べた $\mathbf{R}^n$ のユークリッド計量を改めて，多様体の言葉を用いて述べよう．まず，$\mathbf{R}^n$ は n 次元 C^∞ 級多様体である．ここで，$\mathbf{R}^n$ の直交座標系 $(x_1, x_2, \ldots, x_n)$ を考える．このとき，$p \in \mathbf{R}^n$ とすると，

$$\sum_{i=1}^{n} v_i \left(\frac{\partial}{\partial x_i} \right)_p \in T_p \mathbf{R}^n \tag{5.98}$$

に対して，$(v_1, v_2, \ldots, v_n) \in \mathbf{R}^n$ を対応させることにより，$T_p \mathbf{R}^n$ を $\mathbf{R}^n$ とみなすことができる．そこで，$\mathbf{R}^n$ の標準内積を用いることにより，$T_p \mathbf{R}^n$ に内積 g_p を定める（図 5.13）．このとき，g_p は $\mathbf{R}^n$ の C^∞ 級リーマン計量 g を定め，$(\mathbf{R}^n, g)$ はリーマン多様体となる．g を $\mathbf{R}^n$ の**ユークリッド計量**という．◀

$$T_p \mathbf{R}^n \ni \sum_{i=1}^{n} v_i \left(\frac{\partial}{\partial x_i} \right)_p \leftrightarrow (v_1, v_2, \ldots, v_n) \in \mathbf{R}^n$$

$$g_p \left(\sum_{i=1}^{n} v_i \left(\frac{\partial}{\partial x_i} \right)_p, \sum_{j=1}^{n} w_j \left(\frac{\partial}{\partial x_j} \right)_p \right)$$

$$= \langle (v_1, v_2, \ldots, v_n), (w_1, w_2, \ldots, w_n) \rangle$$

$$= \sum_{i=1}^{n} v_i w_i$$

図 5.13 $\mathbf{R}^n$ のユークリッド計量

また，はめ込みを用いて，リーマン計量を定めることもできる．M を多様体，(N, g) をリーマン多様体，$f : M \to N$ をはめ込みとする．このとき，$p \in M$，$\boldsymbol{v}, \boldsymbol{w} \in T_p M$ に対して，

$$(f^* g)_p(\boldsymbol{v}, \boldsymbol{w}) = g_{f(p)}((df)_p(\boldsymbol{v}), (df)_p(\boldsymbol{w})) \tag{5.99}$$

とおくと，命題 2.4 と同様に，$(f^* g)_p$ は $T_p M$ の内積を定める．よって，$(f^* g)_p$ は M のリーマン計量 $f^* g$ を定める．$f^* g$ を f による g の**誘導計量**または**引き戻し**という．

さらに, (5.93) では, クリストッフェルの記号 Γ_{ij}^k を定めたが, (3.110) と同様に, リーマン計量 g があたえられていると, **クリストッフェルの記号** $\Gamma_{ij,k} \in C^\infty(U)$ を

$$\Gamma_{ij,k} = g\left(\nabla_{\frac{\partial}{\partial x_i}}\frac{\partial}{\partial x_j}, \frac{\partial}{\partial x_k}\right) \tag{5.100}$$

により定めることができる.

それでは, リーマン多様体のレビ-チビタ接続について述べよう. (M, g) を リーマン多様体, ∇ を M のアファイン接続とする. このとき, §3.3 と同様に, 次の (1), (2) の条件を考える.

(1) $T = 0$, すなわち, ∇ は捩れをもたない.

(2) 任意の $X, Y, Z \in \mathfrak{X}(M)$ に対して, $Xg(Y, Z) = g(\nabla_X Y, Z) + g(Y, \nabla_X Z)$, すなわち, ∇ は計量的である.

注意 3.7 と同様に, 上の条件 (1), (2) をみたす ∇ が一意的に存在する. この ∇ を g に関する**レビ-チビタ接続**または**リーマン接続**という.

▌5.6　双対接続と統計多様体

アファイン接続をもつ多様体に対して, さらに, リーマン計量があたえられると, 双対接続というアファイン接続を考えることができる. M を多様体, ∇ を M のアファイン接続, g を M のリーマン計量とする. このとき, 命題 3.4 より, $X, Z \in \mathfrak{X}(M)$ とすると, 任意の $Y \in \mathfrak{X}(M)$ に対して,

$$Xg(Y, Z) = g(\nabla_X Y, Z) + g(Y, \nabla_X^* Z) \tag{5.101}$$

となる $\nabla_X^* Z \in \mathfrak{X}(M)$ が一意的に存在する. さらに, 次がなりたつ.

$\boxed{\text{定理 5.13}}$　　∇^* は M のアファイン接続を定める.　　　　　□

【証明】　$X, Y, Z \in \mathfrak{X}(M)$, $f \in C^\infty(M)$ とする. 定義 5.18 より, ∇^* が次の (1)〜(4) をみたすことを示せばよい.

(1) $\nabla^*_{Y+Z} X = \nabla^*_Y X + \nabla^*_Z X.$

(2) $\nabla^*_{fY} X = f \nabla^*_Y X.$

(3) $\nabla^*_Z (X + Y) = \nabla^*_Z X + \nabla^*_Z Y.$

(4) $\nabla^*_Y (fX) = (Yf)X + f \nabla^*_Y X.$

以下，アファイン接続 ∇，リーマン計量 g，∇^* の性質を用いて計算する．さらに，$W \in \mathfrak{X}(M)$ とする

まず，

$$
\begin{aligned}
g(W, \nabla^*_{Y+Z} X) &= (Y+Z)g(W, X) - g(\nabla_{Y+Z} W, X) \\
&= Yg(W, X) + Zg(W, X) - g(\nabla_Y W + \nabla_Z W, X) \\
&= g(\nabla_Y W, X) + g(W, \nabla^*_Y X) + g(\nabla_Z W, X) + g(W, \nabla^*_Z, X) \\
&\quad - g(\nabla_Y W, X) - g(\nabla_Z W, X) \\
&= g(W, \nabla^*_Y X + \nabla^*_Z X),
\end{aligned} \tag{5.102}
$$

すなわち，

$$
g(W, \nabla^*_{Y+Z} X) = g(W, \nabla^*_Y X + \nabla^*_Z X) \tag{5.103}
$$

である．よって，(1) がなりたつ．

次に，

$$
\begin{aligned}
g(Z, \nabla^*_{fY} X) &= (fY)g(Z, X) - g(\nabla_{fY} Z, X) \\
&= (fY)g(Z, X) - g(f\nabla_Y Z, X) \\
&= f(Yg(Z, X) - g(\nabla_Y Z, X)) \\
&= fg(Z, \nabla^*_Y X) = g(Z, f\nabla^*_Y X),
\end{aligned} \tag{5.104}
$$

すなわち，

$$
g(Z, \nabla^*_{fY} X) = g(Z, f\nabla^*_Y X) \tag{5.105}
$$

である．よって，(2) がなりたつ．

さらに，

$$g(W, \nabla_Z^*(X + Y)) = Zg(W, X + Y) - g(\nabla_Z W, X + Y)$$

$$= Zg(W, X) + Zg(W, Y) - g(\nabla_Z W, X) - g(\nabla_Z W, Y)$$

$$= g(W, \nabla_Z^* X) + g(W, \nabla_Z^* Y)$$

$$= g(W, \nabla_Z^* X + \nabla_Z^* Y), \tag{5.106}$$

すなわち,

$$g(W, \nabla_Z^*(X + Y)) = g(W, \nabla_Z^* X + \nabla_Z^* Y) \tag{5.107}$$

である. よって, (3) がなりたつ.

　最後に,

$$g(Z, \nabla_Y^*(fX)) = Yg(Z, fX) - g(\nabla_Y Z, fX)$$

$$= Y(fg(Z, X)) - fg(\nabla_Y Z, X)$$

$$= (Yf)g(Z, X) + fYg(Z, X) - fg(\nabla_Y Z, X)$$

$$= (Yf)g(Z, X) + f(g(\nabla_Y Z, X) + g(Z, \nabla_Y^* X)) - fg(\nabla_Y Z, X)$$

$$= g(Z, (Yf)X) + g(Z, f\nabla_Y^* X)$$

$$= g(Z, (Yf)X + f\nabla_Y^* X), \tag{5.108}$$

すなわち,

$$g(Z, \nabla_Y^*(fX)) = g(Z, (Yf)X + f\nabla_Y^* X) \tag{5.109}$$

である. よって, (4) がなりたつ. □

✎ 注意 5.12　上の ∇^* を ∇ の**双対接続** (dual connection) という.
　双対接続の定義より, ∇^* の双対接続は ∇ に一致する. すなわち,

$$(\nabla^*)^* = \nabla \tag{5.110}$$

である. このことより, ∇ と ∇^* は g に関して, 互いに**双対的** (dual) であるという.
　また, ∇ が g に関して計量的, すなわち, 任意の $X, Y, Z \in \mathfrak{X}(M)$ に対して,

$$Xg(Y, Z) = g(\nabla_X Y, Z) + g(Y, \nabla_X Z) \tag{5.111}$$

となるならば,

$$\nabla^* = \nabla \tag{5.112}$$

である. ∎

ここで, T, T^* をそれぞれ ∇, ∇^* の捩率とする (定義 5.19). T と T^* の関係を調べてみよう. まず, $X, Y, Z \in \mathfrak{X}(M)$ に対して, $(\nabla_X g)(Y, Z) \in C^\infty(M)$ を

$$Xg(Y, Z) = (\nabla_X g)(Y, Z) + g(\nabla_X Y, Z) + g(Y, \nabla_X Z) \tag{5.113}$$

により定める. このとき, 次がなりたつ.

命題 5.7 $f \in C^\infty(M)$ とすると,

$$(\nabla_X g)(fY, Z) = (\nabla_X g)(Y, fZ) = f(\nabla_X g)(Y, Z) \tag{5.114}$$

がなりたつ. □

【証明】   まず,

$$\begin{aligned}
(\nabla_X g)(fY, Z) &= Xg(fY, Z) - g(\nabla_X(fY), Z) - g(fY, \nabla_X Z) \\
&= X(fg(Y, Z)) - g((Xf)Y + f\nabla_X Y, Z) - fg(Y, \nabla_X Z) \\
&= (Xf)g(Y, Z) + fXg(Y, Z) - (Xf)g(Y, Z) - fg(\nabla_X Y, Z) \\
&\quad - fg(Y, \nabla_X Z) \\
&= f(Xg(Y, Z) - g(\nabla_X Y, Z) - g(Y, \nabla_X Z)) \\
&= f(\nabla_X g)(Y, Z) \tag{5.115}
\end{aligned}$$

である. 同様に,

$$(\nabla_X g)(Y, fZ) = f(\nabla_X g)(Y, Z) \tag{5.116}$$

である. よって, (5.114) がなりたつ. □

✎ 注意 5.13   上の $\nabla_X g$ を X に関する g の**共変微分**という.
なお, (5.113) より, 任意の $X, Y, Z \in \mathfrak{X}(M)$ に対して,

$$(\nabla_X g)(Y, Z) = (\nabla_X g)(Z, Y) \tag{5.117}$$

がなりたつ. よって, $\nabla_X g$ は M 上の対称な $(0, 2)$ 型テンソル場となる (図 5.14). ∎

$$T \; : \; \mathfrak{X}(M) \times \mathfrak{X}(M) \to C^\infty(M) : \text{対称}\,(0,2)\,\text{型テンソル場}$$

$$\Updownarrow$$

$X, Y \in \mathfrak{X}(M),\ f \in C^\infty(M)$ とすると

○ $T(fX,Y) = T(X,fY) = fT(X,Y)$

○ $T(X,Y) = T(Y,X)$

図 5.14　対称 $(0,2)$ 型テンソル場

T, T^* に関して，次がなりたつ.

定理 5.14　　任意の $X,Y,Z \in \mathfrak{X}(M)$ に対して，

$$(\nabla_X g)(Y,Z) + g(Y,T(X,Z)) = (\nabla_Z g)(Y,X) + g(Y,T^*(X,Z)) \quad (5.118)$$

がなりたつ. □

【証明】　まず，$\nabla_X g$ および T の定義より，

$$(\nabla_X g)(Y,Z) + g(Y,T(X,Z))$$
$$= Xg(Y,Z) - g(\nabla_X Y,Z) - g(Y,\nabla_X Z) + g(Y,\nabla_X Z - \nabla_Z X - [X,Z])$$
$$= Xg(Y,Z) - g(\nabla_X Y,Z) - g(Y,\nabla_Z X) - g(Y,[X,Z]) \quad (5.119)$$

である．また，双対接続の定義より，

$$(\nabla_Z g)(Y,X) + g(Y,T^*(X,Z))$$
$$= Zg(Y,X) - g(\nabla_Z Y,X) - g(Y,\nabla_Z X) + g(Y,\nabla_X^* Z - \nabla_Z^* X - [X,Z])$$
$$= Zg(Y,X) - g(\nabla_Z Y,X) - g(Y,\nabla_Z X) + Xg(Y,Z) - g(\nabla_X Y,Z)$$
$$\quad - Zg(Y,X) + g(\nabla_Z Y,X) - g(Y,[X,Z])$$
$$= Xg(Y,Z) - g(\nabla_X Y,Z) - g(Y,\nabla_Z X) - g(Y,[X,Z]) \quad (5.120)$$

である．(5.119)，(5.120) より，(5.118) がなりたつ. □

<u>系 5.1</u> $T = 0$ とする. $T^* = 0$ であることと任意の $X, Y, Z \in \mathfrak{X}(M)$ に対して,

$$(\nabla_X g)(Y, Z) = (\nabla_Z g)(Y, X) \tag{5.121}$$

がなりたつことは同値である. □

📝 **注意 5.14** (5.121) を**コダッチの方程式** (Codazzi equation) という.

なお, ∇ はアファイン接続なので, (5.113) より, 任意の $X, Y \in \mathfrak{X}(M)$ および任意の $f \in C^\infty(M)$ に対して,

$$(\nabla_{fX} g)(Y, Z) = f(\nabla_X g)(Y, Z) \tag{5.122}$$

がなりたつ. ここで, $X, Y, Z \in \mathfrak{X}(M)$ に対して,

$$\bar{T}(X, Y, Z) = (\nabla_X g)(Y, Z) \tag{5.123}$$

とおく. このとき, 命題 5.7, (5.122) より,

$$\bar{T}(fX, Y, Z) = \bar{T}(X, fY, Z) = \bar{T}(X, Y, fZ) = f\bar{T}(X, Y, Z) \tag{5.124}$$

がなりたつ. すなわち, $\bar{T}$ は M 上の $(0,3)$ 型テンソル場となる. さらに, (5.117) より, (5.121) がなりたつことは, 任意の $X, Y, Z \in \mathfrak{X}(M)$ に対して,

$$\bar{T}(X, Y, Z) = \bar{T}(X, Z, Y) = \bar{T}(Y, X, Z) = \bar{T}(Y, Z, X) = \bar{T}(Z, X, Y)$$
$$= \bar{T}(Z, Y, X), \tag{5.125}$$

すなわち, $\bar{T}$ が対称となることと同値である. ∎

それでは, 統計多様体を定めよう.

<u>定義 5.21</u> M を多様体, ∇ を M のアファイン接続, g を M のリーマン計量とする. ∇ が捩れをもたず, さらに, コダッチの方程式 (5.121) がなりたつとき, (M, ∇, g) を**統計多様体** (statistical manifold) という. □

📝 **注意 5.15** 定義 5.21 において, 系 5.1 より, 統計多様体は ∇ および g に関する双対接続 ∇^* がともに捩れをもたないものであると定めてもよい. ∎

▶ 例 5.25　(M, g) をリーマン多様体, ∇ を g に関するレビ-チビタ接続とする. まず, レビ-チビタ接続の定義より, ∇ は捩れをもたない. また, 注意 5.12 より, $\nabla^* = \nabla$ なので, ∇^* は捩れをもたない. よって, 注意 5.15 より, (M, ∇, g) は統計多様体である.　　　　　　　　　　　　　　　　　　　　　◀

次に述べるように, 統計的モデルはフィッシャー計量と α-接続を考えることにより, 統計多様体となる.

▶ 例 5.26　$\mathbf{R}$ の高々可算な部分集合または $\mathbf{R}$ 上の n 次元統計的モデル

$$S = \{p(\,\cdot\,; \boldsymbol{\xi}) \,|\, \boldsymbol{\xi} \in \Xi\} \tag{5.126}$$

を考える. まず, §2.5 や §4.4 で述べたように, S はフィッシャー計量 g を考えることにより, リーマン多様体となる. (2.124) または (4.72) より, $i, j, k = 1, 2, \ldots, n$ とすると, フィッシャー計量は

$$g_{ij}(\boldsymbol{\xi}) = \mathbf{E}_{\boldsymbol{\xi}}[(\partial_i l_{\boldsymbol{\xi}})(\partial_j l_{\boldsymbol{\xi}})] \tag{5.127}$$

によりあたえられ, (3.126) より [7],

$$\partial_k g_{ij} = \mathbf{E}_{\boldsymbol{\xi}}[(\partial_k \partial_i l_{\boldsymbol{\xi}})(\partial_j l_{\boldsymbol{\xi}})] + \mathbf{E}_{\boldsymbol{\xi}}[(\partial_i l_{\boldsymbol{\xi}})(\partial_k \partial_j l_{\boldsymbol{\xi}})] + \mathbf{E}_{\boldsymbol{\xi}}[(\partial_i l_{\boldsymbol{\xi}})(\partial_j l_{\boldsymbol{\xi}})(\partial_k l_{\boldsymbol{\xi}})] \tag{5.128}$$

である. また, α-接続 $\nabla^{(\alpha)}$ を考えると, $\nabla^{(\alpha)}$ は捩れをもたないのであった. さらに, (3.129) または (4.90) より, クリストッフェルの記号 $\Gamma_{ij,k}^{(\alpha)}$ $(i, j, k = 1, 2, \ldots, n)$ は

$$\Gamma_{ij,k}^{(\alpha)} = \mathbf{E}_{\boldsymbol{\xi}}\left[\left\{\partial_i \partial_j l_{\boldsymbol{\xi}} + \frac{1 - \alpha}{2}(\partial_i l_{\boldsymbol{\xi}})(\partial_j l_{\boldsymbol{\xi}})\right\}(\partial_k l_{\boldsymbol{\xi}})\right] \tag{5.129}$$

である. ここで, $\Gamma_{ij,k}^{(\alpha)}$ の定義および (5.128), (5.129) より,

---

[7] $\mathbf{R}$ 上の統計的モデルの場合も同様である.

$$g\left(\nabla^{(\alpha)}_{\partial_k}\partial_i, \partial_j\right) + g\left(\partial_i, \nabla^{(-\alpha)}_{\partial_k}\partial_j\right) = \Gamma^{(\alpha)}_{ki,j} + \Gamma^{(-\alpha)}_{kj,i}$$

$$= \mathbf{E}_{\boldsymbol{\xi}}\left[\left\{\partial_k\partial_i l_{\boldsymbol{\xi}} + \frac{1-\alpha}{2}(\partial_k l_{\boldsymbol{\xi}})(\partial_i l_{\boldsymbol{\xi}})\right\}(\partial_j l_{\boldsymbol{\xi}})\right]$$

$$+ \mathbf{E}_{\boldsymbol{\xi}}\left[\left\{\partial_k\partial_j l_{\boldsymbol{\xi}} + \frac{1+\alpha}{2}(\partial_k l_{\boldsymbol{\xi}})(\partial_j l_{\boldsymbol{\xi}})\right\}(\partial_i l_{\boldsymbol{\xi}})\right] = \partial_k g_{ij}, \qquad (5.130)$$

すなわち,

$$\partial_k g_{ij} = g\left(\nabla^{(\alpha)}_{\partial_k}\partial_i, \partial_j\right) + g\left(\partial_i, \nabla^{(-\alpha)}_{\partial_k}\partial_j\right) \qquad (5.131)$$

となる. よって, $\nabla^{(-\alpha)}$ は $\nabla^{(\alpha)}$ の双対接続である. したがって, $(S, \nabla^{(\alpha)}, g)$ は統計多様体である. ◀

第6章

指数型および混合型分布族

6.1 部分多様体

第6章では，部分多様体や自己平行部分多様体に関する準備を行い，§3.5 や §4.4 でも扱った指数型分布族，混合型分布族の部分多様体に関して，自己平行性との関係を述べよう．

まず，多様体の部分集合に対して，部分多様体というものを次のように定める．

定義 6.1　N を n 次元多様体とし，$M \subset N$，$M \neq \emptyset$ とする．$1 \leq m \leq n$ をみたす $m \in \mathbf{N}$ が存在し，任意の $p \in M$ に対して，$p \in U$ となる N の座標近傍 (U, φ) が存在し，φ を関数 $x_1, x_2, \ldots, x_n : U \to \mathbf{R}$ を用いて

$$\varphi = (x_1, x_2, \ldots, x_n) \tag{6.1}$$

と表しておくと，

$$\varphi(M \cap U) = \{\varphi(q) \mid q \in U, \ x_{m+1}(q) = x_{m+2}(q) = \cdots = x_n(q) = 0\} \tag{6.2}$$

となるとき，M を N の**部分多様体** (submanifold) という（図 6.1）．　　　　□

/ **注意 6.1**　定義 6.1 において，$m = n$ の場合は，例 5.21 で述べた開部分多様体が得られる．また，定義 6.1 で定められる M は m 次元多様体となる．実際，相対位相の定義より，$M \cap U$ は p を含む M の開集合であり，$\psi = (x_1, x_2, \ldots, x_m)$ とおくと，

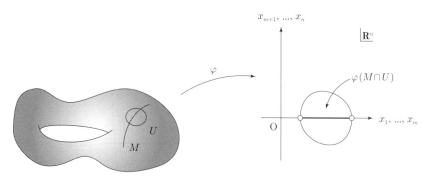

図 6.1   部分多様体

ψ は $M \cap U$ 上の局所座標系となり，さらに，M の各点において，このような座標近傍 $(M \cap U, \psi)$ を考えれば，M の座標近傍系が得られるからである．

N，M の局所座標系として，それぞれ φ，ψ を用いると，(5.79) と同様の式がなりたつ．よって，M から N への包含写像ははめ込みである．■

正則値定理とよばれるものを用いて，部分多様体を作ることができる．その前に，ユークリッド空間の開集合の間の写像の微分について思い出し (§2.2)，いくつか言葉を用意しておこう．

定義 6.2 D を $\mathbf{R}^m$ の空でない開集合，$f : D \to \mathbf{R}^n$ を写像とし，$\boldsymbol{x} \in D$，$\boldsymbol{y} \in \mathbf{R}^n$ とする．このとき，次の (1)〜(4) のように定める．

(1) $\operatorname{rank} J_f(\boldsymbol{x}) = n$ となるとき，$\boldsymbol{x}$ を f の**正則点** (regular point) という．

(2) $\operatorname{rank} J_f(\boldsymbol{x}) < n$ となるとき，$\boldsymbol{x}$ を f の**臨界点** (critical point) という．

(3) f のある臨界点 $\boldsymbol{x}$ に対して，$\boldsymbol{y} = f(\boldsymbol{x})$ となるとき，$\boldsymbol{y}$ を f の**臨界値** (critical value) という．

(4) $\boldsymbol{y}$ が f の臨界値ではないとき，$\boldsymbol{y}$ を f の**正則値** (regular value) という．

□

▶ **例 6.1** $n \in \mathbf{N}$，$c \in \mathbf{R}$ とし，関数 $f : \mathbf{R}^{n+1} \to \mathbf{R}$ を

$$f(\boldsymbol{x}) = \|\boldsymbol{x}\|^2 - c \quad (\boldsymbol{x} \in \mathbf{R}^{n+1}) \tag{6.3}$$

により定める. ただし, $\| \ \|$ は $\mathbf{R}^{n+1}$ の標準内積から定められるノルムである.
このとき, (2.40) より,

$$J_f(\boldsymbol{x}) = 2{}^t\boldsymbol{x} \tag{6.4}$$

となり,

$$\operatorname{rank} J_f(\boldsymbol{x}) = \begin{cases} 1 & (\boldsymbol{x} \neq \boldsymbol{0}), \\ 0 & (\boldsymbol{x} = \boldsymbol{0}) \end{cases} \tag{6.5}$$

である. よって, $\boldsymbol{x} \in \mathbf{R}^{n+1} \setminus \{\boldsymbol{0}\}$ のとき, $\boldsymbol{x}$ は f の正則点であり, $\boldsymbol{0}$ は f の
臨界点である. また, $f(\boldsymbol{0}) = -c$ は f の臨界値であり, $y \in \mathbf{R} \setminus \{-c\}$ のとき,
y は f の正則値である. ◀

　微分積分で学ぶ陰関数定理, 逆写像定理を用いることにより, 次がなりたつ
ことがわかる.

定理 6.1 (正則値定理：regular value theorem（その 1）)　D を $\mathbf{R}^m$ の空でな
い開集合, $f : D \to \mathbf{R}^n$ を写像とし, $m > n$ とする. また, $M \subset D$ を

$$M = f^{-1}(\{\boldsymbol{0}\}) = \{\boldsymbol{x} \in D \,|\, f(\boldsymbol{x}) = \boldsymbol{0}\} \tag{6.6}$$

により定め, $M \neq \emptyset$ であると仮定する. $\boldsymbol{0}$ が f の正則値ならば, M は $\mathbf{R}^m$ の
$(m-n)$ 次元部分多様体となる. □

▶ **例 6.2**　例 5.19 で述べた単位球面

$$S^n = \{\boldsymbol{x} \in \mathbf{R}^{n+1} \,|\, \|\boldsymbol{x}\| = 1\} \tag{6.7}$$

を正則値定理（その 1）の観点から見てみよう. 例 6.1 において, $c = 1$ とする.
このとき, 0 は f の正則値であり, $S^n = f^{-1}(\{0\})$ となる. よって, 正則値定
理（その 1）より, S^n は $\mathbf{R}^{n+1}$ の n 次元部分多様体となる. ◀

▶ **例 6.3**　$c \in \mathbf{R}$ とし, $M \subset \mathbf{R}^2$ を

$$M = \{(x, y) \in \mathbf{R}^2 \,|\, xy = c\} \tag{6.8}$$

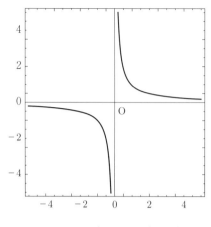

図 6.2   双曲線 $xy = c$ $(c > 0)$ 図 6.3 x 軸と y 軸の和 $xy = 0$

により定める. $c \neq 0$ のとき, M は双曲線であり, M は 1 次元多様体となる (図 6.2). 一方, $c = 0$ のとき, M は x 軸と y 軸の和である (図 6.3). このとき, x 軸と y 軸が交わる原点 $(0, 0)$ の近傍は $\mathbf{R}$ の開集合と同相にはならないため, M は多様体ではない. このことを正則値定理 (その 1) の観点から見てみよう.

まず, 関数 $f \colon \mathbf{R}^2 \to \mathbf{R}$ を

$$f(x, y) = xy - c \quad ((x, y) \in \mathbf{R}^2) \tag{6.9}$$

により定める. このとき,

$$J_f(x, y) = \begin{pmatrix} y \\ x \end{pmatrix} \tag{6.10}$$

となり,

$$\operatorname{rank} J_f(x, y) = \begin{cases} 1 & ((x, y) \neq (0, 0)), \\ 0 & ((x, y) = (0, 0)) \end{cases} \tag{6.11}$$

である. よって, $(x, y) \in \mathbf{R}^2 \setminus \{(0, 0)\}$ のとき, (x, y) は f の正則点であり, $(0, 0)$ は f の臨界点である. また, $f(0, 0) = -c$ は f の臨界値であり, $y \in \mathbf{R} \setminus \{-c\}$

のとき, y は f の正則値である. とくに, $c \neq 0$ のとき, 0 は f の正則値であり, $M = f^{-1}(\{0\})$ となる. したがって, 正則値定理 (その 1) より, M は $\mathbf{R}^2$ の 1 次元部分多様体となる. ◀

▶ **例 6.4** (固有 2 次超曲面) 例 6.2, 例 6.3 で現れた単位球面, 双曲線を含むユークリッド空間の部分多様体の例として, 固有 2 次超曲面とよばれるものを挙げよう. まず, $n \in \mathbf{N}$ とし, M を n 個の変数の 2 次方程式として表される $\mathbf{R}^n$ の部分集合とする. M を **2 次超曲面** (hyperquadric) という. とくに, $n = 2$ のときは M を **2 次曲線** (quadric curve), $n = 3$ のときは M を **2 次曲面** (quadric surface) ともいう. このとき, M は n 次実対称行列 A および $\boldsymbol{b} \in \mathbf{R}^n$, $c \in \mathbf{R}$ を用いて,

$$M = \{\boldsymbol{x} \in \mathbf{R}^n \mid \boldsymbol{x} A{}^t\boldsymbol{x} + 2\boldsymbol{b}{}^t\boldsymbol{x} + c = 0\} \tag{6.12}$$

と表されることがわかる. 実対称行列の直交行列による対角化を用いると, 2 次超曲面を分類することができる. 例えば, 楕円, 双曲線, 放物線は 2 次曲線であり, 単位球面は 2 次超曲面である.

ここで, $(n+1)$ 次行列 $\tilde{A}$ を

$$\tilde{A} = \begin{pmatrix} A & {}^t\boldsymbol{b} \\ \boldsymbol{b} & c \end{pmatrix} \tag{6.13}$$

により定める. $\operatorname{rank} \tilde{A} = n + 1$ のとき, M は **固有** (proper) であるという. 例えば, 空でない 2 次曲線のうち, 固有なものは楕円, 双曲線, 放物線のいずれかであることがわかる. また, 単位球面は固有であることがわかる.

M を空でない固有 2 次超曲面とし, M が $\mathbf{R}^n$ の $(n-1)$ 次元部分多様体となることを示そう. まず, 関数 $f : \mathbf{R}^n \to \mathbf{R}$ を

$$f(\boldsymbol{x}) = \boldsymbol{x} A{}^t\boldsymbol{x} + 2\boldsymbol{b}{}^t\boldsymbol{x} + c \quad (\boldsymbol{x} = (x_1, x_2, \ldots, x_n) \in \mathbf{R}^n) \tag{6.14}$$

により定める. また, $\boldsymbol{e}_1$, $\boldsymbol{e}_2$, $\ldots$, $\boldsymbol{e}_n$ を $\mathbf{R}^n$ の基本ベクトルとする. $i = 1, 2, \ldots, n$ とすると, A が実対称行列であることより,

$$\frac{\partial f}{\partial x_i} = \boldsymbol{e}_i A{}^t\boldsymbol{x} + \boldsymbol{x} A{}^t\boldsymbol{e}_i + 2\boldsymbol{b}{}^t\boldsymbol{e}_i = 2\boldsymbol{e}_i{}^t(\boldsymbol{x} A + \boldsymbol{b}) \tag{6.15}$$

となり，

$$\operatorname{rank} J_f(\boldsymbol{x}) = \operatorname{rank} 2\,{}^t(\boldsymbol{x}A + \boldsymbol{b}) = \begin{cases} 1 & (\boldsymbol{x}A + \boldsymbol{b} \neq \boldsymbol{0}), \\ 0 & (\boldsymbol{x}A + \boldsymbol{b} = \boldsymbol{0}) \end{cases} \tag{6.16}$$

である．ここで，0 が f の臨界値であると仮定する．このとき，(6.15) より，ある $\boldsymbol{x}_0 \in \mathbf{R}^n$ が存在し，

$$f(\boldsymbol{x}_0) = 0, \quad \boldsymbol{x}_0 A + \boldsymbol{b} = \boldsymbol{0} \tag{6.17}$$

となる．よって，

$$f(\boldsymbol{x}_0) = -\boldsymbol{b}^t\boldsymbol{x}_0 + 2\boldsymbol{b}^t\boldsymbol{x}_0 + c = \boldsymbol{x}_0{}^t\boldsymbol{b} + c \tag{6.18}$$

より，

$$(\boldsymbol{x}_0, 1)\tilde{A} = (\boldsymbol{x}_0, 1) \begin{pmatrix} A & {}^t\boldsymbol{b} \\ \boldsymbol{b} & c \end{pmatrix} = (\boldsymbol{x}_0 A + \boldsymbol{b}, \boldsymbol{x}_0{}^t\boldsymbol{b} + c) = \boldsymbol{0} \tag{6.19}$$

となる．これは $\operatorname{rank} \tilde{A} = n+1$ であることに矛盾する．したがって，0 は f の正則値であり，正則値定理（その 1）より，$M = f^{-1}(\{0\})$ は $\mathbf{R}^n$ の $(n-1)$ 次元部分多様体となる． ◀

さらに，多様体の間の写像に対しても，定義 6.2 のように，正則点，臨界点，臨界値，正則値を考えることができる．

定義 6.3 M, N を多様体とし，$f \in C^\infty(M, N)$, $p \in M$, $q \in N$ とする．このとき，次の (1)〜(4) のように定める．

(1) $(df)_p$ が全射，すなわち，$\operatorname{rank}(df)_p = \dim N$ となるとき，p を f の**正則点**という．

(2) $(df)_p$ が全射とならないとき，すなわち，$\operatorname{rank}(df)_p < \dim N$ となるとき，p を f の**臨界点**という．

(3) f のある臨界点 p に対して，$q = f(p)$ となるとき，q を f の**臨界値**という．

(4) q が f の臨界値ではないとき，q を f の**正則値**という.　　　　　□

多様体の間の写像の微分は座標近傍を用いると，ユークリッド空間の開集合の間の写像の微分として表される. よって，多様体の間の写像に対しても，次がなりたつ.

定理 6.2　（正則値定理（その2））　M, N をそれぞれ m 次元，n 次元の多様体とし，$f \in C^\infty(M, N)$，$q \in N$ とする. $f^{-1}(\{q\}) \neq \emptyset$ であり，q が f の正則値ならば，$f^{-1}(\{q\})$ は M の $(m - n)$ 次元部分多様体となる.　　　　□

▌6.2　誘導接続と平行移動

多様体の間の写像があたえられていると，その写像に沿うベクトル場を考えることができる. $(M, \mathcal{S})$，$(N, \mathcal{T})$ を多様体とし，$f \in C^\infty(M, N)$ とする. ここで，各 $p \in M$ に対して，$\boldsymbol{\xi}(p) \in T_{f(p)}N$ が定められているとする. この対応を $\boldsymbol{\xi}$ と表し，**f に沿うベクトル場** (vector field along f) という（図 6.4）.

$(U, \varphi) \in \mathcal{S}$，$(V, \psi) \in \mathcal{T}$ を $f(U) \subset V$ となるように選んでおく. また，$n = \dim N$ とし，ψ を関数 $y_1, y_2, \ldots, y_n : V \to \mathbf{R}$ を用いて

$$\psi = (y_1, y_2, \ldots, y_n) \tag{6.20}$$

と表しておく. このとき，$\boldsymbol{\xi}$ は U 上では関数 $\xi_1, \xi_2, \ldots, \xi_n : U \to \mathbf{R}$ を用いて

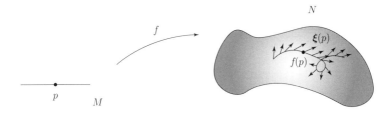

図 6.4　写像に沿うベクトル場

$$\boldsymbol{\xi}|_U = \sum_{\alpha=1}^n \xi_\alpha \left(\frac{\partial}{\partial y_\alpha} \right)_{f(\,\cdot\,)} \tag{6.21}$$

と表すことができる．上のような任意の (U,φ), (V,ψ) に対して，$\xi_1,\xi_2,\ldots,\xi_n$ $\in C^\infty(U)$ となるとき，$\boldsymbol{\xi}$ は C^∞ 級であるという．多様体は C^∞ 級であるとしていることから，座標変換は C^∞ 級であるので，この定義は well-defined である．f に沿う C^∞ 級ベクトル場全体の集合を $\mathfrak{X}_f(M,N)$ と表す．

▶ **例 6.5**　M, N を多様体とし，$f \in C^\infty(M,N)$, $X \in \mathfrak{X}(M)$ とする．さらに，$p \in M$ に対して，$(f_*X)(p) \in T_{f(p)}N$ を

$$(f_*X)(p) = (df)_p(X_p) \tag{6.22}$$

により定める．このとき，$(f_*X)(p)$ は $f_*X \in \mathfrak{X}_f(M,N)$ を定める．　　◀

▶ **例 6.6**　M, N を多様体とし，$f \in C^\infty(M,N)$, $Y \in \mathfrak{X}(N)$ とする．さらに，$p \in M$ に対して，$(Y \circ f)(p) \in T_{f(p)}N$ を

$$(Y \circ f)(p) = Y_{f(p)} \tag{6.23}$$

により定める．このとき，$(Y \circ f)(p)$ は $Y \circ f \in \mathfrak{X}_f(M,N)$ を定める．　　◀

　多様体の間の写像の値域にアファイン接続があたえられていると，次のように，写像に沿う共変微分というものが定められることがわかる．すなわち，写像の定義域上のベクトル場に関する，写像に沿うベクトル場の共変微分を定めることができる．

| 定理 6.3 |　M, N を多様体，∇ を N のアファイン接続とし，$f \in C^\infty(M,N)$ とする．このとき，$(\boldsymbol{\xi}, X) \in \mathfrak{X}_f(M,N) \times \mathfrak{X}(M)$ に対して，$\nabla^f_X \boldsymbol{\xi} \in \mathfrak{X}_f(M,N)$ を対応させる写像 $\nabla^f : \mathfrak{X}_f(M,N) \times \mathfrak{X}(M) \to \mathfrak{X}_f(M,N)$ で，次の (1)〜(5) をみたすものが一意的に存在する．ただし，$\boldsymbol{\xi}, \boldsymbol{\xi}_1, \boldsymbol{\xi}_2 \in \mathfrak{X}_f(M,N)$, $X, X_1, X_2 \in \mathfrak{X}(M)$, $\lambda \in C^\infty(M)$, $Y \in \mathfrak{X}(N)$ である．

(1) $\nabla^f_{X_1+X_2}\boldsymbol{\xi} = \nabla^f_{X_1}\boldsymbol{\xi} + \nabla^f_{X_2}\boldsymbol{\xi}$.

(2) $\nabla^f_{\lambda X}\boldsymbol{\xi} = \lambda\nabla^f_X\boldsymbol{\xi}$.

(3) $\nabla^f_X(\boldsymbol{\xi}_1 + \boldsymbol{\xi}_2) = \nabla^f_X\boldsymbol{\xi}_1 + \nabla^f_X\boldsymbol{\xi}_2$.

(4) $\nabla^f_X(\lambda\boldsymbol{\xi}) = (X\lambda)\boldsymbol{\xi} + \lambda\nabla^f_X\boldsymbol{\xi}$.

(5) $\nabla^f_X(Y \circ f) = \nabla_{f_*X}Y$. □

定理 6.3 の ∇^f を f による ∇ の**誘導接続** (induced connection) という. また, $\nabla^f_X\boldsymbol{\xi}$ を f に沿う X による $\boldsymbol{\xi}$ の**共変微分**という.

❗ **注意 6.2** アファイン接続の場合と同様に, 定理 6.3 において, $p \in M$ とすると, $\boldsymbol{v} \in T_pM$ に対して, $\nabla^f_{\boldsymbol{v}}\boldsymbol{\xi} \in T_{f(p)}N$ を対応させる線形写像 $(\nabla^f\boldsymbol{\xi})_p : T_pM \to T_{f(p)}N$ を考えることができる. ∎

写像に沿う共変微分を局所座標系を用いて表してみよう. $(M,\mathcal{S})$, $(N,\mathcal{T})$ をそれぞれ m 次元, n 次元の多様体, ∇ を N のアファイン接続とし, $f \in C^\infty(M,N)$ とする. また, $(U,\varphi) \in \mathcal{S}$, $(V,\psi) \in \mathcal{T}$ を $f(U) \subset V$ となるように選んでおき, φ を関数 $x_1, x_2, \ldots, x_m : U \to \mathbf{R}$ を用いて

$$\varphi = (x_1, x_2, \ldots, x_m) \tag{6.24}$$

と表しておき, ψ を (6.20) のように表しておく. さらに, $\psi \circ f|_U$ を関数 $f_1, f_2, \ldots, f_n : U \to \mathbf{R}$ を用いて

$$\psi \circ f|_U = (f_1, f_2, \ldots, f_n) \tag{6.25}$$

と表しておき, $\Gamma^\gamma_{\alpha\beta}$ $(\alpha, \beta, \gamma = 1, 2, \ldots, n)$ を (V,ψ) に関するクリストッフェルの記号とする. $X \in \mathfrak{X}(M)$, $\boldsymbol{\xi} \in \mathfrak{X}_f(M,N)$ とすると, X, $\boldsymbol{\xi}$ は U 上で

$$X|_U = \sum_{i=1}^m X_i\frac{\partial}{\partial x_i}, \quad \boldsymbol{\xi}|_U = \sum_{\alpha=1}^n \xi_\alpha\left(\frac{\partial}{\partial y_\alpha}\right)_{f(\cdot)}$$

$$(X_1, X_2, \ldots, X_m, \xi_1, \xi_2 \ldots, \xi_n \in C^\infty(U)) \tag{6.26}$$

と表すことができる. このとき, 定理 6.3 の条件 (1)〜(4) より,

$$(\nabla^f_X\boldsymbol{\xi})|_U = \nabla^f_{\sum_{i=1}^m X_i\frac{\partial}{\partial x_i}}\sum_{\alpha=1}^n \xi_\alpha\left(\frac{\partial}{\partial y_\alpha}\right)_{f(\cdot)}$$

$$= \sum_{i=1}^{m} \sum_{\alpha=1}^{n} X_i \nabla^f_{\frac{\partial}{\partial x_i}} \xi_\alpha \left(\frac{\partial}{\partial y_\alpha} \right)_{f(\,\cdot\,)}$$

$$= \sum_{i=1}^{m} \sum_{\alpha=1}^{n} X_i \left(\frac{\partial \xi_\alpha}{\partial x_i} \left(\frac{\partial}{\partial y_\alpha} \right)_{f(\,\cdot\,)} + \xi_\alpha \nabla^f_{\frac{\partial}{\partial x_i}} \left(\frac{\partial}{\partial y_\alpha} \right)_{f(\,\cdot\,)} \right) \quad (6.27)$$

である. ここで, 定理 6.3 の条件 (5) より,

$$\nabla^f_{\frac{\partial}{\partial x_i}} \left(\frac{\partial}{\partial y_\alpha} \right)_{f(\,\cdot\,)} = \nabla_{f_* \frac{\partial}{\partial x_i}} \frac{\partial}{\partial y_\alpha} = \nabla_{\sum_{\beta=1}^{n} \frac{\partial f_\beta}{\partial x_i} \left(\frac{\partial}{\partial y_\beta} \right)_{f(\,\cdot\,)}} \frac{\partial}{\partial y_\alpha}$$

$$= \sum_{\beta=1}^{n} \frac{\partial f_\beta}{\partial x_i} \nabla_{\left(\frac{\partial}{\partial y_\beta} \right)_{f(\,\cdot\,)}} \frac{\partial}{\partial y_\alpha}$$

$$= \sum_{\beta=1}^{n} \frac{\partial f_\beta}{\partial x_i} \sum_{\gamma=1}^{n} \left(\Gamma^\gamma_{\beta\alpha} \circ f \right) \left(\frac{\partial}{\partial y_\gamma} \right)_{f(\,\cdot\,)} \quad (6.28)$$

である. (6.27), (6.28) より,

$$(\nabla^f_X \boldsymbol{\xi})|_U = \sum_{i=1}^{m} \sum_{\gamma=1}^{n} X_i \left\{ \frac{\partial \xi_\gamma}{\partial x_i} + \sum_{\alpha,\beta=1}^{n} \xi_\alpha \frac{\partial f_\beta}{\partial x_i} \left(\Gamma^\gamma_{\beta\alpha} \circ f \right) \right\} \left(\frac{\partial}{\partial y_\gamma} \right)_{f(\,\cdot\,)} \quad (6.29)$$

である.

　ユークリッド空間に描かれたベクトルは始点を動かすことによって平行移動することができる. このことを一般化し, アファイン接続をもつ多様体の接ベクトルを曲線に沿って平行移動することを考えよう. $(M,\mathcal{S})$ を多様体, ∇ を M のアファイン接続, $\gamma: I \to M$ を M 内の曲線とする. このとき, γ による誘導接続 ∇^γ が定められる. また, I は $\mathbf{R}$ の開部分多様体なので, $t \in I \subset \mathbf{R}$ をそのまま局所座標系として考える. そこで, 次のように定める.

定義 6.4　$\boldsymbol{\xi} \in \mathfrak{X}_\gamma(I,M)$ とする. 等式

$$\nabla^\gamma_{\frac{d}{dt}} \boldsymbol{\xi} = \mathbf{0} \quad (6.30)$$

がなりたつとき, $\boldsymbol{\xi}$ は γ に沿って**平行** (parallel) であるという. 　　□

　必要ならば, I を十分小さく選んでおき, (6.30) を局所座標系を用いて表し

てみよう. $n = \dim M$ とする. $(U, \varphi) \in \mathcal{S}$ を $\gamma(I) \subset U$ となるように選んでおき, φ を関数 $x_1, x_2, \ldots, x_n : U \to \mathbf{R}$ を用いて

$$\varphi = (x_1, x_2, \ldots, x_n) \tag{6.31}$$

と表しておく. また, $\varphi \circ \gamma$, $\boldsymbol{\xi}$ を関数 $\gamma_1, \gamma_2, \ldots, \gamma_n, \xi_1, \xi_2, \ldots, \xi_n : I \to \mathbf{R}$ を用いて

$$\varphi \circ \gamma = (\gamma_1, \gamma_2, \ldots, \gamma_n), \quad \boldsymbol{\xi} = \sum_{i=1}^{n} \xi_i \left(\frac{\partial}{\partial x_i} \right)_{\gamma(\cdot)} \tag{6.32}$$

と表しておく. さらに, Γ_{ij}^k を (U, φ) に関するクリストッフェルの記号とする. このとき, (6.29) より,

$$\nabla_{\frac{d}{dt}}^{\gamma} \boldsymbol{\xi} = \sum_{k=1}^{n} \left\{ \frac{d\xi_k}{dt} + \sum_{i,j=1}^{n} \xi_i \frac{d\gamma_j}{dt} \left(\Gamma_{ji}^k \circ \gamma \right) \right\} \left(\frac{\partial}{\partial x_k} \right)_{\gamma(\cdot)} \tag{6.33}$$

である. よって, (6.30) は

$$\frac{d\xi_k}{dt} + \sum_{i,j=1}^{n} (\Gamma_{ij}^k \circ \gamma) \frac{d\gamma_i}{dt} \xi_j = 0 \quad (k = 1, 2, \ldots, n) \tag{6.34}$$

と同値である. (6.34) は ξ_1, ξ_2, $\ldots$, ξ_n に関する 1 階の連立線形常微分方程式であることに注意しよう. このような常微分方程式に対しては, 初期値問題に対する解の存在と一意性がなりたつ. したがって, $t_0 \in I$ を固定しておくと, 各 $\boldsymbol{v} \in T_{\gamma(t_0)}M$ に対して, $\boldsymbol{\xi}(t_0) = \boldsymbol{v}$ となる γ に沿って平行なベクトル場 $\boldsymbol{\xi} \in \mathfrak{X}(I, M)$ が一意的に存在する. $t \in I$ に対して, $\boldsymbol{v}$ から $\boldsymbol{\xi}(t)$ への対応を γ に沿う **平行移動** (parallel transport) という. さらに, (6.34) の線形性と $\boldsymbol{\xi}(t)$ から $\boldsymbol{v}$ への対応も γ の向きを逆にした曲線に沿う平行移動であることから, 平行移動は $T_{\gamma(t_0)}M$ から $T_{\gamma(t)}M$ への線形同型写像を定める.

▶ **例 6.7** $\mathbf{R}^n$ のユークリッド計量を考え (例 5.24), ∇ をそのレビ-チビタ接続とする. $\mathbf{R}^n$ の局所座標系として直交座標系を選んでおくと, クリストッフェルの記号 Γ_{ij}^k $(i, j, k = 1, 2, \ldots, n)$ はすべて 0 である (例 3.1). よって, (6.34) は

$$\frac{d\xi_k}{dt} = 0 \quad (k = 1, 2, \ldots, n) \tag{6.35}$$

となる．(6.35) の解 ξ_1, ξ_2, ..., ξ_n はすべて定数関数である．したがって，例
5.24 で述べたように，$\mathbf{R}^n$ の各点における接空間を $\mathbf{R}^n$ と自然に同一視してお
くと，$\mathbf{R}^n$ 内の任意の曲線に沿う平行移動は $\mathbf{R}^n$ 上の恒等変換である．　◀

　リーマン多様体に計量的なアファイン接続があたえられていると，次がなり
たつ．

定理 6.4　　(M, g) をリーマン多様体，∇ を g に関して計量的な M のアファイ
ン接続，$\gamma : I \to M$ を M 内の曲線とし，$\boldsymbol{\xi}, \boldsymbol{\eta} \in \mathfrak{X}_\gamma(I, M)$ とする．このとき，

$$\frac{d}{dt} g(\boldsymbol{\xi}, \boldsymbol{\eta}) = g\left(\nabla^\gamma_{\frac{d}{dt}} \boldsymbol{\xi}, \boldsymbol{\eta}\right) + g\left(\boldsymbol{\xi}, \nabla^\gamma_{\frac{d}{dt}} \boldsymbol{\eta}\right) \tag{6.36}$$

がなりたつ．　　　　　　　　　　　　　　　　　　　　　　　　　　　　□

【証明】　　局所座標系を用いて計算する．必要ならば，I を十分小さく選んでお
き，(6.34) の計算と同じ記号を用いる．また，$\boldsymbol{\eta}$ を関数 $\eta_1, \eta_2, \ldots, \eta_n : I \to \mathbf{R}$
を用いて

$$\boldsymbol{\eta} = \sum_{j=1}^n \eta_j \left(\frac{\partial}{\partial x_j}\right)_{\gamma(\cdot)} \tag{6.37}$$

と表しておき，$i, j = 1, 2, \ldots, n$ に対して，

$$g_{ij} = g\left(\frac{\partial}{\partial x_i}, \frac{\partial}{\partial x_j}\right) \tag{6.38}$$

とおく．∇ は g に関して計量的なので，$k = 1, 2, \ldots, n$ とすると，

$$\begin{aligned}
\frac{\partial g_{ij}}{\partial x_k} &= g\left(\nabla_{\frac{\partial}{\partial x_k}} \frac{\partial}{\partial x_i}, \frac{\partial}{\partial x_j}\right) + g\left(\frac{\partial}{\partial x_i}, \nabla_{\frac{\partial}{\partial x_k}} \frac{\partial}{\partial x_j}\right) \\
&= \sum_{l=1}^n \Gamma^l_{ki} g_{lj} + \sum_{l=1}^n \Gamma^l_{kj} g_{il}
\end{aligned} \tag{6.39}$$

である．よって，

$$\frac{d}{dt} g(\boldsymbol{\xi}, \boldsymbol{\eta}) = \frac{d}{dt} g\left(\sum_{i=1}^n \xi_i \left(\frac{\partial}{\partial x_i}\right)_{\gamma(\cdot)}, \sum_{j=1}^n \eta_j \left(\frac{\partial}{\partial x_j}\right)_{\gamma(\cdot)}\right)$$

$$= \frac{d}{dt} \sum_{i,j=1}^{n} \xi_i \eta_j (g_{ij} \circ \gamma)$$

$$= \sum_{i,j=1}^{n} \left\{ \frac{d\xi_i}{dt} \eta_j (g_{ij} \circ \gamma) + \xi_i \frac{d\eta_j}{dt} (g_{ij} \circ \gamma) + \xi_i \eta_j \sum_{k=1}^{n} \left(\frac{\partial g_{ij}}{\partial x_k} \circ \gamma \right) \frac{d\gamma_k}{dt} \right\}$$

$$= \sum_{i,j=1}^{n} \left[\frac{d\xi_i}{dt} \eta_j (g_{ij} \circ \gamma) + \xi_i \frac{d\eta_j}{dt} (g_{ij} \circ \gamma) \right.$$

$$\left. + \xi_i \eta_j \sum_{k,l=1}^{n} \left\{ (\Gamma_{ki}^l \circ \gamma)(g_{lj} \circ \gamma) + (\Gamma_{kj}^l \circ \gamma)(g_{il} \circ \gamma) \right\} \frac{d\gamma_k}{dt} \right] \tag{6.40}$$

である．一方，(6.33) より，

$$g\left(\nabla_{\frac{d}{dt}}^{\gamma} \boldsymbol{\xi}, \boldsymbol{\eta} \right) + g\left(\boldsymbol{\xi}, \nabla_{\frac{d}{dt}}^{\gamma} \boldsymbol{\eta} \right)$$

$$= g\left(\sum_{k=1}^{n} \left(\frac{d\xi_k}{dt} + \sum_{i,j=1}^{n} \xi_i \frac{d\gamma_j}{dt} (\Gamma_{ji}^k \circ \gamma) \right) \left(\frac{\partial}{\partial x_k} \right)_{\gamma(\cdot)}, \sum_{j=1}^{n} \eta_j \left(\frac{\partial}{\partial x_j} \right)_{\gamma(\cdot)} \right)$$

$$+ g\left(\sum_{i=1}^{n} \xi_i \left(\frac{\partial}{\partial x_i} \right)_{\gamma(\cdot)}, \sum_{l=1}^{n} \left(\frac{d\eta_l}{dt} + \sum_{i,j=1}^{n} \eta_i \frac{d\gamma_j}{dt} (\Gamma_{ji}^l \circ \gamma) \right) \left(\frac{\partial}{\partial x_l} \right)_{\gamma(\cdot)} \right)$$

$$= \sum_{k,j=1}^{n} \frac{d\xi_k}{dt} \eta_j (g_{kj} \circ \gamma) + \sum_{i,l=1}^{n} \xi_i \frac{d\eta_l}{dt} (g_{il} \circ \gamma)$$

$$+ \sum_{i,j=1}^{n} \xi_i \eta_j \sum_{k,l=1}^{n} \left\{ (\Gamma_{li}^k \circ \gamma)(g_{kj} \circ \gamma) + (\Gamma_{lj}^k \circ \gamma)(g_{ik} \circ \gamma) \right\} \frac{d\gamma_l}{dt} \tag{6.41}$$

である．(6.40), (6.41) より，(6.36) がなりたつ． □

✐ 注意 6.3 定理 6.4 において，$\boldsymbol{\xi}$ および $\boldsymbol{\eta}$ が γ に沿って平行であると仮定すると，

$$\frac{d}{dt} g(\boldsymbol{\xi}, \boldsymbol{\eta}) = 0 \tag{6.42}$$

である．よって，$g(\boldsymbol{\xi}, \boldsymbol{\eta})$ は定数関数である．すなわち，計量的なアファイン接続に関して，平行移動はリーマン計量を保つ．これは命題 3.1 の一般化である． ∎

§3.1 で述べた測地線はアファイン接続をもつ多様体に対しても考えることが

できる．M を多様体，∇ を M のアフィン接続，$\gamma : I \to M$ を M 内の曲線とする．このとき，$\dfrac{d\gamma}{dt} \in \mathfrak{X}_\gamma(I, M)$ を

$$\frac{d\gamma}{dt}(t) = (d\gamma)_t \left(\left(\frac{d}{dt} \right)_t \right) \quad (t \in I) \tag{6.43}$$

により定めることができる．そこで，次のように定める．

定義 6.5 $\dfrac{d\gamma}{dt}$ が γ に沿って平行，すなわち，

$$\nabla^\gamma_{\frac{d}{dt}} \frac{d\gamma}{dt} = \mathbf{0} \tag{6.44}$$

であるとき，γ を**測地線**という．また，(6.44) を**測地線の方程式**という．

　リーマン多様体のレビ-チビタ接続に関する測地線を**リーマン多様体の測地線** (geodesic of a Riemannian manifold) という． □

　測地線の方程式も局所座標系を用いて表そう．必要ならば，I を十分小さく選んでおき，(6.34) の計算と同じ記号を用いる．このとき，(6.34) において，

$$\xi_j = \frac{d\gamma_j}{dt} \tag{6.45}$$

とおくと，(6.34) は

$$\frac{d^2\gamma_k}{dt^2} + \sum_{i,j=1}^{n} (\Gamma_{ij}^k \circ \gamma) \frac{d\gamma_i}{dt} \frac{d\gamma_j}{dt} = 0 \quad (k = 1, 2, \ldots, n) \tag{6.46}$$

となる．(3.18)，(6.46) より，(6.44) は (3.20) とまったく同じ式である．

▶ **例 6.8** 例 3.3 を思い出そう．すなわち，$\mathbf{R}^n$ の開集合 D を

$$D = \{ \boldsymbol{x} \in \mathbf{R}^n \,|\, \|\boldsymbol{x}\| < 1 \} \tag{6.47}$$

により定め，はめ込み $\iota : D \to \mathbf{R}^{n+1}$ を

$$\iota(\boldsymbol{x}) = \left(x_1, x_2, \ldots, x_n, \sqrt{1 - \|\boldsymbol{x}\|^2} \right) \quad (\boldsymbol{x} = (x_1, x_2, \ldots, x_n) \in D) \tag{6.48}$$

により定める．このとき，ι によるユークリッド計量の誘導計量を考えると，その

レビ-チビタ接続に対するクリストッフェルの記号 Γ_{ij}^k $(i,j,k=1,2,\ldots,n)$ は

$$\Gamma_{ij}^k = x_k \left(\delta_{ij} + \frac{x_i x_j}{1 - \|\boldsymbol{x}\|^2} \right) \tag{6.49}$$

となるのであった. また, ι の像は n 次元単位球面 S^n （例5.19）の一部でもある.

(6.46), (6.49) より, 測地線の方程式は

$$\frac{d^2\gamma_k}{dt^2} + \sum_{i,j=1}^n \gamma_k \left(\delta_{ij} + \frac{\gamma_i \gamma_j}{1 - \|\gamma\|^2} \right) \frac{d\gamma_i}{dt} \frac{d\gamma_j}{dt} = 0 \quad (k=1,2,\ldots,n) \tag{6.50}$$

である. ここで, $(a_1, a_2, \ldots, a_n) \in \mathbf{R}^n$ を

$$\sum_{i=1}^n a_i^2 = 1 \tag{6.51}$$

となるように選んでおき,

$$\gamma(t) = (a_1 \sin t, a_2 \sin t, \ldots, a_n \sin t) \tag{6.52}$$

とおくと, γ は (6.50) の解となる. よって, S^n の測地線は大円の一部となることがわかる [*1]. ◀

6.3 自己平行部分多様体（その1）

アファイン接続をもつ多様体の部分多様体に対しては, 包含写像による誘導接続を考えることができる. まず, N を多様体, M を N の部分多様体とし, $\iota : M \to N$ を包含写像とする. ι ははめ込みなので（注意6.1）, 各 $p \in M$ に対して, p における ι の微分 $(d\iota)_p : T_p M \to T_{\iota(p)} N$ は単射である. よって, $T_p M$ を $(d\iota)_p$ による像 $(d\iota)_p(T_p M)$ と同一視することにより, $T_p M$ は $T_{\iota(p)} N$ の部分空間とみなすことができる. このとき, 包含関係

[*1] 単位球面と原点を通る平面の交わりによって得られる円を大円, 単位球面と原点を通らない平面の交わりによって得られる円を小円という.

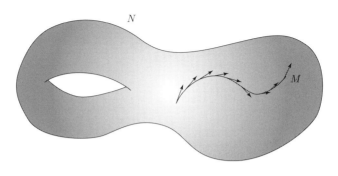

図 6.5　$\mathfrak{X}(M) \subset \mathfrak{X}_\iota(M, N)$

$$\mathfrak{X}(M) \subset \mathfrak{X}_\iota(M, N) \tag{6.53}$$

が得られる（図 6.5）.

　さらに，∇ を N のアファイン接続とし，$X, Y \in \mathfrak{X}(M)$ とする．このとき，定理 6.3 より，ι に沿う Y による $\iota_* X$ の共変微分 $\nabla_Y^\iota(\iota_* X) \in \mathfrak{X}_\iota(M, N)$ が定められる．以下，

$$\nabla_Y^\iota X = \nabla_Y^\iota(\iota_* X) \tag{6.54}$$

と表すことにする．そこで，次のように定める.

> **定義 6.6**　包含関係 (6.53) によって，任意の $X, Y \in \mathfrak{X}(M)$ に対して，$\nabla_Y^\iota X \in \mathfrak{X}(M)$ となるとき，M は ∇ に関して**自己平行** (autoparallel) であるという.
> $\square$

> ❗ **注意 6.4**　誘導接続はアファイン接続と同様の条件，すなわち，定理 6.3 の条件 (1)〜(4) をみたすので，定義 6.6 において，M が ∇ に関して自己平行ならば，∇^ι は M のアファイン接続を定める.
> ∎

　部分多様体が自己平行となる条件を局所座標系を用いて表してみよう．N を n 次元多様体，M を N の m 次元部分多様体とする．このとき，$p \in M$ とすると，定義 6.1 より，$p \in U$ となる N の座標近傍 (U, φ) が存在し，φ を関数 $x_1, x_2, \ldots, x_n : U \to \mathbf{R}$ を用いて

$$\varphi = (x_1, x_2, \ldots, x_n) \tag{6.55}$$

と表しておくと，

$$\varphi(M \cap U) = \{\varphi(q) \mid q \in U, \ x_{m+1}(q) = x_{m+2}(q) = \cdots = x_n(q) = 0\} \tag{6.56}$$

となる．さらに，$\psi = (x_1, x_2, \ldots, x_m)$ とおくと，ψ は $M \cap U$ 上の局所座標系となる．とくに，$i = 1, 2, \ldots, n$ に対して，$\dfrac{\partial}{\partial x_i}$ は U 上のベクトル場を定めるが，$i = 1, 2, \ldots, m$ のときは，$\dfrac{\partial}{\partial x_i}$ は $M \cap U$ 上のベクトル場とみなすこともできる．

ここで，∇ を N のアファイン接続，Γ_{ij}^k $(i, j, k = 1, 2, \ldots, n)$ を (U, φ) に関するクリストッフェルの記号，$\iota : M \to N$ を包含写像とする．このとき，$i, j = 1, 2, \ldots, m$ とすると，

$$\nabla_{\frac{\partial}{\partial x_i}}^\iota \frac{\partial}{\partial x_j} = \nabla_{\frac{\partial}{\partial x_i}}^\iota \iota_* \frac{\partial}{\partial x_j} = \nabla_{\frac{\partial}{\partial x_i}}^\iota \left(\frac{\partial}{\partial x_j} \circ \iota \right) = \nabla_{\iota_* \frac{\partial}{\partial x_i}} \frac{\partial}{\partial x_j}$$

$$= \nabla_{\left(\frac{\partial}{\partial x_i}\right)_{\iota(\,\cdot\,)}} \frac{\partial}{\partial x_j} = \sum_{k=1}^n (\Gamma_{ij}^k \circ \iota) \left(\frac{\partial}{\partial x_k} \right)_{\iota(\,\cdot\,)} \tag{6.57}$$

となる．よって，M が ∇ に関して自己平行ならば，$M \cap U$ 上で

$$\Gamma_{ij}^k = 0 \quad (i, j = 1, 2, \ldots, m; \ k = m+1, m+2, \ldots, n) \tag{6.58}$$

がなりたつ．

自己平行という言葉の意味についても考えてみよう．さらに，$\gamma : I \to M$ を M 内の曲線とし，$\boldsymbol{\xi} \in \mathfrak{X}_\gamma(I, M)$ とする．必要ならば，I を十分小さく選んでおき，

$$\gamma(I) \subset M \cap U \tag{6.59}$$

となるようにしておく（図 6.6）．

また，$\psi \circ \gamma$，$\boldsymbol{\xi}$ を関数 $\gamma_1, \gamma_2, \ldots, \gamma_m, \xi_1, \xi_2, \ldots, \xi_m : I \to \mathbf{R}$ を用いて，

$$\psi \circ \gamma = (\gamma_1, \gamma_2, \ldots, \gamma_m), \quad \boldsymbol{\xi} = \sum_{i=1}^m \xi_i \left(\frac{\partial}{\partial x_i} \right)_{\gamma(\,\cdot\,)} \tag{6.60}$$

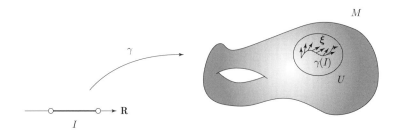

図 6.6 γ と $\boldsymbol{\xi}$

と表しておく. このとき, (6.33) より,

$$(\nabla^{\iota})^{\gamma}_{\frac{d}{dt}}\boldsymbol{\xi} = \sum_{k=1}^{m}\left\{\frac{d\xi_k}{dt} + \sum_{i,j=1}^{m}\xi_i\frac{d\gamma_j}{dt}\left(\Gamma^{k}_{ji}\circ\gamma\right)\right\}\left(\frac{\partial}{\partial x_k}\right)_{\gamma(\cdot)} \tag{6.61}$$

である.

ここで, M は N の部分多様体なので, $\boldsymbol{\xi}$ は自然に $\iota\circ\gamma$ に沿うベクトル場とみなすことができる. これを $\iota_*\boldsymbol{\xi}$ と表すことにする. すなわち,

$$\iota_*\boldsymbol{\xi} = \sum_{i=1}^{m}\xi_i\left(\frac{\partial}{\partial x_i}\right)_{(\iota\circ\gamma)(\cdot)} \tag{6.62}$$

である. また, $\varphi\circ\iota\circ\gamma$ は

$$\varphi\circ\iota\circ\gamma = (\gamma_1,\gamma_2,\ldots,\gamma_m,0,0,\ldots,0) \tag{6.63}$$

と表される. このとき, (6.33) より,

$$\nabla^{\iota\circ\gamma}_{\frac{d}{dt}}\iota_*\boldsymbol{\xi} = \sum_{k=1}^{m}\left\{\frac{d\xi_k}{dt} + \sum_{i,j=1}^{m}\xi_i\frac{d\gamma_j}{dt}\left(\Gamma^{k}_{ji}\circ\gamma\right)\right\}\left(\frac{\partial}{\partial x_k}\right)_{(\iota\circ\gamma)(\cdot)}$$
$$+ \sum_{k=m+1}^{n}\sum_{i,j=1}^{m}\xi_i\frac{d\gamma_j}{dt}\left(\Gamma^{k}_{ji}\circ\gamma\right)\left(\frac{\partial}{\partial x_k}\right)_{(\iota\circ\gamma)(\cdot)} \tag{6.64}$$

となる. よって, M が ∇ に関して自己平行ならば, (6.58) より,

$$\nabla^{\iota\circ\gamma}_{\frac{d}{dt}}\iota_*\boldsymbol{\xi} = \sum_{k=1}^{m}\left\{\frac{d\xi_k}{dt} + \sum_{i,j=1}^{m}\xi_i\frac{d\gamma_j}{dt}\left(\Gamma^{k}_{ji}\circ\gamma\right)\right\}\left(\frac{\partial}{\partial x_k}\right)_{(\iota\circ\gamma)(\cdot)} \tag{6.65}$$

である．したがって，次がなりたつ．

> **定理 6.5** N を多様体，∇ を N のアファイン接続，M を ∇ に関して自己平行な N の部分多様体，$\gamma : I \to M$ を M 内の曲線とし，$\boldsymbol{\xi} \in \mathfrak{X}_\gamma(I, M)$ とする．$\boldsymbol{\xi}$ が γ に沿って平行ならば，$\iota_* \boldsymbol{\xi}$ は $\iota \circ \gamma$ に沿って平行である．とくに，γ が測地線ならば，$\iota \circ \gamma$ は N 内の測地線である．　　□

　　N を多様体，∇ を N のアファイン接続，M を N の部分多様体，$\iota : M \to N$ を包含写像とする．このとき，はじめに述べたように，$p \in M$ に対して，$T_p M$ を $(d\iota)_p$ による像 $(d\iota)_p(T_p M)$ と同一視しておく．任意の $p \in M$ および $\left. \dfrac{d\tilde{\gamma}}{dt} \right|_{t=t_0} \in T_p M$ となる N 内の任意の測地線 $\tilde{\gamma} : I \to N$ $(t_0 \in I)$ に対して，$\tilde{\gamma}$ が M 内の曲線となるとき，すなわち，M 内の曲線 $\gamma : I \to M$ が存在し，$\tilde{\gamma} = \iota \circ \gamma$ となるとき，M を N の**全測地的部分多様体** (totally geodesic submanifold) という．定理 6.5 より，自己平行部分多様体は全測地的部分多様体となる．逆に関しては，次がなりたつ．

> **定理 6.6** N を多様体，∇ を N のアファイン接続，M を N の全測地的部分多様体とする．∇ が捩れをもたないならば，M は ∇ に関して自己平行である．
> 　　□

【証明】　(6.64) の計算と同じ記号を用いる．γ を (6.63) のように表される M 内の曲線とする．さらに，$\iota \circ \gamma$ が N 内の測地線であるとする．このとき，(6.64) において，

$$\xi_i = \frac{d\gamma_i}{dt} \quad (i = 1, 2, \ldots, m) \tag{6.66}$$

とすると，

$$\sum_{k=m+1}^{n} \sum_{i,j=1}^{m} \frac{d\gamma_i}{dt} \frac{d\gamma_j}{dt} \left(\Gamma_{ji}^k \circ \gamma \right) \left(\frac{\partial}{\partial x_k} \right)_{(\iota \circ \gamma)(\cdot)} = \mathbf{0} \tag{6.67}$$

である．γ は任意に選ぶことができるので，

$$\Gamma_{ji}^k + \Gamma_{ij}^k = 0 \quad (i, j = 1, 2, \ldots, m; \ k = m+1, m+2, \ldots, n) \tag{6.68}$$

である．さらに，∇ は捩れをもたないので，定理 5.12 より，(6.58) がなりた
つ．よって，M は ∇ に関して自己平行である．　　　　　　　　□

▶ **例 6.9**（準測地線）　M を多様体，∇ を M のアファイン接続とし，M 内の
曲線 $\gamma : I \to M$ の像 $\gamma(I)$ として表される M の 1 次元部分多様体 $\gamma(I)$ を考え
る．$\gamma(I)$ の座標近傍として，$(\gamma(I), \gamma^{-1})$ を選んでおき，$X, Y \in \mathfrak{X}(\gamma(I))$ を

$$X = \xi \frac{d}{dt}, \quad Y = \eta \frac{d}{dt} \quad (\xi, \eta \in C^\infty(I)) \tag{6.69}$$

と表しておく．このとき，$\mathfrak{X}(\gamma(I))$ は $\mathfrak{X}(I)$ と同一視することができるので，
$\iota : \gamma(I) \to M$ を包含写像とすると，

$$\iota_* X = \gamma_* X = \xi \frac{d\gamma}{dt}, \quad \iota_* Y = \gamma_* Y = \eta \frac{d\gamma}{dt} \tag{6.70}$$

である．また，誘導接続の定義より，$\nabla^\iota = \nabla^\gamma$ となる．よって，

$$\nabla_Y^\iota X = \nabla_Y^\iota(\iota_* X) = \nabla_Y^\gamma(\gamma_* X) = \nabla_{\eta \frac{d}{dt}}^\gamma \left(\xi \frac{d\gamma}{dt} \right) = \eta \nabla_{\frac{d}{dt}}^\gamma \left(\xi \frac{d\gamma}{dt} \right)$$

$$= \eta \left(\frac{d\xi}{dt} \frac{d\gamma}{dt} + \xi \nabla_{\frac{d}{dt}}^\gamma \frac{d\gamma}{dt} \right) \tag{6.71}$$

となる．したがって，$\gamma(I)$ が ∇ に関して自己平行であることと

$$\nabla_{\frac{d}{dt}}^\gamma \frac{d\gamma}{dt} = \alpha \frac{d\gamma}{dt} \tag{6.72}$$

をみたす $\alpha \in C^\infty(I)$ が存在することは同値である．(6.72) をみたす γ を**準測
地線** (semigeodesic) という．

さらに，変数変換 $t = \varphi(s)$ を考えると，

$$\nabla_{\frac{d}{dt}}^\gamma \frac{d\gamma}{dt} = \nabla_{\frac{d}{dt}}^\gamma \frac{d((\gamma \circ \varphi) \circ \varphi^{-1})}{dt} = \nabla_{\frac{d}{dt}}^\gamma \frac{d\varphi^{-1}}{dt} \frac{d(\gamma \circ \varphi)}{ds}$$

$$= \frac{d^2\varphi^{-1}}{dt^2} \frac{d(\gamma \circ \varphi)}{ds} + \frac{d\varphi^{-1}}{dt} \nabla_{\frac{d}{dt}}^\gamma \frac{d(\gamma \circ \varphi)}{ds}$$

$$= \frac{d^2\varphi^{-1}}{dt^2} \frac{d(\gamma \circ \varphi)}{ds} + \frac{d\varphi^{-1}}{dt} \nabla_{\frac{d\varphi^{-1}}{dt} \frac{d}{ds}}^{\gamma \circ \varphi} \frac{d(\gamma \circ \varphi)}{ds}$$

$$= \frac{d^2\varphi^{-1}}{dt^2} \frac{d(\gamma \circ \varphi)}{ds} + \left(\frac{d\varphi^{-1}}{dt} \right)^2 \nabla_{\frac{d}{ds}}^{\gamma \circ \varphi} \frac{d(\gamma \circ \varphi)}{ds} \tag{6.73}$$

である. 一方,

$$\alpha \frac{d\gamma}{dt} = \alpha \frac{d\varphi^{-1}}{dt} \frac{d(\gamma \circ \varphi)}{ds} \tag{6.74}$$

である. ここで,

$$\frac{d^2\varphi^{-1}}{dt^2} = \alpha \frac{d\varphi^{-1}}{dt} \tag{6.75}$$

とすると,

$$\frac{d\varphi^{-1}}{dt} = \exp \int \alpha \, dt \tag{6.76}$$

である. このとき, (6.72) は $\gamma \circ \varphi$ に対する測地線の方程式

$$\nabla_{\frac{d}{ds}}^{\gamma \circ \varphi} \frac{d(\gamma \circ \varphi)}{ds} = \mathbf{0} \tag{6.77}$$

と同値である. すなわち, アファイン接続をもつ多様体上の準測地線は, 必要ならば変数変換を行うことにより, 測地線として表すことができる. ◀

6.4 可積分条件

§6.6 で平坦なアファイン接続に関する自己平行部分多様体について調べるための準備として, §6.4 では, 連立線形偏微分方程式の可積分条件について述べておこう.

まず, 線形な常微分方程式[*2] の初期値問題に対しては, 解の存在と一意性について, 次がなりたつことがわかる.

定理 6.7 I を区間, $A = A(t)$ を n 次実行列に値をとる I で連続な関数, $\mathbf{b} = \mathbf{b}(t)$ を $\mathbf{R}^n$ に値をとる I で連続な関数とし, $t_0 \in I$, $\mathbf{x}_0 \in \mathbf{R}^n$ とする. このとき, 初期値問題

$$\begin{cases} \dfrac{d\mathbf{x}}{dt} = \mathbf{x}A + \mathbf{b}, \\ \mathbf{x}(t_0) = \mathbf{x}_0 \end{cases} \tag{6.78}$$

の大域解, すなわち, I で定義された解 $\mathbf{x} = \mathbf{x}(t)$ が一意的に存在する. □

[*2] (6.78) の第 1 式の右辺が $\mathbf{x}$ の 1 次式として表されているという意味である.

　常微分方程式の場合とは異なり，偏微分方程式については，線形なものであったとしても，初期値問題に対する解が存在するとは限らない．解が存在するためには積分可能条件というものをみたす必要がある．以下では，$A_1 = A_1(\boldsymbol{x})$，$A_2 = A_2(\boldsymbol{x})$，$\ldots$，$A_m = A_m(\boldsymbol{x})$ を n 次実行列に値をとる m 変数関数とし，$\mathbf{R}^n$ に値をとる m 変数の未知関数 $\boldsymbol{y} = \boldsymbol{y}(\boldsymbol{x})$ に対する連立線形偏微分方程式

$$\frac{\partial \boldsymbol{y}}{\partial x_i} = \boldsymbol{y} A_i \quad (i = 1, 2, \ldots, m) \tag{6.79}$$

を考える．ただし，$\boldsymbol{x} = (x_1, x_2, \ldots, x_m)$ である．また，簡単のため，A_1，A_2，$\ldots$，A_m は C^∞ 級であるとし，関数の定義域については，後で注意することにする．

　まず，$\boldsymbol{y} = \boldsymbol{y}(\boldsymbol{x})$ が (6.79) の解であるとすると，$i, j = 1, 2, \ldots, m$ のとき，

$$\frac{\partial^2 \boldsymbol{y}}{\partial x_i \partial x_j} = \frac{\partial}{\partial x_i}\left(\frac{\partial \boldsymbol{y}}{\partial x_j}\right) = \frac{\partial}{\partial x_i}(\boldsymbol{y} A_j) = \frac{\partial \boldsymbol{y}}{\partial x_i} A_j + \boldsymbol{y} \frac{\partial A_j}{\partial x_i}$$
$$= (\boldsymbol{y} A_i) A_j + \boldsymbol{y} \frac{\partial A_j}{\partial x_i} = \boldsymbol{y}\left(A_i A_j + \frac{\partial A_j}{\partial x_i}\right) \tag{6.80}$$

である．同様に，

$$\frac{\partial^2 \boldsymbol{y}}{\partial x_j \partial x_i} = \frac{\partial}{\partial x_j}\left(\frac{\partial \boldsymbol{y}}{\partial x_i}\right) = \boldsymbol{y}\left(A_j A_i + \frac{\partial A_i}{\partial x_j}\right) \tag{6.81}$$

となる．ここで，

$$\frac{\partial^2 \boldsymbol{y}}{\partial x_i \partial x_j} = \frac{\partial^2 \boldsymbol{y}}{\partial x_j \partial x_i} \tag{6.82}$$

なので，(6.80)，(6.81) より，

$$\boldsymbol{y}\left(\frac{\partial A_i}{\partial x_j} - \frac{\partial A_j}{\partial x_i} - A_i A_j + A_j A_i\right) = \boldsymbol{0} \tag{6.83}$$

である．よって，任意の初期条件に対して，(6.79) の解が存在すると仮定すると，

$$\frac{\partial A_i}{\partial x_j} - \frac{\partial A_j}{\partial x_i} - A_i A_j + A_j A_i = O \quad (i, j = 1, 2, \ldots, m) \tag{6.84}$$

である．ただし，O は n 次の零行列である．(6.84) を連立線形偏微分方程式 (6.79) の**積分可能条件**または**可積分条件** (integrability condition) という．

簡単のため，関数の定義域が $\mathbf{R}^m$ 全体の場合に (6.79) を考え，(6.84) がなり
たつならば，任意の初期値問題に対して，(6.79) の解が存在することを示そう．
まず，

$$\boldsymbol{x}_0 = (x_{0,1}, x_{0,2}, \dots, x_{0,m}) \in \mathbf{R}^m, \quad \boldsymbol{y}_0 \in \mathbf{R}^n \tag{6.85}$$

とし，初期条件を

$$\boldsymbol{y}(\boldsymbol{x}_0) = \boldsymbol{y}_0 \tag{6.86}$$

とする．

次に，常微分方程式の初期値問題

$$\begin{cases} \dfrac{d\boldsymbol{z}_1}{dt} = \boldsymbol{z}_1 A_1(t, x_{0,2}, x_{0,3}, \dots, x_{0,m}), \\[2mm] \boldsymbol{z}_1(x_{0,1}) = \boldsymbol{y}_0 \end{cases} \tag{6.87}$$

を考える．このとき，定理 6.7 より，(6.87) の解

$$\boldsymbol{z}_1 = \boldsymbol{z}_1(t; x_{0,2}, x_{0,3}, \dots, x_{0,m}) \tag{6.88}$$

が一意的に存在する．ただし，この解はパラメータ $x_{0,2}$, $x_{0,3}$, $\dots$, $x_{0,m}$ に依
存する．

さらに，$x'_{0,1} \in \mathbf{R}$ とし，(6.88) を用いて，常微分方程式の初期値問題

$$\begin{cases} \dfrac{d\boldsymbol{z}_2}{dt} = \boldsymbol{z}_2 A_2(x'_{0,1}, t, x_{0,3}, \dots, x_{0,m}), \\[2mm] \boldsymbol{z}_2(x_{0,2}) = \boldsymbol{z}_1(x'_{0,1}; x_{0,2}, x_{0,3}, \dots, x_{0,m}) \end{cases} \tag{6.89}$$

を考える．このとき，定理 6.7 より，(6.89) の解

$$\boldsymbol{z}_2 = \boldsymbol{z}_2(t; x'_{0,1}, x_{0,3}, \dots, x_{0,m}) \tag{6.90}$$

が一意的に存在する．ただし，この解はパラメータ $x'_{0,1}$, $x_{0,3}$, $\dots$, $x_{0,m}$ に依
存する．

以下同様に，この操作を繰り返し，$j = 1, 2, \dots, m-1$ に対して，$\boldsymbol{z}_1$, $\boldsymbol{z}_2$,
$\dots$, $\boldsymbol{z}_j$ まで定められたとき，$x'_{0,1}, x'_{0,2}, \dots, x'_{0,j} \in \mathbf{R}$ とし，常微分方程式の初
期値問題

$$\begin{cases} \dfrac{d\boldsymbol{z}_{j+1}}{dt} = \boldsymbol{z}_{j+1} A_{j+1}(x'_{0,1},\ldots,x'_{0,j},t,x_{0,j+2},\ldots,x_{0,m}), \\ \boldsymbol{z}_{j+1}(x_{0,j+1}) = \boldsymbol{z}_j(x'_{0,j};x'_{0,1},\ldots,x'_{0,j-1},x_{0,j+1},\ldots,x_{0,m}) \end{cases} \tag{6.91}$$

を考える. そして, その一意的な解を

$$\boldsymbol{z}_{j+1} = \boldsymbol{z}_{j+1}(t;x'_{0,1},\ldots,x'_{0,j},x_{0,j+2},\ldots,x_{0,m}) \tag{6.92}$$

とする.

ここで,

$$\boldsymbol{y}(\boldsymbol{x}) = \boldsymbol{z}_m(x_m;x_1,x_2,\ldots,x_{m-1}) \tag{6.93}$$

とおく. (6.91) の第 1 式において, $j = m-1$ とすると,

$$\dfrac{d\boldsymbol{z}_m}{dt} = \boldsymbol{z}_m A_m(x'_{0,1},x'_{0,2},\ldots,x'_{0,m-1},t) \tag{6.94}$$

なので,

$$\dfrac{\partial \boldsymbol{y}}{\partial x_m} = \boldsymbol{y} A_m \tag{6.95}$$

である. また, $\boldsymbol{z}_1$, $\boldsymbol{z}_2$, $\ldots$, $\boldsymbol{z}_m$ に対する初期条件より, (6.86) がなりたつ.

さらに, (6.84), (6.95) より,

$$\begin{aligned} \dfrac{\partial}{\partial x_m}\left(\dfrac{\partial \boldsymbol{y}}{\partial x_{m-1}} - \boldsymbol{y} A_{m-1}\right) &= \dfrac{\partial^2 \boldsymbol{y}}{\partial x_m \partial x_{m-1}} - \dfrac{\partial}{\partial x_m}(\boldsymbol{y} A_{m-1}) \\ &= \dfrac{\partial^2 \boldsymbol{y}}{\partial x_{m-1} \partial x_m} - \dfrac{\partial \boldsymbol{y}}{\partial x_m} A_{m-1} - \boldsymbol{y}\dfrac{\partial A_{m-1}}{\partial x_m} \\ &= \dfrac{\partial}{\partial x_{m-1}}(\boldsymbol{y} A_m) - (\boldsymbol{y} A_m) A_{m-1} - \boldsymbol{y}\dfrac{\partial A_{m-1}}{\partial x_m} \\ &= \dfrac{\partial \boldsymbol{y}}{\partial x_{m-1}} A_m + \boldsymbol{y}\dfrac{\partial A_m}{\partial x_{m-1}} - \boldsymbol{y} A_m A_{m-1} - \boldsymbol{y}\dfrac{\partial A_{m-1}}{\partial x_m} \\ &= \dfrac{\partial \boldsymbol{y}}{\partial x_{m-1}} A_m - \boldsymbol{y} A_{m-1} A_m \\ &= \left(\dfrac{\partial \boldsymbol{y}}{\partial x_{m-1}} - \boldsymbol{y} A_{m-1}\right) A_m, \end{aligned} \tag{6.96}$$

すなわち,

$$\dfrac{\partial}{\partial x_m}\left(\dfrac{\partial \boldsymbol{y}}{\partial x_{m-1}} - \boldsymbol{y} A_{m-1}\right) = \left(\dfrac{\partial \boldsymbol{y}}{\partial x_{m-1}} - \boldsymbol{y} A_{m-1}\right) A_m \tag{6.97}$$

である．また，$\boldsymbol{z}_m$ に対する初期条件および $\boldsymbol{z}_{m-1}$ に対する常微分方程式より，

$$\left.\left(\frac{\partial \boldsymbol{y}}{\partial x_{m-1}} - \boldsymbol{y}A_{m-1}\right)\right|_{\boldsymbol{x}=(x'_{0,1},x'_{0,2},\ldots,x'_{0,m-1},x_{0,m})} = \boldsymbol{0} \tag{6.98}$$

である．よって，常微分方程式の解の一意性より，

$$\frac{\partial \boldsymbol{y}}{\partial x_{m-1}} = \boldsymbol{y}A_{m-1} \tag{6.99}$$

となる．

以下同様に考えることにより，(6.79) の解が得られる [*3]．また，その解は一意的である．

一般的には，(6.79) に対する初期値問題は (6.84) に加えて，関数の定義域に対する単連結性という条件を課すことによって解けることがわかる．単連結性は大雑把にいえば，穴が空いていないということである．例えば，$\mathbf{R}^n$，あるいは，円板や長方形で囲まれた領域は単連結であるが，以下のように定める．

定義 6.7　X を位相空間とする．

連続写像 $\gamma : [0,1] \to X$ を X の**道** (path)，**弧** (arc) または X 内の**曲線**という．このとき，$\gamma(0)$，$\gamma(1)$ をそれぞれ γ の**始点** (initial point)，**終点** (terminal point) という．$x,y \in X$ に対して，x を始点，y を終点とする X の道 γ を $\boldsymbol{x}$ と $\boldsymbol{y}$ を結ぶ道 (path connecting x and y) という．

X の任意の 2 点を結ぶ道が存在するとき，X は**弧状連結** (arcwise connected) であるという（図 6.7）．弧状連結な位相空間を**弧状連結空間** (arcwise connected space) という．X の空でない部分集合は，相対位相（§5.1）に関して弧状連結なとき，**弧状連結**であるという．　□

定義 6.8　X を弧状連結空間とする．始点と終点が一致する X の任意の道 γ に対して，連続写像 $F : [0,1] \times [0,1] \to X$ が存在し，次の (1)〜(3) がなりた

[*3] 例えば，$\dfrac{\partial}{\partial x_i}\left(\dfrac{\partial \boldsymbol{y}}{\partial x_{m-2}} - \boldsymbol{y}A_{m-2}\right) = \left(\dfrac{\partial \boldsymbol{y}}{\partial x_{m-2}} - \boldsymbol{y}A_{m-2}\right)A_i \ (i = m-1, m)$，
$\left.\left(\dfrac{\partial \boldsymbol{y}}{\partial x_{m-2}} - \boldsymbol{y}A_{m-2}\right)\right|_{\boldsymbol{x}=(x'_{0,1},\ldots,x'_{0,m-2},x_{0,m-1},x_{0,m})} = \boldsymbol{0}$ より，$\dfrac{\partial \boldsymbol{y}}{\partial x_{m-2}} = \boldsymbol{y}A_{m-2}$
を得る．

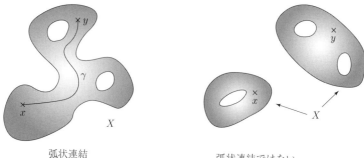

弧状連結

弧状連結ではない
(x と y は X 内の道で 結べない)

図 6.7　弧状連結性

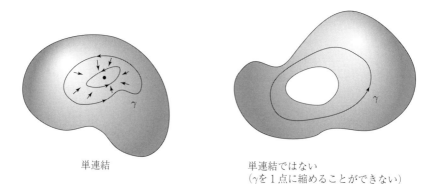

単連結

単連結ではない
(γ を 1 点に縮めることができない)

図 6.8　単連結性

つとき，X は**単連結** (simply connected) であるという（図 6.8）．

(1) 任意の $s \in [0,1]$ に対して，X の道 $F(\,\cdot\,,s)$ の始点と終点は一致する．

(2) $F(\,\cdot\,,0) = \gamma$.

(3) $F(\,\cdot\,,1)$ は 1 点となる． □

　次の例が示すように，関数の定義域が単連結でない場合は，(6.84) がみたされていたとしても，(6.79) の初期値問題は解をもたないことがある．

▶ **例 6.10**　未知関数を $f : \mathbf{R}^2 \setminus \{(0,0)\} \to \mathbf{R}$ とする連立線形偏微分方程式

$$\begin{cases} \dfrac{\partial f}{\partial x} = -\dfrac{y}{x^2 + y^2} f, \\[3mm] \dfrac{\partial f}{\partial y} = \dfrac{x}{x^2 + y^2} f \end{cases} \tag{6.100}$$

を考える. なお, $\mathbf{R}^2 \setminus \{(0,0)\}$ は単連結ではない. 実際, 原点を中心とする円は原点を通らずに 1 点に縮めることができないからである. このとき,

$$\begin{aligned} &\frac{\partial}{\partial y}\left(-\frac{y}{x^2 + y^2}\right) - \frac{\partial}{\partial x}\left(\frac{x}{x^2 + y^2}\right) \\ &= -\frac{1 \cdot (x^2 + y^2) - y \cdot 2y}{(x^2 + y^2)^2} - \frac{1 \cdot (x^2 + y^2) - x \cdot 2x}{(x^2 + y^2)^2} = 0 \end{aligned} \tag{6.101}$$

なので, (6.100) は可積分条件 (6.84) をみたす.

ここで, $(x_0, y_0) \in \mathbf{R}^2 \setminus \{(0,0)\}$ とし, $f(x_0, y_0) \neq 0$ となる (6.100) の解 f が存在すると仮定する. このとき, 常微分方程式の解の一意性より, f は $\mathbf{R}^2 \setminus \{(0,0)\}$ のどの点においても 0 とはならない. よって, 関数 $g : \mathbf{R}^2 \setminus \{(0,0)\} \to \mathbf{R}$ を

$$g(t) = \log|f(\cos t, \sin t)| \quad (t \in [0, 2\pi]) \tag{6.102}$$

により定めることができる. このとき,

$$\int_0^{2\pi} \frac{dg}{dt}\, dt = [g(t)]_0^{2\pi} = g(2\pi) - g(0) = 0 \tag{6.103}$$

である. 一方, 合成関数の微分法および (6.100) より,

$$\begin{aligned} \frac{dg}{dt} &= \frac{1}{f(\cos t, \sin t)} \frac{\partial f}{\partial u}(\cos t, \sin t) \cdot (\cos t)' \\ &\quad + \frac{1}{f(\cos t, \sin t)} \frac{\partial f}{\partial v}(\cos t, \sin t) \cdot (\sin t)' \\ &= -\frac{\sin t}{\cos^2 t + \sin^2 t}(-\sin t) + \frac{\cos t}{\cos^2 t + \sin^2 t}(\cos t) = 1 \end{aligned} \tag{6.104}$$

である. よって,

$$\int_0^{2\pi} \frac{dg}{dt}\, dt = \int_0^{2\pi} dt = 2\pi \tag{6.105}$$

となり, これは (6.103) に矛盾する. したがって, $f(x_0, y_0) \neq 0$ をみたす (6.100) の解は存在しない. ◀

▌6.5 平坦アフィン接続

定義 3.6 と同様に, 多様体のアフィン接続に対して, 曲率を定めることができる.

定義 6.9 M を多様体, ∇ を M のアフィン接続とし, 写像 $R : \mathfrak{X}(M) \times \mathfrak{X}(M) \times \mathfrak{X}(M) \to \mathfrak{X}(M)$ を

$$R(X,Y)Z = \nabla_X \nabla_Y Z - \nabla_Y \nabla_X Z - \nabla_{[X,Y]}Z \quad (X,Y,Z \in \mathfrak{X}(M)) \quad (6.106)$$

により定める. R を ∇ の**曲率テンソル場**または**曲率**という.   □

定理 3.12 と同様に, 多様体のアフィン接続の曲率について, 次がなりたつ.

定理 6.8 M を多様体, ∇ を M のアフィン接続, R を ∇ の曲率とし, $X,Y,Z \in \mathfrak{X}(M)$, $f \in C^\infty(M)$ とする. このとき, 次の (1), (2) がなりたつ.
  (1) $R(fX,Y)Z = R(X,fY)Z = R(X,Y)(fZ) = fR(X,Y)Z$.
  (2) $R(X,Y)Z = -R(Y,X)Z$.   □

✎ **注意 6.5**   注意 3.10 と同様に, 定理 6.8(1) より, R は $(1,3)$ 型テンソル場となる. ■

さらに, 定義 3.7 と同様に, 多様体のアフィン接続の平坦性について, 次のように定める.

定義 6.10 M を多様体, ∇ を M のアフィン接続とする. ∇ の捩率および曲率がともに 0 となるとき, ∇ は**平坦**であるという.   □

ここで, 例 3.4 を思い出そう. $\mathbf{R}^n$ のユークリッド計量に関するレビ-チビタ接続を考えると, 直交座標系に関するクリストッフェルの記号はすべて 0 となるのであった (図 6.9). この性質を一般化し, 次のように定める.

定義 6.11 $(M,\mathcal{S})$ を多様体, ∇ を M のアフィン接続とし, $(U,\varphi) \in \mathcal{S}$ とする. φ に関する ∇ のクリストッフェルの記号がすべて 0 となるとき, (U,φ) を**アフィン座標近傍** (affine coordinate neighbourhood), φ を**アフィン局**

g : $\mathbf{R}^n$ のユークリッド計量

∇ : g に関するレビ-チビタ接続

$(x_1, x_2, \ldots, x_n)$: 直交座標系

$\Rightarrow \Gamma_{ij}^k = 0$ $(i, j, k = 1, 2, \ldots, n)$

$\Rightarrow T = 0,\ R = 0$ （平坦）

図 6.9 **$\mathbf{R}^n$ の平坦性**

所座標系 (system of affine local coordinates) という. □

アファイン接続の平坦性はアファイン局所座標系の存在と同値であることがわかる. このことを示すために, いくつか準備をしておこう.

$\boxed{\text{命題 6.1}}$ $(M, \mathcal{S})$ を n 次元多様体, ∇ を M のアファイン接続とする. また, $(U, \varphi), (V, \psi) \in \mathcal{S}$, $U \cap V \neq \emptyset$ とし, φ, ψ を関数 $x_1, x_2, \ldots, x_n : U \to \mathbf{R}$, $y_1, y_2, \ldots, y_n : V \to \mathbf{R}$ を用いて

$$\varphi = (x_1, x_2, \ldots, x_n), \quad \psi = (y_1, y_2, \ldots, y_n) \tag{6.107}$$

と表しておく. さらに, Γ_{ij}^k, $\tilde{\Gamma}_{\alpha\beta}^\gamma$ $(i, j, k, \alpha, \beta, \gamma = 1, 2, \ldots, n)$ をそれぞれ (U, φ), (V, ψ) に関する ∇ のクリストッフェルの記号とする. このとき, $U \cap V$ 上で

$$\Gamma_{ij}^k = \sum_{\gamma=1}^n \left(\frac{\partial^2 y_\gamma}{\partial x_i \partial x_j} + \sum_{\alpha,\beta=1}^n \frac{\partial y_\alpha}{\partial x_i} \frac{\partial y_\beta}{\partial x_j} \tilde{\Gamma}_{\alpha\beta}^\gamma \right) \frac{\partial x_k}{\partial y_\gamma} \tag{6.108}$$

がなりたつ. □

【証明】 以下, $U \cap V$ 上で計算する.

まず, クリストッフェルの記号の定義より,

$$\nabla_{\frac{\partial}{\partial x_i}} \frac{\partial}{\partial x_j} = \sum_{k=1}^n \Gamma_{ij}^k \frac{\partial}{\partial x_k} \tag{6.109}$$

である.

一方，変換則

$$\frac{\partial}{\partial x_j} = \sum_{\beta=1}^{n} \frac{\partial y_\beta}{\partial x_j} \frac{\partial}{\partial y_\beta} \tag{6.110}$$

およびアファイン接続の性質を用いると，

$$
\begin{aligned}
\nabla_{\frac{\partial}{\partial x_i}} \frac{\partial}{\partial x_j} &= \nabla_{\frac{\partial}{\partial x_i}} \sum_{\beta=1}^{n} \frac{\partial y_\beta}{\partial x_j} \frac{\partial}{\partial y_\beta} = \sum_{\beta=1}^{n} \nabla_{\frac{\partial}{\partial x_i}} \frac{\partial y_\beta}{\partial x_j} \frac{\partial}{\partial y_\beta} \\
&= \sum_{\beta=1}^{n} \left(\frac{\partial^2 y_\beta}{\partial x_i \partial x_j} \frac{\partial}{\partial y_\beta} + \frac{\partial y_\beta}{\partial x_j} \nabla_{\frac{\partial}{\partial x_i}} \frac{\partial}{\partial y_\beta} \right) \\
&= \sum_{\beta=1}^{n} \left(\frac{\partial^2 y_\beta}{\partial x_i \partial x_j} \frac{\partial}{\partial y_\beta} + \frac{\partial y_\beta}{\partial x_j} \nabla_{\sum_{\alpha=1}^{n} \frac{\partial y_\alpha}{\partial x_i} \frac{\partial}{\partial y_\alpha}} \frac{\partial}{\partial y_\beta} \right) \\
&= \sum_{\beta=1}^{n} \left(\frac{\partial^2 y_\beta}{\partial x_i \partial x_j} \frac{\partial}{\partial y_\beta} + \frac{\partial y_\beta}{\partial x_j} \sum_{\alpha=1}^{n} \frac{\partial y_\alpha}{\partial x_i} \nabla_{\frac{\partial}{\partial y_\alpha}} \frac{\partial}{\partial y_\beta} \right) \\
&= \sum_{\beta=1}^{n} \left(\frac{\partial^2 y_\beta}{\partial x_i \partial x_j} \frac{\partial}{\partial y_\beta} + \frac{\partial y_\beta}{\partial x_j} \sum_{\alpha=1}^{n} \frac{\partial y_\alpha}{\partial x_i} \sum_{\gamma=1}^{n} \tilde{\Gamma}_{\alpha\beta}^{\gamma} \frac{\partial}{\partial y_\gamma} \right) \\
&= \sum_{\gamma=1}^{n} \left(\frac{\partial^2 y_\gamma}{\partial x_i \partial x_j} + \sum_{\alpha,\beta=1}^{n} \frac{\partial y_\alpha}{\partial x_i} \frac{\partial y_\beta}{\partial x_j} \tilde{\Gamma}_{\alpha\beta}^{\gamma} \right) \frac{\partial}{\partial y_\gamma} \\
&= \sum_{\gamma=1}^{n} \left(\frac{\partial^2 y_\gamma}{\partial x_i \partial x_j} + \sum_{\alpha,\beta=1}^{n} \frac{\partial y_\alpha}{\partial x_i} \frac{\partial y_\beta}{\partial x_j} \tilde{\Gamma}_{\alpha\beta}^{\gamma} \right) \sum_{k=1}^{n} \frac{\partial x_k}{\partial y_\gamma} \frac{\partial}{\partial x_k} \\
&= \sum_{k=1}^{n} \sum_{\gamma=1}^{n} \left(\frac{\partial^2 y_\gamma}{\partial x_i \partial x_j} + \sum_{\alpha,\beta=1}^{n} \frac{\partial y_\alpha}{\partial x_i} \frac{\partial y_\beta}{\partial x_j} \tilde{\Gamma}_{\alpha\beta}^{\gamma} \right) \frac{\partial x_k}{\partial y_\gamma} \frac{\partial}{\partial x_k} \tag{6.111}
\end{aligned}
$$

である.

(6.109)，(6.111) より，(6.108) がなりたつ.　　　　　　　　　　□

また，(3.136) と同様に，次がなりたつ.

命題 6.2 　$(M, \mathcal{S})$ を n 次元多様体，∇ を M のアファイン接続，R を ∇ の曲率とする. また，$(U, \varphi) \in \mathcal{S}$ とし，φ を (6.107) 第 1 式のように表しておく. さらに，Γ_{ij}^k $(i, j, k = 1, 2, \ldots, n)$ を (U, φ) に関する ∇ のクリストッフェルの

記号とする. このとき,

$$R\left(\frac{\partial}{\partial x_i}, \frac{\partial}{\partial x_j}\right)\frac{\partial}{\partial x_k} = \sum_{m=1}^{n} \left\{ \frac{\partial \Gamma_{jk}^m}{\partial x_i} - \frac{\partial \Gamma_{ik}^m}{\partial x_j} + \sum_{l=1}^{n} \left(\Gamma_{jk}^l \Gamma_{il}^m - \Gamma_{ik}^l \Gamma_{jl}^m\right) \right\} \frac{\partial}{\partial x_m} \tag{6.112}$$

がなりたつ. □

それでは, 次を示そう.

定理 6.9 M を多様体, ∇ を M のアファイン接続とする. ∇ が平坦である ことと任意の $p \in M$ に対して, $p \in U$ となる M のアファイン座標近傍 (U, φ) が存在することは同値である. □

【証明】 命題 6.1 と同じ記号を用いる.

まず, ∇ が平坦であると仮定する. (6.108) において,

$$\tilde{\Gamma}_{\alpha\beta}^{\gamma} = 0 \quad (\alpha, \beta, \gamma = 1, 2, \ldots, n) \tag{6.113}$$

であるとすると,

$$\Gamma_{ij}^k = \sum_{\gamma=1}^{n} \frac{\partial^2 y_\gamma}{\partial x_i \partial x_j} \frac{\partial x_k}{\partial y_\gamma} \quad (i, j, k = 1, 2, \ldots, n) \tag{6.114}$$

である. $\delta = 1, 2, \ldots, n$ とすると, (6.114) および合成関数の微分法より,

$$\sum_{k=1}^{n} \Gamma_{ij}^k \frac{\partial y_\delta}{\partial x_k} = \sum_{k=1}^{n} \sum_{\gamma=1}^{n} \frac{\partial^2 y_\gamma}{\partial x_i \partial x_j} \frac{\partial x_k}{\partial y_\gamma} \frac{\partial y_\delta}{\partial x_k} = \sum_{\gamma=1}^{n} \frac{\partial^2 y_\gamma}{\partial x_i \partial x_j} \frac{\partial y_\delta}{\partial y_\gamma} = \frac{\partial^2 y_\delta}{\partial x_i \partial x_j}, \tag{6.115}$$

すなわち,

$$\frac{\partial^2 y_\gamma}{\partial x_i \partial x_j} = \sum_{k=1}^{n} \Gamma_{ij}^k \frac{\partial y_\gamma}{\partial x_k} \quad (i, j, \gamma = 1, 2, \ldots, n) \tag{6.116}$$

である. 逆に, (6.116) がなりたつとすると, (6.113) を導くことができる. す なわち, (6.113) と (6.116) は同値である[*4]. よって, (6.116) をみたす局所座

[*4] (6.113) と (6.116) の同値性を示す際に, 座標変換に対するヤコビ行列 $\left(\frac{\partial y_\alpha}{\partial x_i}\right)_{n \times n}$ が各 点で正則であることを用いる.

標系 ψ はアファイン局所座標系である.

ここで, $j, \gamma = 1, 2, \ldots, n$ に対して,

$$f_{j\gamma} = \frac{\partial y_\gamma}{\partial x_j} \tag{6.117}$$

とおく. このとき, (6.116) は $f_{j\gamma}$ を未知関数とする連立線形偏微分方程式

$$\frac{\partial f_{j\gamma}}{\partial x_i} = \sum_{k=1}^{n} \Gamma_{ij}^k f_{k\gamma} \quad (i, j, \gamma = 1, 2, \ldots, n) \tag{6.118}$$

とみなすことができる. さらに, $l = 1, 2, \ldots, n$ とすると, (6.118) より,

$$\frac{\partial}{\partial x_l}\frac{\partial f_{j\gamma}}{\partial x_i} - \frac{\partial}{\partial x_i}\frac{\partial f_{j\gamma}}{\partial x_l} = \frac{\partial}{\partial x_l}\sum_{k=1}^{n}\Gamma_{ij}^k f_{k\gamma} - \frac{\partial}{\partial x_i}\sum_{k=1}^{n}\Gamma_{lj}^k f_{k\gamma}$$

$$= \sum_{k=1}^{n}\frac{\partial\Gamma_{ij}^k}{\partial x_l}f_{k\gamma} + \sum_{k=1}^{n}\Gamma_{ij}^k\frac{\partial f_{k\gamma}}{\partial x_l} - \sum_{k=1}^{n}\frac{\partial\Gamma_{lj}^k}{\partial x_i}f_{k\gamma} - \sum_{k=1}^{n}\Gamma_{lj}^k\frac{\partial f_{k\gamma}}{\partial x_i}$$

$$= \sum_{k=1}^{n}\frac{\partial\Gamma_{ij}^k}{\partial x_l}f_{k\gamma} + \sum_{k=1}^{n}\Gamma_{ij}^k\sum_{m=1}^{n}\Gamma_{lk}^m f_{m\gamma} - \sum_{k=1}^{n}\frac{\partial\Gamma_{lj}^k}{\partial x_i}f_{k\gamma} - \sum_{k=1}^{n}\Gamma_{lj}^k\sum_{m=1}^{n}\Gamma_{ik}^m f_{m\gamma}$$

$$= \sum_{m=1}^{n}\left\{\frac{\partial\Gamma_{ij}^m}{\partial x_l} - \frac{\partial\Gamma_{lj}^m}{\partial x_i} + \sum_{k=1}^{n}\left(\Gamma_{ij}^k\Gamma_{lk}^m - \Gamma_{lj}^k\Gamma_{ik}^m\right)\right\}f_{m\gamma} \tag{6.119}$$

なので, (6.118) の可積分条件は

$$\frac{\partial\Gamma_{ij}^m}{\partial x_l} - \frac{\partial\Gamma_{lj}^m}{\partial x_i} + \sum_{k=1}^{n}\left(\Gamma_{ij}^k\Gamma_{lk}^m - \Gamma_{lj}^k\Gamma_{ik}^m\right) = 0 \quad (i, j, l, m = 1, 2, \ldots, n) \tag{6.120}$$

となる. 一方, ∇ は平坦なので, ∇ の曲率は 0 である. よって, 命題 6.2 および (6.120) より, (6.118) は可積分条件をみたす. そこで, 必要ならば U, V を十分小さく選び, さらに, $U \cap V$ が単連結であるとしておき, $U \cap V$ 上で $\det(f_{j\gamma}) \neq 0$ となる (6.118) の解を 1 つ選んでおく.

次に, y_γ を未知関数とする連立偏微分方程式

$$\frac{\partial y_\gamma}{\partial x_j} = f_{j\gamma} \quad (j, \gamma = 1, 2, \ldots, n) \tag{6.121}$$

を考える. ∇ は平坦なので, ∇ の捩率は 0 である. したがって, 定理 5.12 お

および (6.118) より,

$$\frac{\partial f_{j\gamma}}{\partial x_i} - \frac{\partial f_{i\gamma}}{\partial x_j} = \sum_{k=1}^{n} \Gamma_{ij}^{k} f_{k\gamma} - \sum_{k=1}^{n} \Gamma_{ji}^{k} f_{k\gamma} = 0 \tag{6.122}$$

となる. このとき, $U \cap V$ は単連結なので, (6.121) の解が存在することがわかる [*5]. 以上より, アファイン座標近傍 (V, ψ) が得られた.

逆に, 任意の $p \in M$ に対して, $p \in (U, \varphi)$ となる M のアファイン座標近傍 (U, φ) が存在すると仮定する. このとき, アファイン座標近傍の定義より, ∇ の捩率および曲率はともに 0 となる. よって, ∇ は平坦である. $\square$

平坦なアファイン接続をもつ多様体に対しては, アファイン座標近傍の間の座標変換はアファイン変換として表される. すなわち, 次がなりたつ.

定理 6.10　M を多様体, ∇ を M の平坦なアファイン接続とする. また, $p \in M$ に対して, (U, φ), (V, ψ) を $p \in U \cap V$ となる M のアファイン座標近傍とし, φ, ψ を (6.107) のように表しておく. このとき, ある n 次実正則行列 A および $\boldsymbol{b} \in \mathbf{R}$ が存在し, $U \cap V$ 上で

$$(y_1, y_2, \ldots, y_n) = (x_1, x_2, \ldots, x_n)A + \boldsymbol{b} \tag{6.123}$$

がなりたつ. $\square$

【証明】　命題 6.1 と同じ記号を用いる. 仮定および命題 6.1 より, $U \cap V$ 上で

$$\frac{\partial^2 y_\gamma}{\partial x_i \partial x_j} = 0 \quad (i, j, \gamma = 1, 2, \ldots, n) \tag{6.124}$$

である. よって, ある n 次実正方行列 A および $\boldsymbol{b} \in \mathbf{R}^n$ が存在し, (6.123) がなりたつ. さらに, (6.123) は座標変換なので, A は正則である. $\square$

[*5] 例えば, $n = 2$ のときは, 定数 a_1, a_2 を用いて, $y_\gamma(x_1, x_2) = \int_{a_1}^{x_1} f_{1\gamma}(x_1, a_2)\, dx_1 + \int_{a_2}^{x_2} f_{2\gamma}(x_1, x_2)\, dx_2$ とおけばよい.

▍6.6　自己平行部分多様体（その 2）

　§6.5 までの準備をもとに，§6.3 に続いて，自己平行部分多様体について述べ
ていこう．N を n 次元多様体，M を N の m 次元部分多様体とする．このと
き，$p \in M$ とすると，$p \in U$ となる N の座標近傍 (U, φ) が存在し，φ を関数
$x_1, x_2, \ldots, x_n : U \to \mathbf{R}$ を用いて

$$\varphi = (x_1, x_2, \ldots, x_n) \tag{6.125}$$

と表しておくと，

$$\varphi(M \cap U) = \{\varphi(q) \mid q \in U, \ x_{m+1}(q) = x_{m+2}(q) = \cdots = x_n(q) = 0\} \tag{6.126}$$

となり，$\psi = (x_1, x_2, \ldots, x_m)$ とおくと，ψ は $M \cap U$ 上の局所座標系となるの
であった．

　さらに，∇ を N のアファイン接続，$\Gamma_{ij}^k \ (i, j, k = 1, 2, \ldots, n)$ を (U, φ) に
関するクリストッフェルの記号，$\iota : M \to N$ を包含写像とすると，(6.57) で示
したように，ι による誘導接続 ∇^ι に関して，$i, j = 1, 2, \ldots, m$ のとき，

$$\nabla^\iota_{\frac{\partial}{\partial x_i}} \frac{\partial}{\partial x_j} = \sum_{k=1}^n (\Gamma_{ij}^k \circ \iota) \left(\frac{\partial}{\partial x_k}\right)_{\iota(\cdot)} \tag{6.127}$$

となり，M が ∇ に関して自己平行ならば，$M \cap U$ 上で

$$\Gamma_{ij}^k = 0 \quad (i, j = 1, 2, \ldots, m; \ k = m+1, m+2, \ldots, n) \tag{6.128}$$

がなりたつ．注意 6.4 で述べたように，M が ∇ に関して自己平行ならば，∇^ι は
M のアファイン接続を定めるが，とくに，∇ が平坦ならば，∇^ι は平坦となる．
　平坦なアファイン接続に関する自己平行部分多様体について，次がなりたつ．

> **定理 6.11**　N を n 次元多様体，M を N の m 次元部分多様体，∇ を N の
> 平坦なアファイン接続とする．M が ∇ に関して自己平行であることと任意の
> $p \in M$ に対して，$p \in U$ となる N のアファイン座標近傍 (U, φ)，$p \in V$ となる
> M の座標近傍 (V, ψ)，$\mathrm{rank}\, A = m$ となる m 行 n 列の実行列 A および $\boldsymbol{b} \in \mathbf{R}^n$

が存在し，φ, ψ を関数 $x_1, x_2, \ldots, x_n : U \to \mathbf{R}$, $y_1, y_2, \ldots, y_m : V \to \mathbf{R}$ を用いて

$$\varphi = (x_1, x_2, \ldots, x_n), \quad \psi = (y_1, y_2, \ldots, y_m) \tag{6.129}$$

と表しておくと，$U \cap V$ 上で

$$(x_1, x_2, \ldots, x_n) = (y_1, y_2, \ldots, y_m)A + \boldsymbol{b} \tag{6.130}$$

となることは同値である（図 6.10）．このとき，$\iota : M \to N$ を包含写像とすると，(V, ψ) は M の平坦アファイン接続 ∇^ι に関するアファイン座標近傍となる．　　　　　　　　　　　　　　　　　　　　　　　　　　　　□

【証明】　　まず，M が ∇ に関して自己平行であると仮定する．∇ は平坦なので，定理 6.9 より，$p \in U$ となる N のアファイン座標近傍 (U, φ) が存在する．また，上で述べたように，∇^ι は M の平坦なアファイン接続となるので，定理 6.9 より，$p \in V$ となる M のアファイン座標近傍 (V, ψ) が存在する．アファイン座標近傍に関するクリストッフェルの記号はすべて 0 なので，$i, j = 1, 2, \ldots, m$ とすると，$U \cap V$ 上で

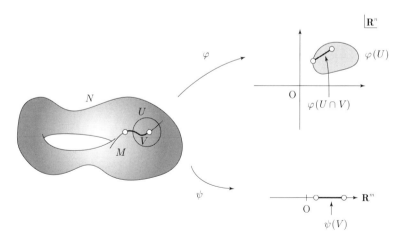

図 6.10　平坦アファイン接続に関する自己平行部分多様体

$$\mathbf{0} = \nabla^{\iota}_{\frac{\partial}{\partial y_i}} \frac{\partial}{\partial y_j} = \nabla^{\iota}_{\frac{\partial}{\partial y_i}} \iota_* \frac{\partial}{\partial y_j} = \nabla^{\iota}_{\frac{\partial}{\partial y_i}} \sum_{k=1}^{n} \frac{\partial x_k}{\partial y_j} \left(\frac{\partial}{\partial x_k} \right)_{\iota(\,\cdot\,)}$$

$$= \sum_{k=1}^{n} \nabla^{\iota}_{\frac{\partial}{\partial y_i}} \frac{\partial x_k}{\partial y_j} \left(\frac{\partial}{\partial x_k} \right)_{\iota(\,\cdot\,)}$$

$$= \sum_{k=1}^{n} \left(\frac{\partial^2 x_k}{\partial y_i \partial y_j} \left(\frac{\partial}{\partial x_k} \right)_{\iota(\,\cdot\,)} + \frac{\partial x_k}{\partial y_j} \nabla^{\iota}_{\frac{\partial}{\partial y_i}} \left(\frac{\partial}{\partial x_k} \right)_{\iota(\,\cdot\,)} \right)$$

$$= \sum_{k=1}^{n} \left(\frac{\partial^2 x_k}{\partial y_i \partial y_j} \left(\frac{\partial}{\partial x_k} \right)_{\iota(\,\cdot\,)} + \frac{\partial x_k}{\partial y_j} \nabla_{\iota_* \frac{\partial}{\partial y_i}} \frac{\partial}{\partial x_k} \right)$$

$$= \sum_{k=1}^{n} \left(\frac{\partial^2 x_k}{\partial y_i \partial y_j} \left(\frac{\partial}{\partial x_k} \right)_{\iota(\,\cdot\,)} + \frac{\partial x_k}{\partial y_j} \nabla_{\sum_{l=1}^{n} \frac{\partial x_l}{\partial y_i} \left(\frac{\partial}{\partial x_l} \right)_{\iota(\,\cdot\,)}} \frac{\partial}{\partial x_k} \right)$$

$$= \sum_{k=1}^{n} \left(\frac{\partial^2 x_k}{\partial y_i \partial y_j} \left(\frac{\partial}{\partial x_k} \right)_{\iota(\,\cdot\,)} + \frac{\partial x_k}{\partial y_j} \sum_{l=1}^{n} \frac{\partial x_l}{\partial y_i} \nabla_{\left(\frac{\partial}{\partial x_l} \right)_{\iota(\,\cdot\,)}} \frac{\partial}{\partial x_k} \right)$$

$$= \sum_{k=1}^{n} \left(\frac{\partial^2 x_k}{\partial y_i \partial y_j} \left(\frac{\partial}{\partial x_k} \right)_{\iota(\,\cdot\,)} + \frac{\partial x_k}{\partial y_j} \sum_{l=1}^{n} \frac{\partial x_l}{\partial y_i} \cdot \mathbf{0} \right)$$

$$= \sum_{k=1}^{n} \frac{\partial^2 x_k}{\partial y_i \partial y_j} \left(\frac{\partial}{\partial x_k} \right)_{\iota(\,\cdot\,)} \tag{6.131}$$

となる. よって,

$$\frac{\partial^2 x_k}{\partial y_i \partial y_j} = 0 \quad (i, j = 1, 2, \dots, m;\ k = 1, 2, \dots, n) \tag{6.132}$$

である. したがって, $\dim M = m$ であることに注意すると, (6.130) をみたす A および $\boldsymbol{b}$ が存在する.

逆については, 上の計算より, ほとんど明らかである. □

それでは, §3.5 や §4.4 でも扱った指数型分布族の部分多様体に関して, 自己平行性との関係を述べよう. Ω を $\mathbf{R}$ の空でない高々可算な部分集合または $\mathbf{R}$ とし, S を Ω 上の n 次元統計的モデルとする. 定義 3.8, 定義 4.13 で述べたように, S が指数型分布族であるとは, 関数 $C, F_1, F_2, \dots, F_n : \Omega \to \mathbf{R}$ および $\psi : \Theta \to \mathbf{R}$ を用いて, S が

$$S = \{p(\,\cdot\,; \boldsymbol{\theta}) \,|\, \boldsymbol{\theta} \in \Theta\}, \tag{6.133}$$

$$p(x; \boldsymbol{\theta}) = \exp \left(C(x) + \sum_{i=1}^{n} \theta_i F_i(x) - \psi(\boldsymbol{\theta}) \right) \quad (\boldsymbol{\theta} = (\theta_1, \theta_2, \ldots, \theta_n))$$
(6.134)

と表されることであった．さらに，指数型分布族に対しては，(3.159) で示したように，e-接続 $\nabla^{(\mathrm{e})}$ は平坦である（図 6.11）．

$\nabla^{(\alpha)}$ ： α-接続

クリストッフェルの記号は

$$\Gamma_{ij,k}^{(\alpha)} = \mathbf{E}_{\boldsymbol{\xi}} \left[\left\{ \partial_i \partial_j l_{\boldsymbol{\xi}} + \frac{1-\alpha}{2} (\partial_i l_{\boldsymbol{\xi}})(\partial_j l_{\boldsymbol{\xi}}) \right\} (\partial_k l_{\boldsymbol{\xi}}) \right]$$

$\nabla^{(1)} = \nabla^{(\mathrm{e})}$ ： e-接続

指数型分布族のとき平坦

$\nabla^{(-1)} = \nabla^{(\mathrm{m})}$ ： m-接続

混合型分布族のとき平坦

図 6.11 α-接続，e-接続，m-接続

　指数型分布族においては，(6.134) より，$(n+1)$ 個の関数 1，F_1，F_2，...，F_n が 1 次従属であるとすると，$\boldsymbol{\theta} \in \Theta$ から $p(\cdot; \boldsymbol{\theta}) \in S$ への対応が 1 対 1 とはならなくなってしまう．ただし，1 は常に 1 の値をとる定数関数を表す．以下では，これらの関数は 1 次独立であると仮定しよう．このとき，次がなりたつ．

定理 6.12 　　S を指数型分布族，M を S の部分多様体とする．M が指数型分布族であることと M が $\nabla^{(\mathrm{e})}$ に関して自己平行であることは同値である．　　□

【証明】 　S の元を (6.134) のように表しておく．

　まず，M が指数型分布族であると仮定する．このとき，M の元は

$$q(x; \boldsymbol{\eta}) = p(x; \boldsymbol{\theta}(\boldsymbol{\eta})) = \exp \left(D(x) + \sum_{\alpha=1}^{m} \eta_\alpha G_\alpha(x) - \varphi(\boldsymbol{\eta}) \right)$$
(6.135)

と表すことができる．(6.134)，(6.135) より，

$$C(x) + \sum_{i=1}^{n} \theta_i(\boldsymbol{\eta}) F_i(x) - \psi(\boldsymbol{\theta}(\boldsymbol{\eta})) = D(x) + \sum_{\alpha=1}^{m} \eta_\alpha G_\alpha(x) - \varphi(\boldsymbol{\eta}) \quad (6.136)$$

である．$\beta = 1, 2, \ldots, m$ とし，(6.136) の両辺を η_β で微分すると，

$$\sum_{i=1}^{n} \frac{\partial \theta_i}{\partial \eta_\beta}(\boldsymbol{\eta}) F_i(x) - \sum_{i=1}^{n} \frac{\partial \psi}{\partial \theta_i}(\boldsymbol{\theta}(\boldsymbol{\eta})) \frac{\partial \theta_i}{\partial \eta_\beta}(\boldsymbol{\eta}) = G_\beta(x) - \frac{\partial \varphi}{\partial \eta_\beta}(\boldsymbol{\eta}) \quad (6.137)$$

である．ここで，関数 1，F_1，F_2，$\ldots$，F_n は 1 次独立であるとしているので，任意の $i = 1, 2, \ldots, n$，$\beta = 1, 2, \ldots, m$ に対して，$\dfrac{\partial \theta_i}{\partial \eta_\beta}$ は定数関数である．よって，θ_1，θ_2，$\ldots$，θ_n は η_1，η_2，$\ldots$，η_m の 1 次式で表される．したがって，定理 6.11 より，M は $\nabla^{(\mathrm{e})}$ に関して自己平行である．

上の議論は逆にたどることもできる．　　　　　　　　　　　　　　　□

次に，混合型分布族の部分多様体に関して，自己平行性との関係を述べよう．Ω を $\mathbf{R}$ の空でない高々可算な部分集合または $\mathbf{R}$ とし，S を Ω 上の n 次元統計的モデルとする．定義 3.9，定義 4.14 で述べたように，S が混合型分布族であるとは，確率関数または確率密度関数 $p_0, p_1, p_2, \ldots, p_n : \Omega \to \mathbf{R}$ が存在し，S が

$$S = \{p(\,\cdot\,; \boldsymbol{\theta}) \,|\, \boldsymbol{\theta} \in \Theta\}, \quad (6.138)$$

$$p(x; \boldsymbol{\theta}) = \sum_{i=1}^{n} \theta_i p_i(x) + \left(1 - \sum_{i=1}^{n} \theta_i\right) p_0(x) \quad (\boldsymbol{\theta} = (\theta_1, \theta_2, \ldots, \theta_n)) \quad (6.139)$$

と表されることであった．さらに，混合型分布族に対しては，(3.166) で示したように，m-接続 $\nabla^{(\mathrm{m})}$ は平坦である（図 6.11）．

混合型分布族においては，(6.139) より，$(n+1)$ 個の関数 p_0，p_1，p_2，$\ldots$，p_n が 1 次従属であるとすると，$\boldsymbol{\theta} \in \Theta$ から $p(\,\cdot\,; \boldsymbol{\theta}) \in S$ への対応が 1 対 1 とはならなくなってしまう．以下では，これらの関数は 1 次独立であると仮定しよう．このとき，次がなりたつ．

定理 6.13　S を混合型分布族，M を S の部分多様体とする．M が混合型分布族であることと M が $\nabla^{(\mathrm{m})}$ に関して自己平行であることは同値である．　□

【証明】　S の元を (6.139) のように表しておく.

まず，M が混合型分布族であると仮定する．このとき，M の元は

$$q(x;\boldsymbol{\eta}) = p(x;\boldsymbol{\theta}(\boldsymbol{\eta})) = \sum_{\alpha=1}^{m} \eta_\alpha q_\alpha(x) + \left(1 - \sum_{\alpha=1}^{m} \eta_\alpha\right) q_0(x) \qquad (6.140)$$

と表すことができる．(6.139), (6.140) より，

$$\sum_{i=1}^{n} \theta_i(\boldsymbol{\eta}) p_i(x) + \left(1 - \sum_{i=1}^{n} \theta_i(\boldsymbol{\eta})\right) p_0(x)$$

$$= \sum_{\alpha=1}^{m} \eta_\alpha q_\alpha(x) + \left(1 - \sum_{\alpha=1}^{m} \eta_\alpha\right) q_0(x) \qquad (6.141)$$

である．$\beta = 1, 2, \ldots, m$ とし，(6.141) の両辺を η_β で微分すると，

$$\sum_{i=1}^{n} \frac{\partial \theta_i}{\partial \eta_\beta}(\boldsymbol{\eta}) p_i(x) - \sum_{i=1}^{n} \frac{\partial \theta_i}{\partial \eta_\beta}(\boldsymbol{\eta}) p_0(x) = q_\beta(x) - q_0(x) \qquad (6.142)$$

である．ここで，関数 p_0, p_1, p_2, ..., p_n は1次独立であるとしているので，任意の $i = 1, 2, \ldots, n$，$\beta = 1, 2, \ldots, m$ に対して，$\dfrac{\partial \theta_i}{\partial \eta_\beta}$ は定数関数である．よって，θ_1, θ_2, ..., θ_n は η_1, η_2, ..., η_m の1次式で表される．したがって，定理 6.11 より，M は $\nabla^{(\mathrm{m})}$ に関して自己平行である．

上の議論は逆にたどることもできる．　　　　　　　　　　　　□

双対平坦空間

7.1 双対平坦空間の定義

アファイン接続をもつ多様体に対して，さらに，リーマン計量があたえられているとしよう．系 5.1 が示すように，リーマン計量に関して互いに双対的なアファイン接続の捩率がともに 0 となるのは，コダッチの方程式 (5.121) がなりたつときに限り，このとき，統計多様体が得られるのであった（定義 5.21，注意 5.15）．一方，曲率については次がなりたつ．

定理 7.1 M を多様体，g を M のリーマン計量，∇, ∇^* を g に関して互いに双対的な M のアファイン接続，R, R^* をそれぞれ ∇, ∇^* の曲率とする．このとき，任意の $X, Y, Z, W \in \mathfrak{X}(M)$ に対して，

$$g(R(X,Y)Z, W) + g(Z, R^*(X,Y)W) = 0 \tag{7.1}$$

がなりたつ.   □

【証明】   括弧積の定義と ∇, ∇^* が g に関して互いに双対的であることより，

$$0 = XYg(Z,W) - YXg(Z,W) - [X,Y]g(Z,W)$$
$$= X\left(g(\nabla_Y Z, W) + g(Z, \nabla_Y^* W)\right) - Y\left(g(\nabla_X Z, W) + g(Z, \nabla_X^* W)\right)$$
$$\quad - g(\nabla_{[X,Y]} Z, W) - g(Z, \nabla_{[X,Y]}^* W)$$

$$\begin{aligned}
&= g(\nabla_X \nabla_Y Z, W) + g(\nabla_Y Z, \nabla_X^* W) + g(\nabla_X Z, \nabla_Y^* W) + g(Z, \nabla_X^* \nabla_Y^* W) \\
&\quad - g(\nabla_Y \nabla_X Z, W) - g(\nabla_X Z, \nabla_Y^* W) - g(\nabla_Y Z, \nabla_X^* W) \\
&\quad - g(Z, \nabla_Y^* \nabla_X^* W) - g(\nabla_{[X,Y]} Z, W) - g(Z, \nabla_{[X,Y]}^* W) \\
&= g(\nabla_X \nabla_Y Z - \nabla_Y \nabla_X Z - \nabla_{[X,Y]} Z, W) \\
&\quad + g(Z, \nabla_X^* \nabla_Y^* W - \nabla_Y^* \nabla_X^* W - \nabla_{[X,Y]}^* W) \\
&= g(R(X,Y)Z, W) + g(Z, R^*(X,Y)W)
\end{aligned} \tag{7.2}$$

である．よって，(7.1) がなりたつ．　　□

定理 7.1 より，次がなりたつ．

系 7.1　(M, ∇, g) を統計多様体，∇^* を ∇ の双対接続とする．このとき，∇ が平坦であることと ∇^* が平坦であることは同値である．　　□

【証明】　(M, ∇, g) は統計多様体なので，∇ および ∇^* の捩率は 0 である．また，定理 7.1 より，∇ の曲率が 0 であることと ∇^* の曲率が 0 であることは同値である．よって，∇ が平坦であることと ∇^* が平坦であることは同値である．　　□

そこで，次のように定める．

定義 7.1　(M, ∇, g) を統計多様体，∇^* を ∇ の双対接続とする．∇ および ∇^* が平坦なとき，(M, g, ∇, ∇^*) を**双対平坦空間** (dually flat space) という．
　　□

▶ **例 7.1**　S を指数型分布族とし，フィッシャー計量 g および α-接続 $\nabla^{(\alpha)}$ を考える．まず，S は統計的モデルなので，例 5.26 で述べたように，$(S, \nabla^{(\alpha)}, g)$ は統計多様体であり，$\nabla^{(\alpha)}$ の双対接続は $\nabla^{(-\alpha)}$ である．また，S は指数型分布族なので，§3.5, §4.4 で述べたように，$\nabla^{(1)}$ は平坦である．よって，系 7.1 より，$\nabla^{(-1)}$ も平坦である．したがって，$(S, g, \nabla^{(1)}, \nabla^{(-1)})$ は双対平坦空間である．　◀

▶ **例7.2**　S を混合型分布族とし，フィッシャー計量 g および α-接続 $\nabla^{(\alpha)}$ を考える．まず，S は統計的モデルなので，例5.26 で述べたように，$(S, \nabla^{(\alpha)}, g)$ は統計多様体であり，$\nabla^{(\alpha)}$ の双対接続は $\nabla^{(-\alpha)}$ である．また，S は混合型分布族なので，§3.5，§4.4 で述べたように，$\nabla^{(-1)}$ は平坦である．よって，系7.1 より，$\nabla^{(1)}$ も平坦である．したがって，$(S, g, \nabla^{(-1)}, \nabla^{(1)})$ は双対平坦空間である．　◀

双対平坦空間に対して，次がなりたつ．

定理7.2　(M, g, ∇, ∇^*) を n 次元双対平坦空間とする．このとき，任意の $p \in M$ に対して，$p \in U$ となる ∇ に関するアファイン座標近傍 (U, θ) および ∇^* に関するアファイン座標近傍 (U, η) が存在し，θ, η を関数 $\theta_1, \theta_2, \ldots, \theta_n, \eta_1, \eta_2, \ldots, \eta_n : U \to \mathbf{R}$ を用いて

$$\theta = (\theta_1, \theta_2, \ldots, \theta_n), \quad \eta = (\eta_1, \eta_2, \ldots, \eta_n) \tag{7.3}$$

と表しておくと，

$$g\left(\frac{\partial}{\partial \theta_i}, \frac{\partial}{\partial \eta_j}\right) = \delta_{ij} \quad (i, j = 1, 2, \ldots, n) \tag{7.4}$$

がなりたつ．　□

【証明】　まず，∇ は平坦なので，定理6.9 より，$p \in U$ となる ∇ に関するアファイン座標近傍 (U, θ) が存在する．このとき，θ を (7.3) 第1式のように表しておく．また，∇^* も平坦なので，$p \in V$ となる ∇^* に関するアファイン座標近傍 (V, η) が存在する．このとき，η を (7.3) 第2式のように表しておく．そこで，θ, η の定義域を $U \cap V$ に制限し，$U \cap V$ を改めて U とおく．

$X \in \mathfrak{X}(U)$, $i, j = 1, 2, \ldots, n$ とすると，∇, ∇^* は g に関して互いに双対的であり，θ, η はそれぞれ ∇, ∇^* に関するアファイン局所座標系なので，

$$Xg\left(\frac{\partial}{\partial \theta_i}, \frac{\partial}{\partial \eta_j}\right) = g\left(\nabla_X \frac{\partial}{\partial \theta_i}, \frac{\partial}{\partial \eta_j}\right) + g\left(\frac{\partial}{\partial \theta_i}, \nabla_X^* \frac{\partial}{\partial \eta_j}\right)$$

$$= g\left(\mathbf{0}, \frac{\partial}{\partial \eta_j}\right) + g\left(\frac{\partial}{\partial \theta_i}, \mathbf{0}\right) = 0 \tag{7.5}$$

となる. よって, $g\left(\dfrac{\partial}{\partial\theta_i},\dfrac{\partial}{\partial\eta_j}\right)$ は定数関数である. ここで, 座標変換に対する
ヤコビ行列は各点で正則なので, 内積の正値性より, $\left(g\left(\dfrac{\partial}{\partial\theta_i},\dfrac{\partial}{\partial\eta_j}\right)\right)_{n\times n}$ は
各点で正則行列となる. したがって, 必要ならば η を別のアファイン局所座標
系に変換しておくことにより, (7.4) がなりたつ.   □

そこで, 次のように定める.

定義 7.2 (M,g,∇,∇^*) を n 次元双対平坦空間とし, (U,θ), (U,η) をそれ
ぞれ ∇, ∇^* に関するアファイン座標近傍とする. θ, η を (7.3) のように表し
ておくと, (7.4) がなりたつとき, η を θ の, あるいは, θ を η の**双対アファイ
ン局所座標系** (system of dual affine local coordinates) という. このとき, θ
と η は g に関して互いに**双対的**であるという.   □

双対アファイン局所座標系を用いると, 次がなりたつ.

定理 7.3 (M,g,∇,∇^*) を n 次元双対平坦空間, θ, η を g に関して互いに双
対的な M のアファイン局所座標系とする. θ, η を (7.3) のように表しておき,

$$g_{ij}=g\left(\frac{\partial}{\partial\theta_i},\frac{\partial}{\partial\theta_j}\right),\quad g^{ij}=g\left(\frac{\partial}{\partial\eta_i},\frac{\partial}{\partial\eta_j}\right)\quad (i,j=1,2,\ldots,n)\quad (7.6)$$

とおく. このとき,

$$g_{ij}=\frac{\partial\eta_j}{\partial\theta_i}=\frac{\partial\eta_i}{\partial\theta_j},\quad g^{ij}=\frac{\partial\theta_j}{\partial\eta_i}=\frac{\partial\theta_i}{\partial\eta_j}\quad (7.7)$$

であり, $(g_{ij})_{n\times n}$ と $(g^{ij})_{n\times n}$ は各点で互いに逆行列である.   □

【証明】 θ, η は互いに双対的なアファイン局所座標系なので, $i,j=1,2,\ldots,n$
とすると,

$$g_{ij}=g\left(\sum_{k=1}^{n}\frac{\partial\eta_k}{\partial\theta_i}\frac{\partial}{\partial\eta_k},\frac{\partial}{\partial\theta_j}\right)=\sum_{k=1}^{n}\frac{\partial\eta_k}{\partial\theta_i}\delta_{kj}=\frac{\partial\eta_j}{\partial\theta_i}\quad (7.8)$$

である. 同様に,

$$g^{ij} = \frac{\partial \theta_j}{\partial \eta_i} \tag{7.9}$$

である.

また,内積の対称性より,

$$g_{ij} = g_{ji}, \quad g^{ij} = g^{ji} \tag{7.10}$$

である.(7.8)〜(7.10) より,(7.7) がなりたつ.

さらに,(7.7) より,$k = 1, 2, \ldots, n$ とすると,

$$\sum_{j=1}^{n} g_{ij} g^{jk} = \sum_{j=1}^{k} \frac{\partial \eta_j}{\partial \theta_i} \frac{\partial \theta_k}{\partial \eta_j} = \frac{\partial \theta_k}{\partial \theta_i} = \delta_{ik} \tag{7.11}$$

である.よって,$(g_{ij})_{n \times n}$ と $(g^{ij})_{n \times n}$ は各点で互いに逆行列である. $\square$

さらに,次がなりたつ.

定理 7.4 (M, g, ∇, ∇^*) を n 次元双対平坦空間,θ, η を g に関して互いに双対的な M のアフィン局所座標系とする.θ, η を (7.3) のように表しておき,g_{ij}, g^{ij} を (7.6) のように定める.このとき,必要ならば,θ および η の定義域を選び直すことにより,ある関数 ψ, φ が存在し,

$$g_{ij} = \frac{\partial^2 \psi}{\partial \theta_i \partial \theta_j}, \quad g^{ij} = \frac{\partial^2 \varphi}{\partial \eta_i \partial \eta_j}, \tag{7.12}$$

$$\theta_i = \frac{\partial \varphi}{\partial \eta_i}, \quad \eta_i = \frac{\partial \psi}{\partial \theta_i}, \quad \psi + \varphi = \sum_{i=1}^{n} \theta_i \eta_i \tag{7.13}$$

となる. $\square$

【証明】 まず,(7.13) 第 2 式に注目し,ψ を未知関数とする連立偏微分方程式

$$\frac{\partial \psi}{\partial \theta_i} = \eta_i \quad (i = 1, 2, \ldots, n) \tag{7.14}$$

を考える.(7.7) 第 1 式より,必要ならば,θ の定義域が単連結となるように選び直すことにより,(7.14) の解 ψ が存在する.このとき,

$$g_{ij} = \frac{\partial \eta_i}{\partial \theta_j} = \frac{\partial^2 \psi}{\partial \theta_i \partial \theta_j} \tag{7.15}$$

となり，(7.12) 第 1 式がなりたつ．同様に，φ を未知関数とする連立偏微分方程式

$$\frac{\partial \varphi}{\partial \eta_i} = \theta_i \quad (i = 1, 2, \ldots, n) \tag{7.16}$$

の解 φ が存在し，(7.12) 第 2 式がなりたつ．

(7.13) 第 1 式，第 2 式より，$j = 1, 2, \ldots, n$ とすると，

$$
\begin{aligned}
\frac{\partial}{\partial \theta_j} \left(\psi + \varphi - \sum_{i=1}^{n} \theta_i \eta_i \right) &= \frac{\partial \psi}{\partial \theta_j} + \frac{\partial \varphi}{\partial \theta_j} - \eta_j - \sum_{i=1}^{n} \theta_i \frac{\partial \eta_i}{\partial \theta_j} \\
&= \sum_{k=1}^{n} \frac{\partial \varphi}{\partial \eta_k} \frac{\partial \eta_k}{\partial \theta_j} - \sum_{i=1}^{n} \theta_i \frac{\partial \eta_i}{\partial \theta_j} = \sum_{k=1}^{n} \theta_k \frac{\partial \eta_k}{\partial \theta_j} - \sum_{i=1}^{n} \theta_i \frac{\partial \eta_i}{\partial \theta_j} = 0
\end{aligned} \tag{7.17}
$$

である．よって，

$$\psi + \varphi - \sum_{i=1}^{n} \theta_i \eta_i \tag{7.18}$$

は定数関数である．したがって，必要ならば ψ または φ に定数を加えることにより，(7.13) 第 3 式がなりたつ． □

✎ **注意 7.1** D を $\mathbf{R}^n$ の空でない部分集合とする．D 内の任意の 2 点を D 内の線分で結ぶことができるとき，すなわち，$\boldsymbol{x}, \boldsymbol{y} \in D$，$t \in [0, 1]$ ならば，

$$t\boldsymbol{x} + (1 - t)\boldsymbol{y} \in D \tag{7.19}$$

となるとき，D は**凸** (convex) であるという（図 7.1）．また，D を $\mathbf{R}^n$ の凸集合，$f : D \to \mathbf{R}$ を関数とする．任意の $\boldsymbol{x}, \boldsymbol{y} \in D$ および任意の $t \in [0, 1]$ に対して，

$$f(t\boldsymbol{x} + (1 - t)\boldsymbol{y}) \leq tf(\boldsymbol{x}) + (1 - t)f(\boldsymbol{y}) \tag{7.20}$$

がなりたつとき，f は**凸**であるという（図 7.2）．

定理 7.4 において，(7.12) および内積の正値性より，関数 ψ および φ のグラフは，定義域の任意の点における接超平面より下の部分に現れることはなく，ψ および φ は凸関数となる．

また，θ と η の間の座標変換を**ルジャンドル変換** (Legendre transformation)，ψ，φ をその**ポテンシャル** (potential) という． ■

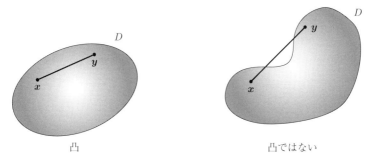

図 7.1　$\mathbf{R}^n$ の部分集合の凸性

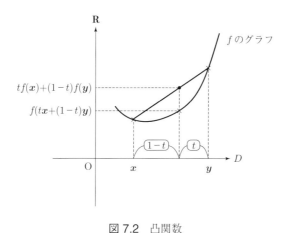

図 7.2　凸関数

7.2　ダイバージェンス

　双対平坦空間に対する互いに双対的なアファイン局所座標系は一意的ではない．これらの座標系を取り替えたとき，ルジャンドル変換に対するポテンシャルがどのように変わるのかを計算してみよう．

　(M, g, ∇, ∇^*) を n 次元双対平坦空間，θ, η を g に関して互いに双対的な M のアファイン局所座標系とする．また，$\tilde{\theta}$, $\tilde{\eta}$ も θ, η と定義域が等しい，g に関して互いに双対的なアファイン局所座標系とする．このとき，定理 6.10 より，ある n 次実正則行列 A, B および $\boldsymbol{a}, \boldsymbol{b} \in \mathbf{R}^n$ が存在し，

$$\theta = \tilde{\theta}A + \boldsymbol{a}, \quad \eta = \tilde{\eta}B + \boldsymbol{b} \tag{7.21}$$

となる．ここで，$\theta, \eta, \tilde{\theta}, \tilde{\eta}$ を関数 $\theta_1, \ldots, \theta_n, \eta_1, \ldots, \eta_n, \tilde{\theta}_1, \ldots, \tilde{\theta}_n, \tilde{\eta}_1, \ldots, \tilde{\eta}_n :$ $U \to \mathbf{R}$ を用いて

$$\theta = (\theta_1, \theta_2, \ldots, \theta_n), \quad \eta = (\eta_1, \eta_2, \ldots, \eta_n), \tag{7.22}$$

$$\tilde{\theta} = (\tilde{\theta}_1, \tilde{\theta}_2, \ldots, \tilde{\theta}_n), \quad \tilde{\eta} = (\tilde{\eta}_1, \tilde{\eta}_2, \ldots, \tilde{\eta}_n) \tag{7.23}$$

と表しておく．$A = (a_{ij})_{n \times n}, B = (b_{ij})_{n \times n}$ とおき，$i, j = 1, 2, \ldots, n$ とすると，θ, η および $\tilde{\theta}, \tilde{\eta}$ がそれぞれ g に関して互いに双対的であることと (7.21) より，

$$\begin{aligned}
\delta_{ij} &= g\left(\frac{\partial}{\partial \tilde{\theta}_i}, \frac{\partial}{\partial \tilde{\eta}_j}\right) = g\left(\sum_{k=1}^{n} \frac{\partial \theta_k}{\partial \tilde{\theta}_i} \frac{\partial}{\partial \theta_k}, \sum_{l=1}^{n} \frac{\partial \eta_l}{\partial \tilde{\eta}_j} \frac{\partial}{\partial \eta_l}\right) \\
&= \sum_{k,l=1}^{n} \frac{\partial \theta_k}{\partial \tilde{\theta}_i} \frac{\partial \eta_l}{\partial \tilde{\eta}_j} g\left(\frac{\partial}{\partial \theta_k}, \frac{\partial}{\partial \eta_l}\right) = \sum_{k,l=1}^{n} a_{ik} b_{jl} \delta_{kl} = \sum_{k=1}^{n} a_{ik} b_{jk} \tag{7.24}
\end{aligned}$$

である．すなわち，E を n 次単位行列とすると，

$$A\,{}^tB = E \tag{7.25}$$

である．

　ここで，φ, ψ を θ, η に対するルジャンドル変換のポテンシャルとする．すなわち，

$$\theta_i = \frac{\partial \varphi}{\partial \eta_i}, \quad \eta_i = \frac{\partial \psi}{\partial \theta_i}, \quad \psi + \varphi = \sum_{i=1}^{n} \theta_i \eta_i \tag{7.26}$$

である．また，$\boldsymbol{a}, \boldsymbol{b}$ を成分を用いて

$$\boldsymbol{a} = (a_1, a_2, \ldots, a_n), \quad \boldsymbol{b} = (b_1, b_2, \ldots, b_n) \tag{7.27}$$

と表しておく．このとき，(7.21)，(7.24)，(7.26) 第 2 式より，

$$\frac{\partial \psi}{\partial \tilde{\theta}_i} = \sum_{j=1}^{n} \frac{\partial \psi}{\partial \theta_j} \frac{\partial \theta_j}{\partial \tilde{\theta}_i} = \sum_{j=1}^{n} \eta_j a_{ij} = \sum_{j=1}^{n} \left(\sum_{k=1}^{n} \tilde{\eta}_k b_{kj} + b_j\right) a_{ij}$$

$$= \sum_{k=1}^{n} \tilde{\eta}_k \sum_{j=1}^{n} a_{ij} b_{kj} + \sum_{j=1}^{n} b_j a_{ij} = \sum_{k=1}^{n} \tilde{\eta}_k \delta_{ik} + \sum_{j=1}^{n} b_j a_{ij}$$

$$= \tilde{\eta}_i + \sum_{j=1}^{n} b_j a_{ij}, \tag{7.28}$$

すなわち,

$$\tilde{\eta}_i = \frac{\partial}{\partial \tilde{\theta}_i} (\psi - \boldsymbol{b}\,^t A\,^t \tilde{\theta}) \tag{7.29}$$

である. 同様に,

$$\tilde{\theta}_i = \frac{\partial}{\partial \tilde{\eta}_i} (\varphi - \boldsymbol{a}\,^t B\,^t \tilde{\eta}) \tag{7.30}$$

である. (7.29), (7.30) より, $\tilde{\psi}$, $\tilde{\varphi}$ を $\tilde{\theta}$, $\tilde{\eta}$ に対するルジャンドル変換のポテンシャルとすると, ある $c_1, c_2 \in \mathbf{R}$ が存在し,

$$\tilde{\psi} = \psi - \boldsymbol{b}\,^t A\,^t \tilde{\theta} + c_1, \quad \tilde{\varphi} = \varphi - \boldsymbol{a}\,^t B\,^t \tilde{\eta} + c_2 \tag{7.31}$$

となる. さらに, (7.21), (7.25), (7.26) 第 3 式, (7.31) より,

$$\tilde{\psi} + \tilde{\varphi} = (\psi - \boldsymbol{b}\,^t A\,^t \tilde{\theta} + c_1) + (\varphi - \boldsymbol{a}\,^t B\,^t \tilde{\eta} + c_2)$$

$$= \theta^t \eta - \boldsymbol{b}\,^t A\,^t \tilde{\theta} - \boldsymbol{a}\,^t B\,^t \tilde{\eta} + c_1 + c_2$$

$$= (\tilde{\theta} A + \boldsymbol{a})^t (\tilde{\eta} B + \boldsymbol{b}) - \boldsymbol{b}\,^t A\,^t \tilde{\theta} - \boldsymbol{a}\,^t B\,^t \tilde{\eta} + c_1 + c_2$$

$$= \tilde{\theta} A\,^t B\,^t \tilde{\eta} + \tilde{\theta} A\,^t \boldsymbol{b} + \boldsymbol{a}\,^t B\,^t \tilde{\eta} + \boldsymbol{a}^t \boldsymbol{b} - \boldsymbol{b}\,^t A\,^t \tilde{\theta} - \boldsymbol{a}\,^t B\,^t \tilde{\eta} + c_1 + c_2$$

$$= \tilde{\theta}^t \tilde{\eta} + \boldsymbol{a}^t \boldsymbol{b} + c_1 + c_2 \tag{7.32}$$

である. よって, ルジャンドル変換の定義より,

$$\boldsymbol{a}^t \boldsymbol{b} + c_1 + c_2 = 0 \tag{7.33}$$

である. したがって, g に関して互いに双対的なアファイン局所座標系を取り替えると, ルジャンドル変換のポテンシャルは (7.31) のように変わることがわかった. ただし, A, B, $\boldsymbol{a}$, $\boldsymbol{b}$, c_1, c_2 は (7.25), (7.33) をみたす.

ここで, U をポテンシャルの定義域とし, $p, q \in U$ とすると, (7.21), (7.25), (7.31), (7.33) より, .

$$\psi(p) + \varphi(q) - \theta(p)^t\eta(q) = \tilde{\psi}(p) + \boldsymbol{b}\,{}^tA^t\tilde{\theta}(p) - c_1 + \tilde{\varphi}(q) + \boldsymbol{a}\,{}^tB^t\tilde{\eta}(q) - c_2$$
$$- (\tilde{\theta}(p)A + \boldsymbol{a})^t(\tilde{\eta}(q)B + \boldsymbol{b})$$
$$= \tilde{\psi}(p) + \tilde{\varphi}(q) - \tilde{\theta}(p)^t\tilde{\eta}(q) \tag{7.34}$$

となる．よって，

$$D(p\|q) = \psi(p) + \varphi(q) - \sum_{i=1}^{n}\theta_i(p)\eta_i(q) \tag{7.35}$$

とおくと，$D(p\|q)$ は g に関して互いに双対的なアファイン局所座標系およびポテンシャルの選び方に依存しない．したがって，$D(p\|q)$ は関数 $D : U{\times}U \to \mathbf{R}$ を定める．この D を**ダイバージェンス** (divergence) という．

さらに，$q \in U$ を固定しておき，関数 $f : U \to \mathbf{R}$ を

$$f(p) = \sum_{i=1}^{n}\theta_i(p)\eta_i(q) - \psi(p) \quad (p \in U) \tag{7.36}$$

により定める．このとき，注意 7.1 および (7.26) 第 3 式より，f は $p = q$ において最大値 $\varphi(q)$ をとる．よって，

$$\varphi(q) = \max\left\{ \sum_{i=1}^{n}\theta_i(p)\eta_i(q) - \psi(p) \;\middle|\; p \in U \right\} \tag{7.37}$$

がなりたつ．同様に，

$$\psi(p) = \max\left\{ \sum_{i=1}^{n}\theta_i(p)\eta_i(q) - \varphi(q) \;\middle|\; q \in U \right\} \tag{7.38}$$

がなりたつ．したがって，任意の $p, q \in U$ に対して，

$$D(p\|q) \geq 0 \tag{7.39}$$

であり，$D(p\|q) = 0$ となるのは $p = q$ のときに限る．

また，(M, g, ∇^*, ∇) も双対平坦空間であるが，D^* をそのダイバージェンスとすると，ダイバージェンスの定義より，$p, q \in U$ のとき，

$$D(p\|q) = D^*(q\|p) \tag{7.40}$$

がなりたつ.

▶ **例 7.3**　g を $\mathbf{R}^n$ のユークリッド計量, ∇ を g に関するレビ-チビタ接続とする. このとき, 例 3.4 より, ∇ は平坦である. また, 注意 5.12 より,

$$\nabla^* = \nabla \tag{7.41}$$

である. よって, $(\mathbf{R}^n, g, \nabla, \nabla)$ は双対平坦空間である.

　ここで, $\mathbf{R}^n$ の直交座標系を

$$\theta = (\theta_1, \theta_2, \ldots, \theta_n) \tag{7.42}$$

とすると,

$$g\left(\frac{\partial}{\partial \theta_i}, \frac{\partial}{\partial \theta_j}\right) = \delta_{ij} \quad (i, j = 1, 2, \ldots, n) \tag{7.43}$$

である. すなわち, θ は g に関して θ 自身と双対的なアフィン局所座標系である. よって, ψ, φ をルジャンドル変換のポテンシャルとすると,

$$\theta_i = \frac{\partial \varphi}{\partial \theta_i}, \quad \theta_i = \frac{\partial \psi}{\partial \theta_i}, \quad \psi + \varphi = \sum_{i=1}^{n} (\theta_i)^2 \tag{7.44}$$

である. したがって, ある $C \in \mathbf{R}$ が存在し,

$$\psi = \frac{1}{2} \sum_{i=1}^{n} (\theta_i)^2 + C, \quad \varphi = \frac{1}{2} \sum_{i=1}^{n} (\theta_i)^2 - C \tag{7.45}$$

となる. さらに, $\boldsymbol{p}, \boldsymbol{q} \in \mathbf{R}^n$ とすると,

$$
\begin{aligned}
D(\boldsymbol{p} \| \boldsymbol{q}) &= \frac{1}{2} \sum_{i=1}^{n} (\theta_i(\boldsymbol{p}))^2 + C + \frac{1}{2} \sum_{i=1}^{n} (\theta_i(\boldsymbol{q}))^2 - C - \sum_{i=1}^{n} \theta_i(\boldsymbol{p}) \theta_i(\boldsymbol{q}) \\
&= \frac{1}{2} \sum_{i=1}^{n} (\theta_i(\boldsymbol{p}) - \theta_i(\boldsymbol{q}))^2 = \frac{1}{2} (d(\boldsymbol{p}, \boldsymbol{q}))^2
\end{aligned} \tag{7.46}
$$

である. ただし, d は $\mathbf{R}^n$ のユークリッド距離である.　　　　◀

▶ **例 7.4**　例 7.1 で述べたように, 指数型分布族はフィッシャー計量および e-接続, m-接続を考えることにより, 双対平坦空間となった. 指数型分布族に対

するダイバージェンスを計算しよう.

簡単のため, Ω を $\mathbf{R}$ の空でない高々可算な部分集合とし, S を Ω 上の指数型分布族とする*1. このとき, S は

$$S = \{p(\,\cdot\,;\boldsymbol{\theta})\,|\,\boldsymbol{\theta} \in \Theta\}, \tag{7.47}$$

$$p(x;\boldsymbol{\theta}) = \exp\left(C(x) + \sum_{i=1}^{n} \theta_i F_i(x) - \psi(\boldsymbol{\theta})\right) \quad (\boldsymbol{\theta} = (\theta_1, \theta_2, \ldots, \theta_n)) \tag{7.48}$$

と表すことができる. また, (3.159) で示したように, 自然座標系 $\boldsymbol{\theta}$ は e-接続 $\nabla^{(1)}$ に関するアファイン局所座標系である.

まず, g を S のフィッシャー計量とし, $\boldsymbol{\theta}$ の双対アファイン局所座標系を求めよう. $i = 1, 2, \ldots, n$ とすると, (7.48) より,

$$\frac{\partial}{\partial \theta_i} p(x;\boldsymbol{\theta}) = \left(F_i(x) - \frac{\partial \psi}{\partial \theta_i}(\boldsymbol{\theta})\right) p(x;\boldsymbol{\theta}) \tag{7.49}$$

である. 等式

$$\sum_{x \in \Omega} p(x;\boldsymbol{\theta}) = 1 \tag{7.50}$$

に注意すると, (7.49) より,

$$0 = \frac{\partial}{\partial \theta_i} \sum_{x \in \Omega} p(x;\boldsymbol{\theta}) = \mathbf{E}_{\boldsymbol{\theta}}[F_i] - \frac{\partial \psi}{\partial \theta_i}(\boldsymbol{\theta}) \tag{7.51}$$

である. ただし, $\mathbf{E}_{\boldsymbol{\theta}}[\,\cdot\,]$ は確率関数 $p(\,\cdot\,;\boldsymbol{\theta})$ の定める期待値を表す. また,

$$g_{ij} = g\left(\frac{\partial}{\partial \theta_i}, \frac{\partial}{\partial \theta_j}\right) \quad (i, j = 1, 2, \ldots, n) \tag{7.52}$$

とおく. さらに, (7.48) より,

$$\frac{\partial^2}{\partial \theta_i \partial \theta_j} \log p(x;\boldsymbol{\theta}) = -\frac{\partial^2 \psi}{\partial \theta_i \partial \theta_j}(\boldsymbol{\theta}) \tag{7.53}$$

である. フィッシャー計量の定義と (7.50) より,

---

*1 $\Omega = \mathbf{R}$ のときは, 以下の計算において, Ω についての和の部分を積分に置き換えればよい.

$$\frac{\partial}{\partial \theta_j} \sum_{x \in \Omega} \left(\frac{\partial}{\partial \theta_i} \log p(x; \boldsymbol{\theta}) \right) p(x; \boldsymbol{\theta}) = 0 \tag{7.54}$$

となること，および (7.53) より，

$$
\begin{aligned}
g_{ij} &= \sum_{x \in \Omega} \left(\frac{\partial}{\partial \theta_i} \log p(x; \boldsymbol{\theta}) \right) \left(\frac{\partial}{\partial \theta_j} \log p(x; \boldsymbol{\theta}) \right) p(x; \boldsymbol{\theta}) \\
&= \sum_{x \in \Omega} \left(\frac{\partial}{\partial \theta_i} \log p(x; \boldsymbol{\theta}) \right) \frac{\partial}{\partial \theta_j} p(x; \boldsymbol{\theta}) \\
&= - \sum_{x \in \Omega} \left(\frac{\partial^2}{\partial \theta_i \partial \theta_j} \log p(x; \boldsymbol{\theta}) \right) p(x; \boldsymbol{\theta}) = \frac{\partial^2 \psi}{\partial \theta_i \partial \theta_j} \tag{7.55}
\end{aligned}
$$

となる．よって，

$$\eta_i = \mathbf{E}_{\boldsymbol{\theta}}[F_i], \quad \boldsymbol{\eta} = (\eta_1, \eta_2, \ldots, \eta_n) \tag{7.56}$$

とおくと，(7.51), (7.55) より，

$$\frac{\partial \eta_i}{\partial \theta_j} = \frac{\partial^2 \psi}{\partial \theta_i \partial \theta_j} = g_{ij} \tag{7.57}$$

となり，内積の正値性より，$\boldsymbol{\eta}$ は S の局所座標系となる．さらに，$\boldsymbol{\theta}$, $\boldsymbol{\eta}$ は g に関して互いに双対的なアファイン局所座標系となる．$\boldsymbol{\eta}$ を**期待値座標系** (expectation coordinate system) という．$\nabla^{(1)}$ の双対接続は m-接続 $\nabla^{(-1)}$ なので，$\boldsymbol{\eta}$ は $\nabla^{(-1)}$ に関するアファイン局所座標系となる．

　次に，$\boldsymbol{\theta}$, $\boldsymbol{\eta}$ に対して，(7.12), (7.13) をみたすルジャンドル変換のポテンシャル ψ, φ を求めよう．まず，(7.57) より，ψ は (7.48) の ψ とまったく同じものを選ぶことができる．このとき，(7.48) より，

$$\log p(x; \boldsymbol{\theta}) = C(x) + \sum_{i=1}^{n} \theta_i F_i(x) - \psi(\boldsymbol{\theta}) \tag{7.58}$$

であることと (7.56) 第 1 式より，

$$\varphi = \sum_{i=1}^{n} \theta_i \eta_i - \psi = \mathbf{E}_{\boldsymbol{\theta}}[\log p - C] \tag{7.59}$$

となる.

さらに, $p, q \in S$ とし, q を $q = p(\cdot\,; \boldsymbol{\theta}')$ のように「′（プライム）」を付けて表すことにすると, (7.56) 第 1 式, (7.58), (7.59) より, ダイバージェンス D は

$$
\begin{aligned}
D(p\|q) &= \psi(\boldsymbol{\theta}) + \varphi(\boldsymbol{\theta}') - \sum_{i=1}^{n} \theta_i \eta_i' \\
&= \psi(\boldsymbol{\theta}) + \mathbf{E}_{\boldsymbol{\theta}'}[\log q - C] - \sum_{i=1}^{n} \theta_i \mathbf{E}_{\boldsymbol{\theta}'}[F_i] \\
&= \mathbf{E}_{\boldsymbol{\theta}'}[\log q - \log p] = \sum_{x \in \Omega} q \log \frac{q}{p}
\end{aligned} \tag{7.60}
$$

と計算することができる. なお, この D をカルバック-ライブラーのダイバージェンス (Kullback-Leibler divergence) ともいう.　　　　　◀

ダイバージェンスは距離の 2 乗のようなものであり, 次がなりたつ.

定理 7.5 （ピタゴラスの定理：Pythagorean theorem）　(M, g, ∇, ∇^*) を双対平坦空間, θ, η を g に関して互いに双対的な M のアフィン局所座標系, U を θ, η の定義域, D をダイバージェンスとする. また, $p, q, r \in U$ とし, γ_1 を p と q を結ぶ ∇ に関する測地線, γ_2 を q と r を結ぶ ∇^* に関する測地線とする. γ_1 と γ_2 が q において g に関して直交するならば, 等式

$$
D(p\|r) = D(p\|q) + D(q\|r) \tag{7.61}
$$

がなりたつ（図 7.3）.　　　　　□

【証明】　はじめの計算と同じ記号を用いる.

アフィン局所座標系に関するクリストッフェルの記号はすべて 0 なので, (6.46) より, 測地線はアフィン局所座標系を用いると, 直線またはその一部として表すことができる. よって, γ_1, γ_2 はそれぞれ θ, η を用いて

$$
\gamma_1(t) = t\theta(p) + (1-t)\theta(q), \quad \gamma_2(t) = t\eta(r) + (1-t)\eta(q) \quad (t \in [0,1]) \tag{7.62}
$$

と表すことができる. γ_1 と γ_2 は q において g に関して直交し, θ, η は g に関

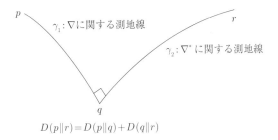

$$D(p\|r) = D(p\|q) + D(q\|r)$$

図 7.3　ピタゴラスの定理

して互いに双対的なので，

$$0 = g(\gamma_1'(0), \gamma_2'(0))$$

$$= g\left(\sum_{i=1}^{n}(\theta_i(p) - \theta_i(q))\left(\frac{\partial}{\partial\theta_i}\right)_q, \sum_{j=1}^{n}(\eta_j(r) - \eta_j(q))\left(\frac{\partial}{\partial\eta_j}\right)_q\right)$$

$$= \sum_{i=1}^{n}(\theta_i(p) - \theta_i(q))(\eta_i(r) - \eta_i(q)) \tag{7.63}$$

である．(7.13) 第 3 式，(7.63) より，

$$D(p\|q) + D(q\|r) - D(p\|r)$$

$$= \psi(p) + \varphi(q) - \sum_{i=1}^{n}\theta_i(p)\eta_i(q) + \psi(q) + \varphi(r) - \sum_{i=1}^{n}\theta_i(q)\eta_i(r)$$

$$- \left(\psi(p) + \varphi(r) - \sum_{i=1}^{n}\theta_i(p)\eta_i(r)\right)$$

$$= \varphi(q) + \psi(q) - \sum_{i=1}^{n}\theta_i(p)\eta_i(q) - \sum_{i=1}^{n}\theta_i(q)\eta_i(r) + \sum_{i=1}^{n}\theta_i(p)\eta_i(r)$$

$$= \sum_{i=1}^{n}\theta_i(q)\eta_i(q) - \sum_{i=1}^{n}\theta_i(p)\eta_i(q) - \sum_{i=1}^{n}\theta_i(q)\eta_i(r) + \sum_{i=1}^{n}\theta_i(p)\eta_i(r)$$

$$= \sum_{i=1}^{n}(\theta_i(p) - \theta_i(q))(\eta_i(r) - \eta_i(q)) = 0 \tag{7.64}$$

である．したがって，(7.61) がなりたつ．　　　　　　　　　　　□

▌7.3 クラメル-ラオの不等式

§7.3 では，不偏推定量とよばれる基本的統計量を定め，フィッシャー情報行列の逆行列が不偏推定量の分散共分散行列の「下界」[*2] をあたえるという，クラメル-ラオの不等式を示す．さらに，指数型分布族の部分多様体として表される統計的モデルに対して，クラメル-ラオの不等式が等式となるための条件について述べる．

Ω を $\mathbf{R}$ の空でない高々可算な部分集合または $\mathbf{R}$ とし，Ω 上の n 次元統計的モデル

$$S = \{p(\,\cdot\,; \boldsymbol{\xi}) \,|\, \boldsymbol{\xi} \in \Xi\} \tag{7.65}$$

を考える．また，$p(\,\cdot\,; \boldsymbol{\xi}) \in S$ は確率変数 $X_{\boldsymbol{\xi}}$ の分布 $\mu_{X_{\boldsymbol{\xi}}}$ に対する確率関数または確率密度関数であるとする（図 7.4，図 7.5）．$\mathcal{F}$ を Ω が高々可算なときは

$(\Omega, \mathbf{P})$ ： 離散型確率空間

$X \;:\; \Omega \to \mathbf{R}$ ： 確率変数

$\rightsquigarrow \mu_X$ ： 分布

p ： 確率関数

図 7.4　確率変数と確率関数

$(\Omega, \mathcal{F}, \mathbf{P})$ ： 確率空間

$X \;:\; \Omega \to \mathbf{R}$ ： 確率変数

$\rightsquigarrow \mu_X$ ： 分布

絶対連続性を仮定すると確率密度関数 p が定まる ：

$$\mu_X(A) = \int_A p \, d\lambda \quad (A \in \mathcal{B}(\mathbf{R}))$$

図 7.5　確率変数と確率密度関数

[*2] $A \subset \mathbf{R}$ のとき，任意の $x \in A$ に対して，$a \leq x$ となる $a \in \mathbf{R}$ を A の下界という．

Ω のべき集合 2^{Ω}, $\Omega = \mathbf{R}$ のときは $\mathbf{R}$ のボレル集合族 $\mathcal{B}(\mathbf{R})$ とすると, $\mu_{X_{\boldsymbol{\xi}}}$ は $(\Omega, \mathcal{F})$ 上の確率測度となり, 確率空間 $(\Omega, \mathcal{F}, \mu_{X_{\boldsymbol{\xi}}})$ が得られるのであった (§1.2, 命題 4.4).

ここで, $\hat{\xi}_1, \hat{\xi}_2, \ldots, \hat{\xi}_n : \Omega \to \mathbf{R}$ を $\mathcal{F}$-可測関数とする. このとき, 各 $\boldsymbol{\xi} \in \Xi$ に対して, $\hat{\xi}_1$, $\hat{\xi}_2$, $\ldots$, $\hat{\xi}_n$ は $(\Omega, \mathcal{F}, \mu_{X_{\boldsymbol{\xi}}})$ 上の確率変数となる. また,

$$\hat{\boldsymbol{\xi}} = (\hat{\xi}_1, \hat{\xi}_2, \ldots, \hat{\xi}_n) \tag{7.66}$$

とおく. 統計的推定では, $\hat{\boldsymbol{\xi}}$ を観測することにより, $p(\cdot; \boldsymbol{\xi}) \in S$ のパラメータ $\boldsymbol{\xi}$ を推定する. そこで, 次のように定める.

定義 7.3 $\hat{\boldsymbol{\xi}}$ を $\boldsymbol{\xi}$ の**推定量** (estimator) という.

任意の $\boldsymbol{\xi} \in \Xi$ に対して,

$$\mathbf{E}_{\boldsymbol{\xi}}[\hat{\boldsymbol{\xi}}] = \left(\mathbf{E}_{\boldsymbol{\xi}}[\hat{\xi}_1], \mathbf{E}_{\boldsymbol{\xi}}[\hat{\xi}_2], \ldots, \mathbf{E}_{\boldsymbol{\xi}}[\hat{\xi}_n] \right) = \boldsymbol{\xi} \tag{7.67}$$

がなりたつとき, $\hat{\boldsymbol{\xi}}$ を $\boldsymbol{\xi}$ の**不偏推定量** (unbiased estimator) という. $\qquad\square$

▶ **例 7.5** 1 次元統計的モデルを考え, 上と同じ記号を用いて, $n = 1$ とする.

$m \in \mathbf{N}$ とし, $Y_1, Y_2, \ldots, Y_m : \Omega \to \mathbf{R}$ を, 任意の $i = 1, 2, \ldots, m$ および任意の $\xi \in \Xi$ に対して, $\mu_{X_{\xi}}$ に関する Y_i の期待値が ξ となる $\mathcal{F}$-可測関数とする. すなわち,

$$\mathbf{E}_{\xi}[Y_1] = \mathbf{E}_{\xi}[Y_2] = \cdots = \mathbf{E}_{\xi}[Y_m] = \xi \tag{7.68}$$

である. このとき,

$$\mathbf{E}_{\xi}\left[\frac{1}{m} \sum_{i=1}^{m} Y_i \right] = \frac{1}{m} \sum_{i=1}^{m} \mathbf{E}_{\xi}[Y_i] = \frac{1}{m} \cdot m\xi = \xi \tag{7.69}$$

である. よって, $\mathcal{F}$-可測関数 $\hat{\xi} : \Omega \to \mathbf{R}$ を

$$\hat{\xi} = \frac{1}{m} \sum_{i=1}^{m} Y_i \tag{7.70}$$

により定めると, $\hat{\xi}$ は ξ の不偏推定量である. ◀

▶ **例 7.6**　2 次元統計的モデルを考え，上と同じ記号を用いて，$n = 2$ とする．$m \in \mathbf{N}$ とし，$Y_1, Y_2, \ldots, Y_m : \Omega \to \mathbf{R}$ を次の (1)〜(3) をみたす $\mathcal{F}$-可測関数とする．

(1) 任意の $i = 1, 2, \ldots, m$ および任意の $(\xi_1, \xi_2) \in \Xi$ に対して，$\mu_{X_{(\xi_1, \xi_2)}}$ に関する Y_i の期待値は ξ_1 である．

(2) 任意の $i = 1, 2, \ldots, m$ および任意の $(\xi_1, \xi_2) \in \Xi$ に対して，$\mu_{X_{(\xi_1, \xi_2)}}$ に関する Y_i の分散は ξ_2 である．

(3) Y_1, Y_2, $\ldots$, Y_m は独立，すなわち，任意の $\boldsymbol{\xi} \in \Xi$ および任意の $i, j = 1, 2, \ldots, m$ に対して，

$$\mathbf{E}_{\boldsymbol{\xi}}[Y_i Y_j] = \mathbf{E}_{\boldsymbol{\xi}}[Y_i] \mathbf{E}_{\boldsymbol{\xi}}[Y_j] \tag{7.71}$$

である．

まず，$\mathcal{F}$-可測関数 $\hat{\xi}_1 : \Omega \to \mathbf{R}$ を

$$\hat{\xi}_1 = \frac{1}{m} \sum_{i=1}^{m} Y_i \tag{7.72}$$

により定める．このとき，例 7.5 と同様に，(1) より，任意の $\boldsymbol{\xi} = (\xi_1, \xi_2) \in \Xi$ に対して，

$$\mathbf{E}_{\boldsymbol{\xi}}[\hat{\xi}_1] = \xi_1 \tag{7.73}$$

である．

次に，命題 1.1 または命題 4.5 および (1)〜(3) より，

$$\mathbf{E}_{\boldsymbol{\xi}} \left[\sum_{k=1}^{m} (Y_k - \hat{\xi}_1)^2 \right] = \sum_{k=1}^{m} \mathbf{E}_{\boldsymbol{\xi}}[Y_k^2 - 2 Y_k \hat{\xi}_1 + \hat{\xi}_1^2]$$

$$= \sum_{k=1}^{m} \mathbf{E}_{\boldsymbol{\xi}}[Y_k^2] - 2 \sum_{k=1}^{m} \mathbf{E}_{\boldsymbol{\xi}} \left[Y_k \cdot \frac{1}{m} \sum_{i=1}^{m} Y_i \right] + \sum_{k=1}^{m} \mathbf{E}_{\boldsymbol{\xi}} \left[\frac{1}{m^2} \sum_{i,j=1}^{m} Y_i Y_j \right]$$

$$= m \mathbf{E}_{\boldsymbol{\xi}}[Y_1^2] - \frac{2}{m} \left(\sum_{k=1}^{m} \mathbf{E}_{\boldsymbol{\xi}}[Y_k^2] + \sum_{1 \le i \neq j \le m} \mathbf{E}_{\boldsymbol{\xi}}[Y_i Y_j] \right)$$

$$+ \frac{1}{m} \left(\sum_{k=1}^{m} \mathbf{E}_{\boldsymbol{\xi}}[Y_k^2] + \sum_{1 \le i \neq j \le m} \mathbf{E}_{\boldsymbol{\xi}}[Y_i Y_j] \right)$$

$$= m\mathbf{E}_{\boldsymbol{\xi}}[Y_1^2] - 2\mathbf{E}_{\boldsymbol{\xi}}[Y_1^2] - 2(m-1)\mathbf{E}_{\boldsymbol{\xi}}[Y_1]^2 + \mathbf{E}_{\boldsymbol{\xi}}[Y_1^2] + (m-1)\mathbf{E}_{\boldsymbol{\xi}}[Y_1]^2$$

$$= (m-1)\left(\mathbf{E}_{\boldsymbol{\xi}}[Y_1^2] - \mathbf{E}_{\boldsymbol{\xi}}[Y_1]^2\right) = (m-1)\xi_2 \tag{7.74}$$

となる. よって, $\mathcal{F}$-可測関数 $\hat{\xi}_2 : \Omega \to \mathbf{R}$ を

$$\hat{\xi}_2 = \frac{1}{m-1}\sum_{i=1}^{m}(Y_i - \hat{\xi}_1)^2 \tag{7.75}$$

により定めると, 任意の $\boldsymbol{\xi} = (\xi_1, \xi_2) \in \Xi$ に対して,

$$\mathbf{E}_{\boldsymbol{\xi}}[\hat{\xi}_2] = \xi_2 \tag{7.76}$$

である.

　(7.73), (7.76) より, $\hat{\boldsymbol{\xi}} = (\hat{\xi}_1, \hat{\xi}_2)$ とおくと, $\hat{\boldsymbol{\xi}}$ は $\boldsymbol{\xi}$ の不偏推定量である. ◀

　$m \in \mathbf{N}$ とし, $\mathcal{F}$-可測関数 $\hat{\eta}_1, \hat{\eta}_2, \ldots, \hat{\eta}_m : \Omega \to \mathbf{R}$ に対して,

$$\hat{\boldsymbol{\eta}} = (\hat{\eta}_1, \hat{\eta}_2, \ldots, \hat{\eta}_m), \quad \mathrm{Var}_{\boldsymbol{\xi}}[\hat{\boldsymbol{\eta}}] = \mathbf{E}_{\boldsymbol{\xi}}\left[{}^t(\hat{\boldsymbol{\eta}} - \mathbf{E}_{\boldsymbol{\xi}}[\hat{\boldsymbol{\eta}}])(\hat{\boldsymbol{\eta}} - \mathbf{E}_{\boldsymbol{\xi}}[\hat{\boldsymbol{\eta}}])\right] \tag{7.77}$$

とおく [*3]. $\mathrm{Var}_{\boldsymbol{\xi}}[\hat{\boldsymbol{\eta}}]$ を $p(\,\cdot\,; \boldsymbol{\xi})$ に関する $\hat{\boldsymbol{\eta}}$ の**分散共分散行列** (variance-covariance matrix) という. $m = 1$ のとき, 分散共分散行列は分散に他ならない. また, 分散共分散行列は定義より, 各点で半正定値となる. このとき, 次のクラメル-ラオの不等式がなりたつ.

$\boxed{\text{定理 7.6}}$ (**クラメル-ラオの不等式**: Cramér-Rao inequality)　$\hat{\boldsymbol{\xi}}$ を $\boldsymbol{\xi}$ の不偏推定量, $G(\boldsymbol{\xi})$ を $\boldsymbol{\xi}$ における S のフィッシャー情報行列とすると, 各 $\boldsymbol{\xi} \in \Xi$ に対して,

$$\mathrm{Var}_{\boldsymbol{\xi}}[\hat{\boldsymbol{\xi}}] - G(\boldsymbol{\xi})^{-1} \tag{7.78}$$

は半正定値である. 　　　　　　　　　　　　　　　　　　　　　　　　　　□

【証明】　$\boldsymbol{v}_1, \boldsymbol{v}_2, \ldots, \boldsymbol{v}_n \in \mathbf{R}^n, \ i = 1, 2, \ldots, n$ とする. (7.67) および

[*3] (7.77) 第 2 式は, (7.67) と同様に, 行列に値をとる確率変数に対して, 各成分ごとに期待値を計算したものである.

$$\mathbf{E}_{\boldsymbol{\xi}}[\partial_i l_{\boldsymbol{\xi}}] = 0 \tag{7.79}$$

より *4,

$$\hat{\boldsymbol{\xi}} - \sum_{i=1}^{n} \boldsymbol{v}_i \partial_i l_{\boldsymbol{\xi}} - \mathbf{E}_{\boldsymbol{\xi}}\left[\hat{\boldsymbol{\xi}} - \sum_{i=1}^{n} \boldsymbol{v}_i \partial_i l_{\boldsymbol{\xi}}\right] = \hat{\boldsymbol{\xi}} - \boldsymbol{\xi} - \sum_{i=1}^{n} \boldsymbol{v}_i \partial_i l_{\boldsymbol{\xi}} \tag{7.80}$$

である．また，(7.67) を ξ_i で微分し，$\boldsymbol{e}_1$, $\boldsymbol{e}_2$, $\dots$, $\boldsymbol{e}_n$ を $\mathbf{R}^n$ の基本ベクトルとすると，

$$\mathbf{E}_{\boldsymbol{\xi}}[\hat{\boldsymbol{\xi}}\partial_i l_{\boldsymbol{\xi}}] = \boldsymbol{e}_i \tag{7.81}$$

である．(7.67)，(7.79)～(7.81) より，

$$\hat{\boldsymbol{\xi}} - \sum_{i=1}^{n} \boldsymbol{v}_i \partial_i l_{\boldsymbol{\xi}} \tag{7.82}$$

の分散共分散行列は

$$
\begin{aligned}
&\mathbf{E}_{\boldsymbol{\xi}}\left[{}^t\!\left(\hat{\boldsymbol{\xi}} - \boldsymbol{\xi} - \sum_{i=1}^{n} \boldsymbol{v}_i \partial_i l_{\boldsymbol{\xi}}\right)\left(\hat{\boldsymbol{\xi}} - \boldsymbol{\xi} - \sum_{i=1}^{n} \boldsymbol{v}_i \partial_i l_{\boldsymbol{\xi}}\right)\right] \\
&= \mathbf{E}_{\boldsymbol{\xi}}\left[{}^t\!\left(\hat{\boldsymbol{\xi}} - \boldsymbol{\xi}\right)\left(\hat{\boldsymbol{\xi}} - \boldsymbol{\xi}\right)\right] - \mathbf{E}_{\boldsymbol{\xi}}\left[{}^t\!\left(\hat{\boldsymbol{\xi}} - \boldsymbol{\xi}\right)\sum_{i=1}^{n} \boldsymbol{v}_i \partial_i l_{\boldsymbol{\xi}}\right] \\
&\quad - \mathbf{E}_{\boldsymbol{\xi}}\left[{}^t\!\left(\sum_{i=1}^{n} \boldsymbol{v}_i \partial_i l_{\boldsymbol{\xi}}\right)\left(\hat{\boldsymbol{\xi}} - \boldsymbol{\xi}\right)\right] + \mathbf{E}_{\boldsymbol{\xi}}\left[{}^t\!\left(\sum_{i=1}^{n} \boldsymbol{v}_i \partial_i l_{\boldsymbol{\xi}}\right)\left(\sum_{i=1}^{n} \boldsymbol{v}_i \partial_i l_{\boldsymbol{\xi}}\right)\right] \\
&= \mathbf{E}_{\boldsymbol{\xi}}\left[{}^t\!\left(\hat{\boldsymbol{\xi}} - \mathbf{E}_{\boldsymbol{\xi}}[\hat{\boldsymbol{\xi}}]\right)\left(\hat{\boldsymbol{\xi}} - \mathbf{E}_{\boldsymbol{\xi}}[\hat{\boldsymbol{\xi}}]\right)\right] - \mathbf{E}_{\boldsymbol{\xi}}\left[{}^t\hat{\boldsymbol{\xi}}\sum_{i=1}^{n} \boldsymbol{v}_i \partial_i l_{\boldsymbol{\xi}}\right] \\
&\quad - \mathbf{E}_{\boldsymbol{\xi}}\left[{}^t\!\left(\sum_{i=1}^{n} \boldsymbol{v}_i \partial_i l_{\boldsymbol{\xi}}\right)\hat{\boldsymbol{\xi}}\right] + \mathbf{E}_{\boldsymbol{\xi}}\left[\sum_{i,j=1}^{n} (\partial_i l_{\boldsymbol{\xi}})(\partial_j l_{\boldsymbol{\xi}}){}^t\boldsymbol{v}_i \boldsymbol{v}_j\right] \\
&= \mathrm{Var}_{\boldsymbol{\xi}}[\hat{\boldsymbol{\xi}}] - \sum_{i=1}^{n} {}^t\boldsymbol{e}_i \boldsymbol{v}_i - \sum_{i=1}^{n} {}^t\boldsymbol{v}_i \boldsymbol{e}_i + \mathbf{E}_{\boldsymbol{\xi}}\left[\sum_{i,j=1}^{n} (\partial_i l_{\boldsymbol{\xi}})(\partial_j l_{\boldsymbol{\xi}}){}^t\boldsymbol{v}_i \boldsymbol{v}_j\right] \tag{7.83}
\end{aligned}
$$

となり，これは半正定値である．ここで，

---

*4 (3.122) の記号を用いる．

$$\boldsymbol{v}_i = \boldsymbol{e}_i G(\boldsymbol{\xi})^{-1} \tag{7.84}$$

とおくと，各 $\boldsymbol{\xi}$ に対して，$G(\boldsymbol{\xi})$ は実対称行列であり，

$$G(\boldsymbol{\xi}) = (\mathbf{E}_{\boldsymbol{\xi}}[(\partial_i l_{\boldsymbol{\xi}})(\partial_j l_{\boldsymbol{\xi}})])_{n \times n} \tag{7.85}$$

なので，(7.83) は (7.78) となる． □

§2.5 でも述べたように，同じ型の実対称行列 A，B に対して，$A - B$ が半正定値であることを $A \geq B$ とも表すのであった．この意味で，クラメル-ラオの不等式は

$$\mathrm{Var}_{\boldsymbol{\xi}}[\hat{\boldsymbol{\xi}}] \geq G(\boldsymbol{\xi})^{-1} \tag{7.86}$$

と表される．(7.86) において，等号がなりたつとき，すなわち，

$$\mathrm{Var}_{\boldsymbol{\xi}}[\hat{\boldsymbol{\xi}}] = G(\boldsymbol{\xi})^{-1} \tag{7.87}$$

となるとき，不偏推定量 $\hat{\boldsymbol{\xi}}$ を**有効推定量** (efficient estimator) という．

指数型分布族の部分多様体として表される統計的モデルが有効推定量をもつための条件について述べよう．Ω を $\mathbf{R}$ の空でない高々可算な部分集合または $\mathbf{R}$ とし，S を Ω 上の指数型分布族とする．このとき，S は

$$S = \{p(\,\cdot\,;\boldsymbol{\theta}) \,|\, \boldsymbol{\theta} \in \Theta\}, \tag{7.88}$$

$$p(x;\boldsymbol{\theta}) = \exp\left(C(x) + \sum_{i=1}^{n} \theta_i F_i(x) - \psi(\boldsymbol{\theta})\right) \quad (\boldsymbol{\theta} = (\theta_1, \theta_2, \ldots, \theta_n)) \tag{7.89}$$

と表すことができるのであった．なお，§6.6 と同様に，関数 1, F_1, F_2, ..., F_n は 1 次独立であると仮定する．このとき，次がなりたつ．

定理 7.7 M を指数型分布族 S の m 次元部分多様体として表される m 次元統計的モデルとする．M が有効推定量をもつことと M が指数型分布族であり，必要ならばアフィン変換を行うことにより，M の元が S の期待値座標系

$$\boldsymbol{\eta} = (\eta_1, \eta_2, \ldots, \eta_n) \tag{7.90}$$

を用いて，$q(\,\cdot\,;\eta_1,\eta_2,\ldots,\eta_m)$ と表されることは同値である [*5].　　　　□

【証明】　まず，M が有効推定量 $\hat{\eta}$ をもつと仮定する．このとき，定理 7.6 の証明より，

$$\hat{\eta}(x) - \eta - \sum_{j=1}^{m} e_j G(\eta)^{-1}(\partial_j l_\eta)(x) = \mathbf{0} \tag{7.91}$$

である．ただし，$G(\eta)$ は η における M のフィッシャー情報行列であり，

$$l_\eta(x) = \log q(x;\eta) \quad (q(\,\cdot\,;\eta) \in M), \quad \partial_j = \frac{\partial}{\partial \eta_j} \quad (\eta = (\eta_1,\ldots,\eta_m)) \tag{7.92}$$

である．$q(\,\cdot\,;\eta)$ を

$$q(x;\eta) = p(x;\theta(\eta)) = \exp\left(C(x) + \sum_{i=1}^{n} \theta_i(\eta)F_i(x) - \psi(\theta(\eta)) \right) \tag{7.93}$$

と表しておき，$G(\eta)^{-1} = (g^{ij}(\eta))_{m \times m}$ とおくと，(7.91)，(7.93) より，$k = 1,2,\ldots,m$ のとき，

$$\hat{\eta}_k(x) - \eta_k - \sum_{j=1}^{m} g^{jk}(\eta)\left(\sum_{i=1}^{n} \frac{\partial \theta_i}{\partial \eta_j}(\eta)F_i(x) - \sum_{i=1}^{n} \frac{\partial \psi}{\partial \theta_i}(\theta(\eta))\frac{\partial \theta_i}{\partial \eta_j}(\eta) \right) = 0 \tag{7.94}$$

である．ここで，関数 1，F_1，F_2，$\ldots$，F_n は 1 次独立であるとしているので，

$$\sum_{j=1}^{m} g^{jk}(\eta)\frac{\partial \theta_i}{\partial \eta_j}(\eta) \quad (i = 1,2,\ldots,n), \quad \eta_k - \sum_{j=1}^{m}\sum_{i=1}^{n} g^{jk}(\eta)\frac{\partial \psi}{\partial \theta_i}(\theta(\eta))\frac{\partial \theta_i}{\partial \eta_j}(\eta) \tag{7.95}$$

は定数関数である．さらに，M は S の m 次元部分多様体なので，必要ならば，アファイン変換を行うことにより，

$$\frac{\partial \theta_i}{\partial \eta_j}(\eta) = g_{ij}(\eta) \quad (i,j = 1,2,\ldots,m), \quad \theta_{m+1}(\eta) = \cdots = \theta_n(\eta) = 0, \tag{7.96}$$

$$\eta_j = \frac{\partial \psi}{\partial \theta_j}(\eta) \quad (j = 1,2,\ldots,m) \tag{7.97}$$

_____

[*5] S の統計的モデルとしての次元を n とする．

としてよい. ただし, $G(\boldsymbol{\eta}) = (g_{ij}(\boldsymbol{\eta}))_{m \times m}$ である. よって, M は指数型分布族となり, さらに, 例 7.4 より, M の元は S の期待値座標系 (7.90) を用いて, $q(\,\cdot\,; \eta_1, \eta_2, \ldots, \eta_m)$ と表される.

上の議論は逆にたどることもできる. □

参考文献

[1] 甘利俊一，『新版 情報幾何学の新展開』，サイエンス社（2019 年）

[2] 甘利俊一・長岡浩司，『情報幾何の方法（岩波オンデマンドブックス)』，岩波書店（2017 年）

[3] 小林昭七，『接続の微分幾何とゲージ理論』，裳華房（1989 年）

[4] 志賀徳造，『ルベーグ積分から確率論』，共立出版（2000 年）

[5] 志磨裕彦，『ヘッセ幾何学』，裳華房（2001 年）

[6] 田中勝，『エントロピーの幾何学』，コロナ社（2019 年）

[7] 藤岡敦，『手を動かしてまなぶ 微分積分』，裳華房（2019 年）

[8] 藤岡敦，『手を動かしてまなぶ 線形代数』，裳華房（2015 年）

[9] 藤岡敦，『手を動かしてまなぶ 集合と位相』，裳華房（2020 年）

[10] 藤岡敦，『具体例から学ぶ 多様体』，裳華房（2017 年）

[11] 藤原彰夫，『情報幾何学の基礎』，牧野書店（2015 年）

[12] S. Amari-H. Nagaoka, *Methods of Information Geometry*, American Mathematical Society, 2001

索　引

【著者紹介】

藤岡　敦（ふじおか あつし）

1996 年　東京大学 大学院数理科学研究科 博士課程 修了
現　在　関西大学 システム理工学部 教授・博士（数理科学）
専　門　微分幾何学
主　著　『手を動かしてまなぶ線形代数』，裳華房（2015 年）
　　　　『具体例から学ぶ多様体』，裳華房（2017 年）
　　　　『手を動かしてまなぶ微分積分』，裳華房（2019 年）
　　　　『手を動かしてまなぶ集合と位相』，裳華房（2020 年）

入門 情報幾何
　—統計的モデルをひもとく微分幾何学—

Introduction to Information Geometry:
Differential Geometry for
Statistical Models

2021 年 4 月 30 日　初版 1 刷発行
2024 年 9 月 5 日　初版 6 刷発行

検印廃止
NDC 414, 417
ISBN 978–4–320–11445–6

著　者　藤岡　敦　ⓒ 2021

発行者　南條光章

発行所　**共立出版株式会社**

〒112–0006
東京都文京区小日向 4–6–19
電話　03–3947–2511（代表）
振替口座 00110–2–57035
www.kyoritsu-pub.co.jp

印　刷　藤原印刷
製　本

一般社団法人
自然科学書協会
会員

Printed in Japan